Taschenlexikon Logistik

Michael ten Hompel (Hrsg.)
Volker Heidenblut

Taschenlexikon
Logistik

Abkürzungen, Definitionen
und Erläuterungen der wichtigsten Begriffe
aus Materialfluss und Logistik

3., bearbeitete und erweiterte Auflage

 Springer

Prof. Dr. Michael ten Hompel
Fraunhofer-Institut für
Materialfluss und Logistik (IML)
Joseph-von-Fraunhofer-Str. 2–4
44227 Dortmund
michael.ten.hompel@iml.fraunhofer.de

Dr.-Ing. Volker Heidenblut
HBP-GmbH
Herbert-Wehner-Str. 2
59174 Kamen
drheidenblut@hbp-logistik.de

ISBN 978-3-642-19944-8   e-ISBN 978-3-642-19945-5
DOI 10.1007/978-3-642-19945-5
Springer Heidelberg Dordrecht London New York

Die Deutsche Nationalbibliothek verzeichnet diese Publikation in der Deutschen National-
albibliografie; detaillierte bibliografische Daten sind im Internet über http://dnb.d-nb.de
abrufbar.

Einbandentwurf: WMXDesign GmbH, Heidelberg

Gedruckt auf säurefreiem Papier

Springer ist Teil der Fachverlagsgruppe Springer Science+Business Media
(www.springer.com)

Vorwort zum Taschenlexikon Logistik

Die Logistik hat in den letzten 40 Jahren eine rasante Entwicklung erfahren und in gleicher Weise an wirtschaftlicher Bedeutung gewonnen. Sie zählt heute zu den wichtigsten Branchen der deutschen Industrie und verbindet als Wissenschaft Themen verschiedenster Disziplinen. Eine derartige Entwicklung muss auch kommunikativ bewältigt werden. Klare Begriffe und Erläuterungen sind Voraussetzung hierfür. Dies gilt im praktischen wie im wissenschaftlichen Umfeld, um die technischen und wirtschaftlichen Neuerungen verfolgen und gestalten zu können. Da zu Beginn einer Entwicklung eindeutig definierte Begriffe meist nicht zur Verfügung stehen, werden zusammengesetzte, beschreibende Kunstwörter gebildet, für die – wegen unhandlicher Länge – oft stellvertretend Abkürzungen gewählt werden, die sich vielfach nach kurzer Zeit als erstaunlich eigenständig erweisen. So ist über die Zeit ein reges Auftauchen von Begriffen und Abkürzungen zu verzeichnen, die sich in der Fachliteratur, aber auch bei Vorträgen gerade in der Phase ihres Entstehens eines regen Gebrauches erfreuen.

Das vorliegende Taschenlexikon möchte dem Personenkreis Hilfestellung geben, der im Bereich der Logistik tätig ist und zum sicheren Verstehen und Verständigen auf eindeutige Begriffe und Abkürzungen zurückgreifen möchte. Die Definitionen sind kurz und möglichst prägnant ausgeführt, um eine zügige Orientierung zu unterstützen. Auf detaillierte Einzeldarstellungen wurde bewusst verzichtet, ohne dabei wesentliche Fakten aus den Augen zu verlieren. Logistisches Grund- oder Vorwissen ist zum Studium des Buches hilfreich, jedoch nicht notwendige Voraussetzung – im Gegenteil: Gerade auch für Studierende oder Berufsanfänger bietet dieses Nachschlagewerk einen reichen Fundus an Begriffen aus der Welt der Logistik.

Die Sammlung der Begriffe und Definitionen ist aus der langjährigen Erfahrung der beiden Autoren im Bereich der Logistik entstanden. Die Auswahl ist damit notwendigerweise subjektiv unterlegt. Von Anfang an stand aber das Ziel im Vordergrund, neben technischen Details auch übergeordnete, die interdisziplinäre Breite der Logistik widerspiegelnde Begriffe adäquat zu berücksichtigen. Ein Schwerpunkt wurde ferner darin gesehen, neben der physischen Ebene insbesondere die Informations- und Datentechnik in der Logistik ihrer wachsenden Bedeutung entsprechend aufzunehmen. Sicher mag der eine oder andere diesen oder jenen Begriff vermissen; die getroffene Auswahl kann bei der Breite des Fachgebiets nicht den Anspruch auf Vollständigkeit erheben. Der Leser möge hierfür Verständnis haben. Die vorliegende dritte Auflage wurde erheblich überarbeitet und um mehrere hundert Begriffe erweitert.

Unser besonderer Dank gilt all den Menschen, die uns mit Ermutigung, Anregungen und Diskussionen zur Seite standen und in besonderem Maße Frau Sabine Priebs, die mit großem Elan und viel Liebe zum Detail die Texte redigiert und geordnet hat, Frau Désirée Bullock und Herrn Guido Follert für die Hilfe bei den Übersetzungen und Herrn Rechtsanwalt Karl-Heinz Gimmler als Spezialist für Kontraktlogistik- und Logistik-Outsourcingrecht.

Dortmund und Kamen im Februar 2011 *Michael ten Hompel*
Volker Heidenblut

1st Tier Supplier ist die Kurzform für → *First Tier Supplier*. Vgl. → *Zulieferpyramide*.

2-aus-5-Barcode ist ein numerischer Strichcode, → *Barcode*.

2PL Abk. für → *Second Party Logistics Provider*

3-D-Code ist ein → *Barcode*, der auf einem 2-D-Code aufbaut und farbliche Komponenten als dritte Dimension benutzt.

3PL Abk. für → *Third Party Logistics Provider*

3-Tier-Architektur 1. Kurzform für → *Three-Tier-Software-Architektur* — 2. → *Zulieferpyramide*

4PL Abk. für → *Fourth Party Logistics Provider*

6LoWPAN Abk. für IPv6 over Low power Wireless Personal Area Networks (→ *IPv6*)

6 „R" der Logistik → *Sechs-R-Regel*

6 Sigma Abk. für → *Six Sigma*

A

A-Artikel → *ABC-Artikel*

ABAP Abk. für → *Advanced Business Application Programming*

Abbild (engl. *Image*) ist die vereinfachte Nachbildung eines geplanten oder real existierenden Systems mit seinen Prozessen in einer begrifflichen oder gegenständlichen Systemabstraktion. Mit unterschiedlichem Abstraktionsgrad sind Nachbildungen Basis für Planungen und → *Simulationen*.

ABC Abk. für → *Activity-based Costing*

ABC-Analyse ist die Analyse eines → *Sortimentes* dahingehend, welche Verteilung der → *Artikel* nach einem zugrunde gelegten Kriterium gegeben ist. Typische Kriterien sind z. B. Absatzmenge oder → *Zugriffshäufigkeit*.

ABC-Artikel entstehen durch die Klassifizierung aller → *Artikel* eines → *Sortimentes* nach bestimmten Kriterien, z. B. Absatzmenge, Umschlaghäufigkeit (→ *Umschlagrate*) oder → *Zugriffshäufigkeit*. A-Artikel haben hohe Absatzmengen, Umschlagraten oder Zugriffshäufigkeiten, C-Artikel geringe. Die Grenzen zwischen ABC-Gruppen werden im Einzelfall festgelegt. Die Sortierung eines Kriteriums nach den Auftrittshäufigkeiten ergibt die sogenannte Lorenz-Kurve.

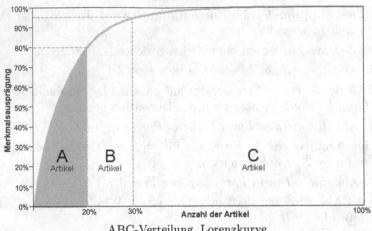
ABC-Verteilung, Lorenzkurve

ABC-Bereiche → *ABC-Zonen*

ABC-Einteilung (engl. *ABC classification*): Für Lagerplätze wird eine manuelle ABC-E. nach → *Zugriffshäufigkeit* vorgenommen, d. h. es werden → *ABC-Zonen* oder -Bereiche gebildet. Das → *Lagerverwaltungssystem* erfasst alle → *Zugriffe* auf → *Artikel* und kann anhand definierbarer Grenzwerte selbsttätig eine ABC-Gruppierung der Artikel durchführen. Anschließend können auf Veranlassung des Bedieners die als A-, B- oder C-Artikel (→ *ABC-Artikel*) klassifizierten Bestandspositionen den vorgesehenen → *Lagerbereichen* oder → *Lagerzonen* zugeordnet oder daraus entfernt werden. Damit wird eine der ABC-Verteilung adäquate Lagerplatzbelegung erreicht.

Hinweis: Unter dem Gesichtspunkt der Wegreduzierung beim → *Kommissionieren* ist eine ABC-Verteilung lediglich nach dem Kriterium Zugriffshäufigkeit sinnvoll. Die Anwendung des Kriteriums Umschlaghäufigkeit (→ *Umschlagrate*) muss nicht zum gleichen Ergebnis führen, da ein hoher → *Umschlag* nicht zwangsläufig mit hoher Zugriffshäufigkeit verbunden sein muss.

Dem möglichen Gewinn einer ABC-Zonung muss der damit verbundene Räumaufwand gerade bei häufig wechselnden ABC-Verteilungen gegenüber gestellt werden.

ABC-Methode ist eine Methode zur Gruppierung von Warenbeständen, Produkten, Aufträgen u. a., um zum Beispiel unterschiedliche Bewirtschaftungsmethoden zur Anwendung zu bringen. Weitere Bezeichnung: P-Q-Analyse (Produkt-Quantum-Analyse).

ABC-Zonen (auch ABC-Bereiche) werden durch die → *ABC-Einteilung* gebildet.

Abgabeeinheit (engl. *Transfer unit*) bezeichnet eine Einheit, die vom → *Kommissionierer* nach → *Entnahme* in Sammelbehälter oder auf Förderbahnen abgegeben wird. Dabei muss die A. nicht gleich der Entnahmeeinheit sein.
Beispiel: Bei der → *verkürzten zweistufigen Kommissionierung* wird eine Umverpackungseinheit entnommen, in die kundenbezogenen → *Kommissionierbehälter* werden jedoch jeweils kommissionierte → *Verkaufseinheiten* abgelegt.

Abgriff (engl. *Access*) ist ein anderer Begriff für → *Zugriff.*

Abhollogistik (engl. *Pick-up logistics*) ist ein Ausdruck für eine Entwicklung aus dem Handelsbereich, die Abholung bestellter Waren vom Produzenten selbst zu organisieren. Abgesehen von Einsparmöglichkeiten durch Bündelung von Transporten wird der wesentliche Aspekt darin gesehen, dass die Anlieferung in Eigenregie geregelt ablaufen kann, d. h. Reduzierung des Warenannahmeaufwands.
Gegenteil: Zustelllogistik.

Abladeschlüssel (engl. *Unloading key*) bezeichnet die Vorgehensweise zur Bestimmung des Entladeorts.

Abladestelle (engl. *Unloading point*) ist der Anlieferungsort beim Kunden bzw. der Zielort der → *Lieferung.*

Ablaufsteuerung (engl. *Process control*) bezeichnet einen erzwungenen sukzessiven Ablauf eines Programms und damit des zu steuernden Prozesses; unterschieden werden dabei prozess- und zeitgeführte Ablaufschritte. Eine typische A. ist die Stapelverarbeitung oder Batch-Verarbeitung (→ *Batch-Betrieb*) im Sinne der sukzessiven Ausführung z. B. von Aufträgen.

Abnahme (engl. *Acceptance*) ist ein juristisch definierter Vorgang, bei dem ein Auftraggeber die A. eines Produktes, Systems oder dergleichen erklärt. Mit der A. ist der → *Gefahrübergang* einer Anlage verbunden.
Bei logistischen Systemen geht einer erfolgreichen A. in aller Regel ein umfangreiches Testprogramm voraus, welches meist folgende Einzelpunkte umfasst:
• Überprüfung der Vollständigkeit
• Funktionsprüfung einschließlich Sicherheitseinrichtungen

- Leistungsprüfung
- Verfügbarkeitsprüfung

Vgl. → *Funktionstest.*

Abnutzung (engl. *Wear and tear*) ist die Substanz-, Wert- oder Qualitätsminderung durch den Gebrauch einer Sache.

Abräumfaktor (engl. *Removal factor*) ist die durchschnittliche Zahl der → *Zugriffe* auf eine Artikel-Bereitstelleinheit, bis sie abgeräumt ist. Der Faktor ist von Bedeutung, um die Nachschubfrequenz ableiten zu können.

Absatzplan (engl. *Marketing program, sales plan*) bestimmt Art und Menge der zu verkaufenden Erzeugnisse und legt Zeitpunkt und Ort fest. Der A. beruht auf → *Absatzprognosen* und/oder Kundenaufträgen.

Absatzprognose (engl. *Sales forecast*) prognostiziert die Absatzmöglichkeiten hinsichtlich Art, Menge, Zeitraum und Ort von Fertigerzeugnissen. Dazu werden Marktdaten erhoben und in die Zukunft fortgeschrieben. Diese Fortschreibung geschieht mittels verschiedener Prognoseverfahren. Unter Marktdaten werden beispielsweise Informationen über Kundenanforderungen, Preisentwicklungen oder die Entwicklung der Nachfrage verstanden. A. bilden die Voraussetzung für die Unternehmensplanung.

Absatzrealisierung bezeichnet die Platzierung von Fertigerzeugnissen auf verschiedenen Wegen im Markt.

Absatzwegeforschung (engl. *Study of the distribution channel*) versucht, den günstigsten Weg der Fertigerzeugnisse zum Kunden herauszufinden. Dabei wird beispielsweise untersucht, ob ein direkter Absatz zum Kunden oder ein indirekter Absatz über den Handel sinnvoll ist.

Abschieber → *Pusher*

Abschirmung dient bei elektrischen Geräten dem Schutz vor elektromagnetischen Feldern. → *Faraday-Käfig*

Absenkbarer Palettenplatz (engl. *Lowerable pallet slot*) ermöglicht die Absenkung einer zuvor leer gewordenen (Kommissionier-) → *Palette* und daraufhin einen rückseitigen Abtransport.

Abstandssicherung (engl. *Distance securing*) verhindert z. B. bei FTS-Anlagen (→ *Fahrerloses Transportfahrzeug*, → *Fahrerloses Transportsystem*) das Auffahren von Fahrzeugen auf geraden Strecken des Fahrkurses durch frontseitig montierte Sensoren. Ein vorausfahrendes Fahrzeug oder Hindernis wird fahrzeugseitig erkannt und ein Stopp ausgelöst. In Kurven, Verzweigungen und Zusammenführungen ist eine Blockstreckensteuerung (→ *Blockstrecke*) erforderlich.

ABVT Abk. für → *Allgemeine Bedingungen für die Versicherung von Gütertransporten*

Abweiser (engl. *Deflector*) ist ein Sorter-Element, das in die Hauptförderrichtung eingeschwenkt oder -gedreht wird und damit die Richtung des Fördergutes ändert oder das Fördergut – z. B. in eine Endstelle – abweist. Vgl. → *Bandabweiser*, → *Dreharmsorter*, → *Schwenkarmsorter*.

a/c Abk. für Account (engl. für *Rechnung, Konto*)

A/C Abk. für Account current (engl. für *Kontokorrent*)

Acceptance engl. für → *Abnahme*

Access engl. für → *Abgriff*

Access Frequency engl. für → *Zugriffshäufigkeit*

Accessibility engl. für → *Unterfahrbarkeit*

Access Rate engl. für → *Zugriffsgrad*

Accounts Reccivable engl. für → *Debitorenbestand*

Accumulating Conveyor engl. für → *Stauförderer*, → *Staudruckloser Förderer*

Accumulating Roller Conveyor engl. für → *Staurollenbahn*

ACD Abk. für → *Automated Call Distribution*

Active Tag engl. für → *Aktiver Transponder*

Activity-based Costing (abgek. ABC) ist ein Verfahren, um Produkte, Kunden, Lieferkanäle oder → *Logistikkosten* prozessorientiert aufzuzeigen und zu verfolgen. (→ *Prozesskostenrechnung*)

Actor engl. für → *Aktor*

Actual Time of Departure (abgek. ATD) engl. für *tatsächliches Abfahrtsdatum*

Actuator engl. für → *Stellantrieb*

Adjacency Matrix engl. für → *Adjazentmatrix*

Adjazentmatrix ist eine binäre Matrix, die alle Knoten (z. B. einer Route) beinhaltet und jeweils die Erreichbarkeit zum direkten Nachfolger (nächsten Wegpunkt) anzeigt. Sie wird u. a. in der → *Wegoptimierung* und beim → *Routing* verwendet.

5

ADNR Abk. für Accord Européen relatif au transport international des marchandises dangereuses par voie de navigation du Rhin (franz. für *Gefahrguttransport-Vorschriften für die Binnenschifffahrt auf dem Rhein*)

ADS Abk. für Allgemeine Deutsche Seeversicherungsbedingungen

ADSp Abk. für → *Allgemeine Deutsche Spediteurbedingungen*

ad. val. Abk. für → *ad valorem*

ad valorem (abgek. ad. val.; lat. für *dem Wert nach*) ist eine Bemessungsgrundlage für Steuern, Zoll oder (See-)Fracht, die in Prozent des Warenwerts berechnet wird.

Advanced Business Application Programming (abgek. ABAP) ist eine in SAP verwendete Programmiersprache.

Advanced Planning and Scheduling System (abgek. APS) bildet komplexe logistische Strukturen einer Supply Chain oder eines Unternehmensnetzwerks in Echtzeit ab. APS ersetzen mit komplexen und echtzeitnahen Algorithmen zunehmend ERP (→ *Enterprise Resource Planning System*) oder PPS (→ *Produktionsplanungsund Steuerungssystem*).

Advanced Program to Program Communication (abgek. APPC; engl. für *erweiterte Programm-zu-Programm-Verbindung*) gestattet in der SNA-Architektur (IBM, → *Systems Network Architecture*) die direkte LAN-Kommunikation (→ *LAN*) zwischen zwei oder mehreren PCs auf der Programmebene.

Advanced Tracking and Tracing (abgek. ATT) ist ein System zur Verfolgung von → *Artikeln,* → *Behältern* oder anderen logistischen Einheiten, um Transparenz in → *Materialflüsse* und Logistikketten zu bringen.

AE Abk. für Ausfuhrerklärung

AEI Abk. für → *Automatic Equipment Identification*

AETR Abk. für European Agreement concerning the Work of Crews of Vehicles Engaged in International Road Transport (engl. für *Europäisches Übereinkommen über die Arbeit des im internationalen Straßenverkehr beschäftigten Fahrpersonals,* Genf 1970)

AfG Abk. für Alkoholfreie Getränke

A-Frame ist engl. für → *Schachtkommissionierer.* Der Name verbildlicht dessen A-förmig angeordnete Schächte.

AGB Abk. für → *Allgemeine Geschäftsbedingungen,* → *Logistik-AGB*

Agent 1. bezeichnet eine bestimmte Form eines Computerprogramms (→ *Multiagentensystem*). — 2. ist ein Synonym für Handelsvertreter oder Makler.

Agile Reader ist ein → *RFID-Scanner*, der mehrere Frequenzbereiche (z. B. 13,56 MHz und 898 MHz) bedient.

Agio bezeichnet einen Aufschlag auf den Nennwert. Nennwert plus Agio ergeben den Verkaufsbetrag. Vgl. → *Disagio*.

AGV Abk. für Automated Guided Vehicle (engl. für → *Fahrerloses Transportsystem*)

AI Abk. für Artificial Intelligence (engl. für *Künstliche Intelligenz*)

AIDC (Abk. für Automatic Identification and Data Capture, engl. für *Automatische Identifikation und Datenerfassung*) ist ein Synonym für → *AutoID*.

AIM 1. ist ein Verband für Automatische Identifikation, Datenerfassung und mobile Datenkommunikation. — 2. Abk. für Automatic Identification Manufacturers (Industrievereinigung der Hersteller von RFID-Systemen)

Air-Cargo-System bezeichnet die Gesamtheit aller Transportgeräte und -behältnisse zur Abwicklung des Luftfrachtverkehrs, die auch den besonderen Bedingungen des Lufttransports genügen, z. B.
- 100%ige Überprüfung der Fracht,
- erhöhte Sicherheitsanforderungen,
- Deklaration der Fracht,
- schnelle Abwicklung der Fracht.

Air Curtain engl. für → *Luftvorhang*

Air Freight Network engl. für → *Luftfrachtnetz*

Air Interface Protocol definiert die physikalische Interaktion zwischen Schreib-/Lesegerät (→ *Scanner*) und → *Transponder* (→ *Tag*).

Airway Bill (abgek. AWB, engl. für *Luftfrachtbrief*) ist ein vereinheitlichtes Beförderungsdokument der → *IATA* nach dem Warschauer Abkommen. Es ist international als alleiniges Warenbegleitpapier im Luftverkehr zulässig. Weitere Schreibweisen: Airwaybill, Air Waybill.

Aisle Width engl. für → *Arbeitsgangbreite*

Ajax (Abk. für Asynchronous JavaScript and XML) ist eine interaktive Web-2.0-Technologie.

Akkreditiv bezeichnet die Anweisung eines Käufers an eine Zahlstelle (Bank), eine Zahlung an einen Lieferanten gegen Vorlage eines Dokumentes und Nachweis der Person zu tätigen.

AKL Abk. für → *Automatisches Kleinteilelager*

Aktenförderanlage (engl. *Document conveyor*) ist eine → *Kleingutförderanlage* (KFA) auf Basis von Fahrschiene und elektromechanischen Verfahrwagen mit Transportbehälter (ursprünglich für Akten ausgelegt).

Aktiver Transponder (engl. *Active tag*) – auch aktiver → *Tag* genannt – hat im Gegensatz zu einem passiven Tag eine eigene Energieversorgung (Batterie). A.T. können durch intelligentes Batteriemanagement Laufzeiten von mehreren Jahren erreichen. Im Gegensatz zu → *passiven Transpondern* können ggf. Sensoren wie Temperaturfühler angeschlossen und Funktionen aktiv, außerhalb des Lesebereichs eines → *Scanners* ausgeführt werden.

Aktor (engl. *Actor*) ist ein allgemein technisches System, das eine vorzugsweise elektrische Eingangsgröße unter Verwendung einer Hilfsenergie in eine adäquate physische Ausgangsgröße wandelt, z.B. Motor.

ALE Abk. für → *Application Link Enabling*

ALF Abk. für Autonomes Lagerfahrzeug (zum Transportieren sowie Ein- und Auslagern von Paletten), → *Shuttle*

Algorithmus, evolutionärer → Evolutionärer Algorithmus

Algorithmus, genetischer → Genetischer Algorithmus

Allgemeine Bedingungen für die Versicherung von Gütertransporten (abgek. ABVT, 1988): Die vertraglichen Grundlagen legen die Deckung und den Ausschluss von Risiken fest.

Allgemeine Deutsche Spediteurbedingungen (abgek. ADSp) gelten für die klassischen TUL-Dienstleistungen (→ *TUL*) der Logistik sowie für speditionsübliche (transport- und lagerungsbezogene) Zusatzdienstleistungen, also nicht für handels- und produktionsbezogene Tätigkeiten. ADSp enthalten wichtige Haftungsbegrenzungen für Logistikdienstleister, vgl. insbesondere Ziffer 23 und 24 ADSp. Nach herrschender Meinung (streitig) gelten die ADSp kraft Handelsbrauch.

Allgemeine Geschäftsbedingungen (abgek. AGB) sind für eine Vielzahl von Verträgen (mindestens drei) vorformulierte Vertragsbedingungen, auch wenn diese nicht ausdrücklich als „Allgemeine

Autonomes Lagerfahrzeug „ALF"

Geschäftsbedingungen" bezeichnet werden. Für die Logistik besonders relevant sind die einschränkenden Regelungen der §§ 449 und
466 HGB. Gegenbegriff ist der → *Individualvertrag.*

Allowance engl. für → *Refaktie*

All Risk bezeichnet eine Transportversicherung gegen alle Gefahren.
Die Bestimmungen sind festgelegt durch die → *Allgemeinen Bedin-*
gungen für die Versicherung von Gütertransporten (ABVT).

AM Abk. für Ausfuhranmeldung

Ambient Intelligence (engl. für *Umgebungs-Intelligenz*) ist ein
durch die Information Society Technologies der EU geprägter
Begriff, der die massive (Funk-)Vernetzung von Sensoren, Mi-
krocontrollern, Computern usw. in alltäglichen Umgebungen beschreibt.

AMD Abk. für Aktiv-Matrix-Display

AMS 1. Abk. für → *Automated Manifest System* — 2. Abk. für → *Asset Management System* — 3. Abk. für Advanced Messaging Security

Anarbeitung (engl. *Pre-fabrication*) bezeichnet die Vorfertigung von Lieferteilen in ein kundenspezifisches Format.

Anbruch (engl. *Partial pallet quantity*) bezeichnet eine Kommissioniermenge, die kleiner ist als eine → *Verpackungseinheit* oder → *Bereitstelleinheit* (z. B. halbe Palette). → *Anbrucheinheit*

Anbrucheinheit (engl. *Broken packing unit, partial pallet*) entsteht beim → *Kommissionieren*, wenn durch die vorgenommene Mengenentnahme aus einer artikelreinen Einheit, z. B. Umverpackung, Lade- oder → *Bereitstelleinheit*, diese nicht vollständig entleert wird.

Anfahrdichte (engl. *Approach frequency*) bezeichnet die Anzahl der → *Zugriffe* beim → *Kommissionieren* bezogen auf die Regalfläche der bereitgestellten → *Artikel*, z. B. Zugriffe/qm.

Anfahrmaß (engl. *Approach dimensions*) bezeichnet die technisch bedingte Anfahrhöhe der Bediengeräte für die oberste und unterste → *Lagerebene* (oberes und unteres Anfahrmaß).

Anfahrschutz (engl. *Bumper*) ist eine entsprechend ZH 1/428 (→ *ZH-Richtlinien*) vorgeschriebene Maßnahme, um → *Regalanlagen* bei Einsatz von frei verfahrbaren → *Flurförderzeugen* an Ein- und Durchfahrten zu sichern.

Anforderungsmanagement (engl. *Requirements engineering*, abgek. RE) ist eine auf der Analyse der Anforderungen des Auftraggebers beruhende Form des (Entwicklungs-)Managements. Häufig werden allgemeine Anforderungskataloge (engl. *Requirements Specifications*) verwendet, um allgemeine und spezifische Anforderungen an einen Liefergegenstand oder einen Entwicklungsprozess festzuschreiben.

Angular Roller Conveyor engl. für → *Schrägrollenförderer*

Anhänger sind nicht angetriebene Fahrzeuge, die von einem Zugfahrzeug (→ *Lkw*, → *Schlepper* etc.) gezogen werden. Die Kraftübertragung erfolgt über die Deichsel, die starr oder als gelenkte Vorderachse des A. ausgeführt ist. Schienengeführte A. werden als Waggon oder Lore (A. mit einer Mulde zum Transport von → *Schüttgut*) bezeichnet. A. ohne Vorderachse, die auf dem Zugfahrzeug (→ *Sattelzugmaschine*) aufliegen, werden als → *Sattelauflieger* bezeichnet. Vgl. → *Schlepper*, → *Wechselbrücke*.

Ankunftsrate (engl. *Arrival rate*) bezeichnet die mittlere Anzahl von Ereignissen pro Zeiteinheit vor einem Bearbeitungspunkt, z. B. mittlere Anzahl von eintreffenden Aufträgen pro Zeiteinheit.

Anpassrampe (engl. *Dock leveler*) ist eine Verladerampe, deren Brücke horizontal und vertikal beweglich ist. Sie dient zum Höhenausgleich von Lkw-Ladefläche (heckseitig) und Niveau der Hallenfläche, meist in einem Bereich von ca. +/− 80 cm.

Anpassrampe [Quelle: HAFA]

ANS (Abk. für Autonomes Navigations-System) ist ein System, mithilfe dessen Stapler fahrerlos, d. h. für Automatikbetrieb, eingesetzt werden können.

Anschlagmittel (engl. *Lifting accessories*) dienen zur Herstellung einer Verbindung zwischen dem Transport- oder Hubgerät und der zu handhabenden Last, z. B. Ketten, Seile und Bänder.

ANSI Abk. für American National Standards Institute

Antenna gain engl. für → *Antennengewinn*

11

Antennengewinn (engl. *Antenna gain*) beschreibt Richtwirkung und Wirkungsgrad einer Radioantenne.

Anti-slip Stop engl. für → *Durchschubsicherung*

Anweisungsliste (abgek. AWL; engl. *Instruction list*, abgek. IL) ist ein zyklisch ablaufendes Programm für → *Speicherprogrammierbare Steuerungen.*

ANX Abk. für → *Automotive Network Exchange*

a/o Abk. für Account (engl. für *Rechnung*)

API Abk. für Application Programming Interface

APO 1. Abk. für Advanced Planning and Optimizing — 2. Abk. für Advanced Planning and Optimizer (Planungs-Tool für SAP-Software)

APPC Abk. für → *Advanced Program-to-Program Communication*

Application Link Enabling (abgek. ALE) ist eine in SAP verwendete Schnittstelle, z. B. zum Anschluss von Warehouse-Management-Systemen (→ *Warehouse Management*).

Application Service Provider (abgek. ASP) bezeichnet die Bereitstellung einer Softwarelösung als Dienstleistung. Der Nutzer muss in diesem Modell keine eigene Hardware und Software beschaffen und selbst betreiben, sondern nutzt die Software, die physikalisch auf den Anlagen des ASP abläuft, häufig mittels eines einfachen Internetzugangs. Die Abrechnung der IT-Dienstleistung erfolgt über Lizenz- und/oder Transaktionsgebühren.

Approach Frequency engl. für → *Anfahrdichte*

Apron Conveyor engl. für → *Gliederbandförderer*, → *Plattenbandförderer*

APS Abk. für → *Advanced Planning and Scheduling System*

a/r Abk. für → *All risks*

Arbeitsablaufplan (engl. *Work flow schedule, process plan*) ist eine chronologische Darstellung und Beschreibung der zu verrichtenden Tätigkeiten.

Arbeitsgangbreite (engl. *Aisle width, gangway width*) ist der Abstand zwischen gegenüberliegenden → *Lagereinheiten*, der zur Lagerbedienung mittels eines → *Gabelstaplers* oder eines anderen → *Flurförderzeugs* erforderlich ist. Die A. wird u. a. bestimmt durch
- die Art der eingesetzten Flurförderzeuge,
- Richtlinien (z. B. Arbeitsstättenrichtlinie) oder

- vorhandenen Personenverkehr.

Arbeitsplatzkapazität (engl. *Job capacity, work station capacity*) ist die verfügbare Arbeitszeit (Arbeitstage mal Arbeitsstunden pro Tag).

Arbeitsspiel (engl. *Working cycle*) ist ein geschlossener Bewegungsablauf zur Erfüllung logistischer Funktionen. Ein A. für ein → *Regalbediengerät* kann sich z. B. zusammensetzen aus Leerfahrt, Positionieren, Lastaufnahme, Lastfahrt, Positionieren, Lastabgabe und warten auf den nächsten Auftrag oder Leerfahrt zum Ausgangspunkt und dann warten auf den nächsten Auftrag. Siehe auch → *Lagerspiel*.

Architektur integrierter Informationssysteme (abgek.   ARIS) ist ein Modell zur anforderungsgerechten Gestaltung von → *Informationssystemen*. Das prozessorientierte ARIS-Modell kennt klassisch vier Beschreibungssichten (ARIS-Haus: Organisations-, Daten-, Steuerungs- und Funktionssicht) und drei Beschreibungsebenen (Fachkonzept, DV-Konzept, Implementierung).

Archivierung (engl. *Archiving, filing, storage*) dient der langfristigen Sicherung von Datenbeständen und ist für eine spätere Auswertung von Daten und insbesondere für die Erstellung von Reports und anderen Offline-Auswertungen wichtig. Teilweise existieren auch gesetzliche Anforderungen für die A. von Daten, oder die Erfordernisse der Qualitätssicherung verlangen eine A. Beispiele sind die A. von → *Lieferscheinen* und Inventurdaten. Heute erfolgt die A. fast ausschließlich auf elektronischen Datenträgern wie Festplatten, DVD usw., bei langfristiger A. mit geringer Zugriffswahrscheinlichkeit auch auf Band.

ARIS 1. Abk. für → *Architektur integrierter Informationssysteme* — 2. ist auch als Bezeichnung für Software der Fa. IDS Scheer AG bekannt. Sie dient zur Modellierung und Optimierung von Geschäftsprozessen. → *Prozesskette*

Arrival Rate engl. für → *Ankunftsrate*

Article-based Order-picking engl. für *Artikelorientierte Kommissionierung*, → *Artikelkommissionierung*

Article Code engl. für → *Sachnummer*

Article in Stock engl. für → *Lagerartikel*

Artificial Intelligence (abgek. AI) engl. für *Künstliche Intelligenz*

Artikel (engl. *Article, item*) ist die durch Nummer und Bezeichnung unterscheidbare (kleinste) Einheit eines Artikelsortiments. Oft werden A. auch als Ware oder Gut bezeichnet. Der Begriff „Anzahl Artikel" sollte immer den Umfang oder die Menge eines → *Sortimentes* bezeichnen (buchmäßig oder lagermäßig vorhandene Artikel).

Die Begriffe „Artikelmenge" oder „Artikelanzahl" sind unpräzise, da die Gefahr besteht, dass damit die Anzahl der → *Artikeleinheiten* gemeint ist. Zur klaren Unterscheidung (wenn Verwechselungsgefahr besteht) sollte

- von Anzahl Artikel gesprochen werden, wenn der Oberbegriff Sortiment gemeint ist,
- von Anzahl Artikeleinheiten gesprochen werden, wenn der Oberbegriff Bestand gemeint ist.

Artikelanzahl (engl. *Number of articles*) → *Artikel*

Artikelbezeichnung (engl. *Item description*) kennzeichnet mit einer verständlichen Abkürzung oder einem Namen einen einzelnen → *Artikel*. Eine A. sollte so aufgebaut werden, dass ein Bediener den Artikel an der A. erkennen kann. Die A. sollte dennoch so kompakt sein, dass sie an → *Behältern*, → *Paletten*, → *Lagerplätzen* usw. angebracht bzw. in → *Fachanzeigen* angezeigt werden kann. A. sind Bestandteil der Artikelstammdaten (→ *Artikelstamm*).

Artikeleinheit (engl. *Item unit*) ist die kleinste Verkaufseinheit, kleinste Gebindegröße, → *Artikel*.

Artikelgleichverteilung (engl. *Equal item distribution*) ist eine Einlagerstrategie zur gleichmäßigen Verteilung eines zu lagernden → *Artikels* auf die zur Verfügung stehenden → *Lagergassen* mit dem Ziel, den → *Zugriff* auf einen Artikel durch diese Lagerung in mehreren Gassen zu sichern und/oder die → *Kommissionierleistung* durch parallelen Zugriff in mehreren Gassen zu erhöhen (→ *Redundante Lagerung*).

Artikelinventur (engl. *Item inventory*) bezeichnet die Erfassung der jeweiligen → *Bestände* eines → *Artikels* innerhalb eines bzw. aller betroffenen → *Lagerorte*. Vgl. → *Platzinventur*, → *Inventur*.

Artikelkennzeichnung (engl. *Item labelling*) ist ein Verfahren, um einen → *Artikel* für Dritte eindeutig identifizierbar und erkennbar zu kennzeichnen, z. B. über Klartext, Nummer (→ *Artikelnummer*), → *Barcode* oder → *Transponder*.

Artikelkommissionierung (engl. *Item picking*) ist die erste Stufe einer → *zweistufigen Kommissionierung* mit anschließender Vertei-

14

lung der → *Artikel* auf die Aufträge (zweite Stufe). Die A. wird auch als Gegensatz zur → *Fachkommissionierung* gesehen, d. h. bei A. liegt Artikelkenntnis zugrunde.

Artikelmenge (engl. *Item quantity*) → *Artikel*

Artikelnummer (engl. *Item number*) ist ein (alpha-)numerisches Kennzeichen für einen Artikel. Eine A. wird nach datentechnischen Gesichtspunkten gestaltet, damit sie z. B. maschinell lesbar oder in → *Barcodes* darstellbar ist. A. sind Bestandteil der Artikelstammdaten (→ *Artikelstamm*).

Artikelorientierte Kommissionierung (engl. *Article-based order-picking*) → *Artikelkommissionierung*

Artikelreine Lagerung (engl. *Single item storage*) ist die Zuordnung zwischen → *Lagerplatz* und einem → *Artikel* oder einem → *artikelreinen Ladehilfsmittel*.

Artikelreine Palette (engl. *Single item pallet*) ist eine → *Ladeeinheit* (abgek. LE), welche nur eine Artikelsorte enthält. Gebräuchlich sind auch die Begriffe sortenreine Palette und Voll-LE.

Artikelreines Ladehilfsmittel (engl. *Single item loading aid*) beinhaltet eine Anzahl Mengeneinheiten von nur einem → *Artikel*.
A. L. werden häufig eingesetzt, da bspw. eine vereinfachte → *Inventur* (z. B. über Gewicht), eine Berechnung der möglichen Zuladung (über das einheitliche Volumen) oder eine höhere Sicherheit beim → *Kommissionieren* möglich sind.

Artikelsortiment (engl. *Assortment of articles*) → *Artikel*

Artikelspektrum (engl. *Range of articles*) → *Artikel*

Artikelstamm (engl. *Item data*) besteht aus Beschreibungsdaten (kennzeichnende Merkmale) aller → *Artikel* unabhängig von ihrem aktuellen → *Bestand*. Hierunter fallen die → *Artikelnummer*, die → *Artikelbezeichnung*, Chargenkennzeichen (→ *Charge*), physikalische Daten wie Abmessungen und Gewicht sowie Lagerort- oder Lagerplatzkennzeichen (→ *Lagerort*, → *Lagerplatz*) usw. Die Artikelstammdatei ist wesentlicher Teil der → *Lagerverwaltung*.

Artikelstruktur (engl. *Product structure*) ist ein Ausdruck für die gesamtheitliche Ausprägung eines Artikelsortiments, z. B. hinsichtlich Gewicht, Abmessungen, Volumen usw.

Artikelweise Kommissionierung (engl. *Itemwise order-picking*) → *Artikelkommissionierung*

AS2 (Abk. für Applicability Statement 2) ist ein internetbasiertes Datenübertragungsformat, das häufig für die Übertragung von EDI-Datensätzen (→ *EDI*) verwendet wird.

ASCII-Code (Abk. für American Standard Code for Information Interchange) ist ein internationaler Zeichensatz.

a-Si Abk. für Amorphes Silizium (engl. *Amorphous silicon*)

ASIC Abk. für Application specific integrated circuit (engl. für *Applikationsspezifische Form eines integrierten Schaltkreises*) → *IC*

ASL Abk. für Automatisches → *Staplerleitsystem*

ASM Abk. für Anschaltmodul, z. B. für → *Speicherprogrammierbare Steuerungen*

ASP Abk. für → *Application Service Provider*

ASR Abk. für Aufsetzrahmen

ASRS Abk. für Automated Storage and Retrieval System (engl. für *Automatisches Regalbediensystem*) → *Regalbediengerät*

Asset engl. für *Aktivposten, Aktiva*

Asset Management System engl. für *Verwaltung des Anlageguts*

Assets engl. für *Vermögen, Konkursmasse*

Assortment engl. für → *Sortiment*

Asymmetrische Verschlüsselung (engl. *Public key system*) ist eine andere Bezeichnung für → *Unsymmetrische Verschlüsselung.*

ATD Abk. für Actual Time of Departure (engl. für *tatsächliches Abfahrtsdatum*)

ATLAS Abk. für → *Automatisiertes Tarif- und Lokales Zollabwicklungssystem*

Atomisierung der Aufträge (engl. *Atomization of orders*) ist die Tendenz zu kleiner werdenden Aufträgen („1-Positions-Aufträge") – insbes. bedingt durch den Internethandel (→ *E-Commerce*) – mit der Folge, dass Kommissionier- und Versandaufwand im Verhältnis zur Absatzsteigerung überproportional steigen.

Atomization of Orders engl. für → *Atomisierung der Aufträge*

ATP Abk. für → *Available to Promise*

ATT Abk. für → *Advanced Tracking and Tracing*

Attributsgewichtung (engl. *Weighting of attributes*) ist eine andere Bezeichnung für → *Sensitivitätsanalyse.*

Auflagensicherung (engl. *Shelf securing device*) ist eine mechanische Sicherung zur Verhinderung von Aushängen oder Ausheben von Auflagen in Regalfächern.

Auflieger (engl. *Semi-trailer*) wird auch Sattelauflieger genannt. → *Sattelzugmaschine*

Auflieger [Quelle: SCHMITZ CARGOBULL]

Auftrag (engl. *Order*) besteht aus einer oder mehreren → *Auftragspositionen* (Auftragszeilen, → *Orderlines*) mit der jeweiligen Menge eines → *Artikels*. Kundenaufträge enthalten zusätzlich → *Lieferbedingungen*, Termine usw.

Auftraggeberhaftung bezeichnet die garantieähnliche Haftung des Absenders, Versenders oder Einlagerers für bestimmte von ihm verursachte Schäden des Frachtführers, Spediteurs oder Lagerhalters, vgl. §§ 414, 455, 468 Abs. 3 HGB.

Auftragsabschluss (engl. *Conclusion of an order*): Nach dem → *Kommissionieren* werden bei Versandaufträgen z. B. per Dialog alle Positionen eines → *Auftrags* (→ *Auftragsposition*) oder einer Sendung (→ *Lieferung*) zu Ladungen zusammengefasst und → *Versandeinheiten* gebildet. Damit ist der Auftrag am Versandort physisch abgeschlossen. Der Druck von → *Lieferschein* und Adressaufkleber schließt i. Allg. die Bearbeitung des einzelnen Auftrags im → *WMS* ab, gefolgt von der Warenausgangsbuchung.

Auftragsabwicklung (engl. *Execution of an order*) umfasst im Wesentlichen die Erfassung der Auftragsdaten, deren Weiterleitung an die Batch- oder Produktionsplanung, die Erstellung der Lieferpapiere/Rechnung und die Wahl der Versandart.

Auftragsaktivierung, manuelle und zeitgesteuerte (engl. *Order activation, manual and time-controlled*): → *Aufträge* können vom Bediener für die Bearbeitung über eine Dialogfunktion entweder einzeln oder als Auftragspaket (→ *Batch*) aktiviert werden. Mit der Aktivierung startet das System den sogenannten Reservierungslauf. Im Reservierungslauf ordnet das → *Lagerverwaltungssystem* den Aufträgen den geforderten → *Lagerbestand* zu. Neben der manuellen Aktivierung gibt es die zeitgesteuerte Aktivierung. Im Gegensatz hierzu wird die kontinuierliche Auftragseinlastung als → *Floating Batch* bezeichnet.

Auftragsbasierte Disposition (engl. *Order-based dispatch management*): Hier wird jeweils ein bisher noch nicht eingeplanter → *Auftrag* gewählt und dieser vollständig verplant, d. h. für alle Schritte des Auftrags werden passende Ressourcen und Zeitintervalle gewählt. Dies wird wiederholt, bis alle Aufträge geplant sind.

Auftrags-Batch (engl. *Order batch*) ist die Zusammenfassung mehrerer → *Aufträge* zu einem Verarbeitungslos.

Auftragsdurchlaufzeit (engl. *Order leadtime*) leitet sich aus den Teilzeiten der tangierten Funktionsbereiche und Arbeitsplätze ab. Hierbei kann zwischen physischen und informationstechnischen Vorgängen unterschieden werden.

Auftragsfertigung → *Built-to-Order*

Auftragskommissionierung (engl. *Pick to order*) bezeichnet auftragsorientiertes Abarbeiten von Bestellpositionen, auch sukzessives, auftragsweises Kommissionieren (→ *Einstufige Kommissionierung*).

Auftragsparallele Kommissionierung ist die gleichzeitige Bearbeitung mehrerer Kunden- oder Kundenteilaufträge in verschiedenen → *Kommissionierzonen*.

Auftragsposition (engl. *Order item*) spezifiziert die Menge für einen → *Artikel* (eine → *Artikelnummer*) eines Kundenauftrags.

Auftragsreines Ladehilfsmittel (engl. *Single order loading aid*) enthält ausschließlich → *Artikel* für einen einzelnen → *Auftrag*.

Häufig ist es das Ergebnis einer Kommissionierung (→ *Kommissionieren*).

Auftragssplittung (engl. *Order splitting*) bezeichnet die Aufteilung eines → *Auftrags* vor der Bearbeitung nach verschiedenen Kriterien, z. B. nach → *Kommissionierzone*, → *Lieferfähigkeit* usw. Zum Versand wird der Auftrag wieder zusammengeführt oder als Teillieferungen verschickt.

Auftragsstornierung (engl. *Order cancellation*): Hier wird ein → *Auftrag* aus der weiteren Bearbeitung herausgenommen (storniert). Je nach Technisierung und Automatisierung ist dies nur bis zu bestimmten Punkten der Auftragseinlastung und Bearbeitungsfreigabe möglich. Die bei der Reservierung erzeugte Zuordnung von Waren zu einem Auftrag kann durch die A. wieder aufgehoben werden.

Auftragsstruktur (engl. *Order structure*) umfasst über den Zeitablauf feststellbare Kennwerte wie Anzahl der Aufträge, Positionen je Auftrag, → *Artikeleinheiten* je Position, Eil- und Normalaufträge usw.

Auftragsvolumen (engl. *Order volume*) ist ein anderes Wort für den Auftragsumfang, der vorrangig durch folgende Merkmale gekennzeichnet werden kann:
- Wert
- Anzahl Aufträge
- Anzahl Positionen
- Anzahl → *Artikeleinheiten*
- Gewicht

Aufzuganlage (engl. *Lifting device*) ist eine Anlage für den Vertikaltransport (Hebezeug) von Personen, ggf. zusammen mit Gütern, zwischen festgelegten Ebenen in einem Fahrkorb (siehe 12. Verordnung zum Geräte- und Produktsicherheitsgesetz (Aufzugverordnung) von Januar 2004). Beim Personentransport erfolgt die Zielvorgabe manuell innerhalb des Fahrkorbs oder der Aufzugkabine in ein Bedientableau, beim Gütertransport außerhalb der Kabine. Bauformen sind u. a. Seilaufzug, hydraulischer Aufzug, Schrägaufzug.

Ausbringungsgrad (engl. *Output ratio*) ist die Relation von Arbeitsergebnis in Anzahl Gutteile zu Anzahl bearbeiteter Teile insgesamt.

Auslagerdurchsatz (engl. *Retrieval rate*) resultiert aus dem Verhältnis auszulagernder → *Transporteinheiten* pro Zeiteinheit an den Referenzplätzen zur Gesamtzeit eines vollständigen Arbeitszyklus mit Auslageroperationen (nach → *VDI 4480*) und stellt damit eine Leistungsgröße dar.

Auslagerplatz (engl. *Retrieval location*) ist ein definierter Platz in einem → *Lager*, auf den ein → *Regalbediengerät* zwecks → *Auslagerung* eine → *Lagereinheit* abstellt und damit die Auslagerung abschließt.

Auslagerstrategien (engl. *Retrieval strategies*) sind Verfahren zur Bestimmung auszulagernder Einheiten (→ *Auslagerung*) aus der Menge vorhandener → *Lagereinheiten*, z. B. nach FIFO (→ *First In – First Out*), → *Mindesthaltbarkeitsdatum*, → *Charge*, Systembelastung oder -störung.

Häufig anzutreffen sind einfache Strategien, die sich aus der Anordnung der → *Lagerplätze* ergeben. *Beispiel:* FIFO bei Durchlaufregalanlagen oder LIFO (→ *Last In – First Out*) im → *Blocklager*. Bei wahlfreiem → *Zugriff* sind darüber hinaus einfache Strategien wie Restmengenbevorzugung zur Vermeidung von → *Anbruch* (Menge der angebrochenen Lagereinheiten gleich eins), Fahrwegoptimierung bei der Anfahrt mehrerer Lagerplätze oder die Mengenanpassung (zur Vermeidung von → *Rücklagerungen*) zu nennen.

Auslagerung (engl. *Retrieval, disbursement, taking out of stock*) fasst alle datentechnischen und operativen Vorgänge in einem Begriff zusammen, die von der Warenentnahme am → *Lagerplatz* bis zum Verlassen des Systems ablaufen.

Auslegerkran (engl. *Derrick, jib crane*) ist ein → *Kran* mit Ausleger (der meist über die Standfläche hinausragt) zur Lastaufnahme.

AutoID ist eine Technologie zur automatischen Identifikation von Datenträgern, z. B. → *Barcode*, Magnetstreifen, → *Transponder*.

Automated Call Distribution (abgek. ACD) bezeichnet ein automatisches Anrufverteilsystem, bei dem eingehende Anrufe ggf. in Warteschlangen eingereiht und an freie Mitarbeiter weitergeleitet werden.

Automated guided Transport System engl. für → *Fahrerloses Transportsystem*

Automated guided Vehicle (abgek. AGV) engl. für → *Fahrerloses Transportfahrzeug*

Automated Manifest System bezeichnet ein Verfahren zur elektronischen Übermittlung von Ladungsdaten an die US-Zollbehörde.

Automated Storage and Retrieval System (abgek. ASRS) engl. für *Automatisches Regalbediensystem* (→ *Regalbediengerät*)

Automatic Equipment Identification (abgek. AEI) bezeichnet die Lokalisierung von Fahrzeugen.

Automatische Rampe (engl. *Automatic ramp*) dient zur automatischen Be- und Entladung von Lkw oder Bahn, wobei längs- und heckseitige Lösungen zu unterscheiden sind. Im Laufe der Jahre ist eine Vielzahl von Lösungen bekannt geworden und auch realisiert worden, wenngleich der Wirtschaftlichkeitsnachweis meist nur bei Einzweck-Betrieb (→ *Shuttle-Betrieb*) eines Palettentransports zwischen → *Quelle* und → *Senke* gelingt.

Automatisches Kleinteilelager (abgek. AKL; engl. *Miniload warehouse, automatic small parts warehouse*) ist ein automatisches System zur Lagerung kleinvolumiger Einheiten, meist → *Behälter*, mit geringem bis mittlerem Gewicht. Wenn Behälter oder sonstige Einheiten auf Tablaren gelagert werden, wird auch vom → *Tablarlager* gesprochen.

Die Bedienung erfolgt durch schienengeführte → *Regalbediengeräte* (Mast oder Hubbalken) oder durch Fahrzeuge (→ *Shuttle*), die sich auf den → *Traversen* der → *Regalanlage* abstützen. Die → *Lastaufnahme* erfolgt durch Unterfahren, Ziehen oder Greifen; es werden Ein- und Mehrplatzsysteme mit einfach- oder mehrfachtiefer Lagerung unterschieden.

AKL-Regalbediengeräte tragen eine Nutzlast von bis zu 300 kg auf Mehrfachlastaufnahmemitteln (typischerweise 50 kg/Lastaufnahmemittel), erreichen Geschwindigkeiten von bis zu 7 m/s (typischerweise < 5 m/s) und Beschleunigungen von bis zu 4 m/s^2 (typischerweise < 2 m/s^2).

Ein doppeltiefes AKL mit seitlicher Entnahme (engl. *Miniload warehouse, double-deep, sidewise retrieval*) ist ein AKL, bei dem seitlich Durchlaufkanäle zur Kommissionierentnahme angeordnet sind. Für A-Artikel erfolgt → *statische Bereitstellung* und für B-/C-Artikel → *dynamische Bereitstellung* (→ *ABC-Artikel*).

Automatische Warentransportanlage (abgek. AWT) bezeichnet eine insbesondere im Krankenhaus- und Klinikbereich eingesetzte automatische Transportanlage, z. B. ein → *Fahrerloses Transportsystem* oder eine → *Elektrohängebahn*.

Automatisiertes Tarif- und Lokales Zollabwicklungssystem (abgek. ATLAS) ist ein vom Bundesministerium der Finanzen

Automatisches Kleinteilelager [Quelle: VIASTORE]

für die deutsche Zollverwaltung zur Verfügung gestelltes IT-Verfahren für eine weitgehend automatisierte Abfertigung und Überwachung des grenzüberschreitenden Warenverkehrs. Bei einer Teilnehmereingabe werden Zollanmeldungen zur Überführung von Waren elektronisch erfasst, der Zollstelle übermittelt und entsprechend bearbeitet. Der Anmelder erhält die Zollstellen-Entscheidung und den Bescheid über Einfuhrabgaben bzw. die Festsetzung und Anerkennung von Bemessungsgrundlagen ebenfalls auf elektronischem Wege.

Automotive Network Exchange (abgek. ANX) ist ein auf → *TCP/ IP* basierendes Netz für alle Handelspartner im Automobil-Bereich. Es handelt sich um ein universelles Netz für Datentransfer (→ *Datenübertragung*) und → *E-Commerce*. Es soll die komplexen redundanten und kostenintensiven Mehrfachvernetzungen, die zahlreich in der Logistikkette existieren, ablösen.

Autonomes Navigations-System → *ANS*

Available to Promise (abgek. ATP) ist eine Methode zur Ermittlung des Anteils an → *verfügbaren Beständen* und Produktionskapazitäten, die nicht einer Bestellung zugeordnet sind. Im Zeitalter des → *E-Commerce* muss ein System eine derartige Kalkulation fortlaufend durchführen, um z. B. einem potenziellen Käufer einen verbindlichen → *Liefertermin* online zusagen zu können.

Average engl. für → *Havarie*

22

AVF Abk. für Autonomes Verteilfahrzeug

Aviator ist die Weiterentwicklung des TransFaster-Lagersystems (→ *TransFaster*), bei dem über eine Hubplattform auch Satelliten zu einzelnen Kanälen transportiert werden können.

Avis (engl. *Notification of dispatch, shipping notice*), auch Lieferavis, ist die Vorankündigung eines Wareneingangs mit Spezifizierung der ankommenden Einheiten und Mengen. Die A. sind von Lieferpapieren eines Wareneingangs, die mit der Anlieferung der Ware zusammen eintreffen, zu unterscheiden. Ein A. trifft eine vereinbarte Zeit vor der → *Lieferung* ein.

Aware Objects können Informationen aus der Umwelt selbsttätig aufnehmen und verarbeiten und mit anderen Objekten über mobile Netzwerke kommunizieren. Dies erlaubt es Umgebungen und Objekten, die aktuelle Situation wahrzunehmen und darauf gegebenenfalls spontan und koordiniert zu reagieren.

Die Wahrnehmung beinhaltet Parameter wie den Aufenthaltsort der Objekte, Informationen über benachbarte Objekte, Sensordaten (Temperatur, Druck, Lautstärke, Helligkeit) usw. Die automatische Identifikation mittels → *Radio Frequency Identification* ist neben der Lokalisierung und der Sensorik eine der Basistechnologien der A. O.

A. O. gehen zurück auf eine gemeinsame Entwicklung von → *Fraunhofer IML* und Fraunhofer IGD. Sie sind wesentlicher Bestandteil des → *Internet der Dinge*.

AWB Abk. für → *Airway Bill*

AWG Abk. für Außenwirtschaftsgesetz

AWL Abk. für → *Anweisungsliste*

AWT Abk. für → *Automatische Warentransportanlage*

AWV Abk. für Außenwirtschaftsverordnung

AZ Abk. für Auftragszentrum (mit Auftragsbearbeitung und Bestellabwicklung)

B

B2A Abk. für Business to Administration

B2B Abk. für → *Business to Business*

B2C Abk. für → *Business to Consumer*

B2E Abk. für Business to Employee (→ *Business-to-Employee-Portal*)

B2G Abk. für Business to Government

Backend 1. beschreibt Geschäftsprozesse nach dem Eingang eines Kundenauftrags, u. a. am Ende einer Wertschöpfungskette, z. B. Distribution. — 2. ist der Teil einer Softwareanwendung, der im Hintergrund (i. Allg. auf einem → *Server*) läuft, im Gegensatz zum → *Frontend* als dem Teil, der dem → *Client* zugeordnet ist.

Backend-System ist eine informationstechnische Komponente zur Unterstützung betrieblicher Basisanwendungen, z. B. für die Warenwirtschaft, → *Archivierung* usw.

Backlog bedeutet Auftragsbestand oder, seltener, Auftragsrückstand.

Backscatter (engl. für *Rückstreuung*) ist eine Methode zur Datenübertragung zwischen → *Lesegeräten* und → *passiven Transpondern*. Die Methode wird in → *Long-Range-Systemen* eingesetzt und basiert auf der Reflexion der elektromagnetischen Wellen des Lesegeräts durch den Transponder, der seine Informationen in der reflektierten Welle moduliert. Vgl. → *Lastmodulation*.

Backup 1. ist eine Kopie von Daten auf Datenträgern, z. B. zur → *Archivierung*. Mit B. können versehentlich oder mutwillig zerstörte Daten wiederhergestellt oder durch Störungen entstandene Dateninkonsistenzen behoben werden (Restore). — 2. ist der Vorgang der Datensicherung, der nach definierten Kriterien differenziell, sequenziell oder vollständig (1:1-Kopie) erfolgt.

BAG Abk. für → *Bundesamt für Güterverkehr*

Bahnhofsprinzip (engl. *Station principle*): Im Kommissioniersystem mit Behälterfördertechnik zur Verbindung der einzelnen → *Kommissionierzonen* sind „Bahnhöfe" zur Ausschleusung von → *Kommissionierbehältern* angeordnet. Der „Hauptverkehrsstrom" wird durch die Kommissioniertätigkeiten nicht behindert, dadurch wird Rückstau vermieden.

Balanced Score Card (abgek. BSC) ist ein von Robert S. Kaplan und David P. Norton entwickeltes Verfahren zur kontinuierlichen Aufnahme und Auswertung kritischer Erfolgsfaktoren mithilfe kennzahlenbasierter Score Cards.

Balancieren (engl. *to balance, balancing*) beschreibt die gleichmäßige Auslastung unterschiedlicher Ressourcen innerhalb eines Systems. Ein typisches Beispiel ist die gleichmäßige Einlastung von → *Aufträgen* innerhalb eines → *Batches*. Die Balancierung erfordert eine eingehende Berechnung der Bearbeitungszeit aller Aufträge und deren Zusammenspiel in unterschiedlichen Teilsystemen in Echtzeit.

Ball Table (engl. für *Kugelrollentisch*) → *Kugelbahn*

Ball Transfer Table engl. für → *Kugelbahn*

BAM Abk. für Business Activity Monitoring

Bandabweiser (engl. *Belt deflector*) ist ein Sorterelement. Es besteht aus einem senkrecht stehenden schmalen Bandförderer, der zum Ausschleusen in den Gutstrom geschwenkt wird und das Gut aus dem Hauptförderstrom in eine Endstelle abweist.

Banderolieren Beim B. wird eine Folie einlagig um eine Ladeeinheit geführt und im gespannten Zustand verschweißt. Das Verfahren eignet sich nur für Ladeeinheiten mit gleichbleibender Höhe oder Breite.

Banding engl. für → *Banderolieren*

BANF Abk. für Bestellanforderung

Barcode (engl. für *Strichcode*) ist ein maschinenlesbarer → *Strichcode* zur Kennzeichnung von → *Artikeln*, → *Ladehilfsmitteln*, → *Lagerplätzen* usw. Der B. besteht aus unterschiedlich breiten Strichen und Lücken und kann durch ein Barcodelesegerät (→ *Lesegerät*, → *Scanner*, Lesestift) gelesen werden. Es werden numerische Codes wie 2-aus-5 und alphanumerische Codes wie → *Code 128* oder Code 39 unterschieden.

Die → *Codierung* erfolgt durch zwei (Zweibreiten-Code) oder mehr unterschiedliche Breiten der Striche. Bei einfachen Codes wird die Breite der Striche, bei sog. interleaved Codes die Breite von Strichen und Lücken zur Codierung verwendet. Es werden eindimensionale und zweidimensionale Codes unterschieden. Bei den zweidimensionalen Codes werden wiederum gestapelte Barcodes wie z. B. der „elektr. Frachtbrief" PDF417 und Matrixcodes wie Datamatrix unterschieden. Dateninhalte z. B. zur → *Artikelkennzeichnung* werden häufig durch das EAN-System vorgegeben (→ *EAN*, → *EAN 128*).

Barcode, gestapelter → Stapelcode

Barge engl. für → *Schute*

B-Artikel → *ABC-Artikel*

Basic Number engl. für *Basisnummer* (→ *EAN 128*)

Basic Time engl. für → *Basiszeit*

Basing Point engl. für → *Frachtbasis*

Basisnummer (engl. *Basic number*) → *EAN 128*

Basiszeit → *Kommissionier-Basiszeit und Übergabezeit*

Batch (engl. für *Auftragsstapel*) ist die Zusammenfassung von mehreren → *Aufträgen* zu einer geordneten Menge oder Liste von Aufträgen. Im Gegensatz zu einer interaktiven Bearbeitung werden die in einem B. zusammengeführten Aufträge ohne Unterbrechung durch eine Bedienereingabe eingelastet. Deshalb müssen alle zur Durchführung der Aufträge notwendigen Daten bereits vor Beginn vorliegen.

Batch-Berechnung (engl. *Batch calculation*) bezeichnet die Sortierung der → *Aufträge* innerhalb eines → *Batches* nach unterschiedlichen Kriterien.

Batch-Betrieb (engl. *Batch operation*) bedeutet Stapelverarbeitung: Alle von einer Datenverarbeitungsanlage mit einem bestimmten Programm zu verarbeitenden Geschäftsvorfälle werden zunächst gesammelt und sortiert, um dann sequenziell in einem Schub (Stapel, umgangssprachlich → *Batch*) verarbeitet zu werden.

Batch Calculation engl. für → *Batch-Berechnung*

Batch-Kommissionierung bezeichnet ursprünglich die stapelweise Bearbeitung von Aufträgen, z. B. in der Kommissionierung. Werden (Kunden-)Aufträge artikelweise in einem → *Batch* zusammengefasst, ist die B.-K. eine andere Bezeichnung für → *Zweistufige Kommissionierung*. Vgl. → *Fixed Batch* und → *Floating Batch*.

Batch Operation engl. für → *Batch-Betrieb*

Baud Die Maßeinheit Baud geht auf den französischen Erfinder J.M. Baudot zurück und gibt die Geschwindigkeit der → *Datenübertragung* in Zeichen pro Sekunde an. Das Maß ist nicht zu verwechseln mit der Einheit Bit (→ *Binary Digit*), welches die kleinste Datenmenge in einer dualen Arithmetik darstellt. Nur wenn die Datenübertagungsmenge in Bit pro Sekunde erfolgt, sind Baud und Bitrate als Mengenangabe identisch.

BCD (Abk. für Binary coded decimal) ist eine Codierungsform, bei der jeweils 4 Bit eine dezimale Ziffer ergeben.

BDE Abk. für → *Betriebsdatenerfassung*

BDSG Abk. für Bundesdatenschutzgesetz

B/E 1. Abk. für → *Bill of Entry* — 2. Abk. für → *Bill of Exchange*

Beacon (engl. für *Leuchtfeuer*) ist eine Methode, bei der → *aktive Transponder* statisch gespeicherte Informationen in festgelegten Intervallen automatisch aussenden, ohne dafür von einem → *Lesegerät* aktiviert werden zu müssen.

Bedarfsorientiert (engl. *Need-based, demand-based*): Die Festlegung des zukünftigen → *Bestandes* erfolgt durch Abschätzung (Prognose) des zukünftigen Verbrauchs. Die Orientierung ist nach vorn gerichtet. Vgl. → *Verbrauchsorientiert*.

Bedieneroberfläche (engl. *User surface*), auch Benutzeroberfläche, heute zumeist als GUI (Graphical User Interface) ausgeführt, ist die Schnittstelle zwischen Bediener und Programm. Die B. sollte durch einen übersichtlichen und gleichartigen Aufbau aller Funktionsmasken bedienerfreundlich ausgeführt sein, und nur die zum jeweiligen Zeitpunkt aktiven Funktionselemente (Tasten, Icons) sollten angezeigt werden. Funktionen mit gleicher oder ähnlicher Bedeutung sollten in verschiedenen Masken jeweils auf dieselben Funktionselemente gelegt werden.

Bedienrate (engl. *Operating rate*) bezeichnet die mittlere Anzahl bearbeiteter Aufträge (an einer Bedienstation) pro Zeiteinheit. B. ist der Kehrwert der → *Bedienzeit*.

Bedienungstheorie (auch Warteschlangentheorie) ist ein Teilgebiet der Wahrscheinlichkeitstheorie bzw. des → *Operations Research* und wird zur mathematischen Analyse von Systemen genutzt, in denen Aufträge von Bedienstationen bearbeitet werden. In der → *Intralogistik* ist das Bediensystem ein Modell zur Beschreibung von → *Materialflusssystemen*, bei dem Aufträge (z.B. Transportaufträge für einen → *Stapler* oder Auslageraufträge für ein → *Regalbediengerät*) von Bedienstationen (z.B. → *Fördermittel* oder Montagestation) bearbeitet werden.

Bedienzeit (engl. *Operating time*) bezeichnet die mittlere Zeit, die zur Bedienung eines Auftrags (an einer Bedienstation) benötigt wird. Bei einem Transportsystem entspricht die Bedienzeit der Transportzeit einschließlich Aufgabe und Abnahme (von der → *Quelle* zum Ziel). B. ist der Kehrwert der → *Bedienrate*.

Begleitpapier (engl. *Accompanying document*) ist ein Dokument zur Identifizierung der → *Lieferung* bzgl. Ware, Absender und Adressat. Die B. werden zusammen mit der Ware angeliefert. Siehe dagegen → *Avis*.

Behälter (engl. *Container, bin*) ist ein umschließendes → *Ladehilfs-mittel*, das häufig in Form eines Kunststoffbehälters oder → *Lagersichtkastens* in der Lager- und → *Fördertechnik* eingesetzt wird. Auf Modulreihen (600 x 400 mm, 300 x 400 mm, ...) aufbauende Behälterklassen spielen eine bedeutende Rolle bei der Gestaltung eines logistikgerechten Systems.

Behälter-Umlaufverfahren (engl. *Container circuit principle*) ist ein anderer Begriff für Mehrweg-Behälter-Verfahren (→ *Mehrweg-Behälter*), in welchem → *Behälter* mehrere Stationen zyklisch durchlaufen, z. B. Ersatzteilbehälter in der Automobilindustrie.

Beladefaktor (engl. *Loading factor*) legt fest, wie viele Verpackungs-einheiten eines → *Artikels* in oder auf ein → *Ladehilfsmittel* passen. Als zusammengefasste → *Ladeeinheit* kann mit diesen Daten der geeignete → *Lagerort* bzw. die Aufteilung auf unterschiedliche Lagerorte oder → *Lagerplätze* berechnet werden.

Belastungsorientierte Regelung für Regalbediengeräte (engl. *Load-based regulation for stacker cranes*): Regalbediengeräte fahren nicht ständig mit festen (maximalen) Werten bzgl. Geschwindigkeit und Beschleunigung/Verzögerung, sondern die Werte werden über die Systemsteuerung der jeweiligen Belastung angepasst. Damit werden Energieverbrauch und mechanischer Verschleiß reduziert.

Belegkommissionierung (engl. *Paper-based order-picking*): Für einen → *Auftrag* werden eine oder mehrere → *Picklisten* je nach Gliederung der → *Kommissionierzone* gedruckt. Nach der Abarbeitung der Pickliste wird in einem Dialog die Verbuchung der Bestände auf den Auftrag veranlasst.

Belegloses Kommissionieren (engl. *Paperless order-picking*): Eine Arbeitskraft bekommt von dem EDV-System sämtliche notwendigen Angaben zum → *Kommissionieren* mittels Bildschirm oder Display angezeigt oder durch Kommissionierung mit Spracherkennung übermittelt. Sie benötigt für den Kommissioniervorgang keinen Papierbeleg.

Belegung, freie → Einzelplatzbelegung

Belly (engl. für *Bauch*) bezeichnet den Laderaum eines Flugzeugs.

Belt Deflector engl. für → *Bandabweiser*

Benchmarking 1. bezeichnet einen systematischen Leistungsvergleich auf Basis objektiver Leistungskriterien. — 2. bezeichnet die Beurteilung der Stärken und Schwächen eines Unternehmens, gemessen an einem Benchmark, der sich als Referenzwert aus einem Leistungsvergleich ergibt. — 3. dient zur Identifikation der Best Practices, die Ursache für die Leistungsunterschiede sind. — 4. bezeichnet die Formulierung und Realisierung von Zielen und Maßnahmen, die zur nachhaltigen Leistungssteigerung des Unternehmens führen.

Benutzeroberfläche → *Bedieneroberfläche*

Bereitstelleinheit (engl. *Staging unit*) ist eine Einheit, mit der dem → *Kommissionierer* die (Artikel-)Einheiten (→ *Artikeleinheit*) zur → *Entnahme* angeboten werden. Die B. ist in vielen Fällen nicht die → *Lagereinheit* oder → *Ladeeinheit*.

Bereitstellung (engl. *Provision*) bezeichnet die termin- und mengengerechte B. von → *Versandeinheiten* zur Verladung.

Bereitstellung, dynamische → *Dynamische Bereitstellung*

Bereitstellung, statische → *Statische Bereitstellung*

Bereitstellungseinheit → *Bereitstelleinheit*

Bergverkehr (engl. *Upriver traffic*) ist das Gegenteil von → *Talverkehr* und bezeichnet den Binnenschifffahrtsverkehr stromaufwärts.

Berufsgenossenschaftliche Grundsätze (abgek. BGG) sind Maßstäbe in bestimmten Verfahrensfragen, z. B. hinsichtlich der Durchführung von Prüfungen. (Zitat nach BGI-Verzeichnis)

Berufsgenossenschaftliche Informationen (abgek. BGI) enthalten Hinweise und Empfehlungen, die die praktische Anwendung von Regelungen zu einem bestimmten Sachgebiet oder Sachverhalt erleichtern sollen. (Zitat nach BGI-Verzeichnis)

Berührungsloses Energieübertragungssystem (engl. *Contactfree energy transmission system*) funktioniert nach dem Transformatorprinzip, bei dem von einer erregten Primärspule (stationär) eine Spannung in einer Sekundärspule (am Fahrzeug) induziert wird.

Beschaffungsgrad ist der Prozentsatz der in einem Lager oder Distributionssystem verfügbaren Artikelmengen im Verhältnis zu

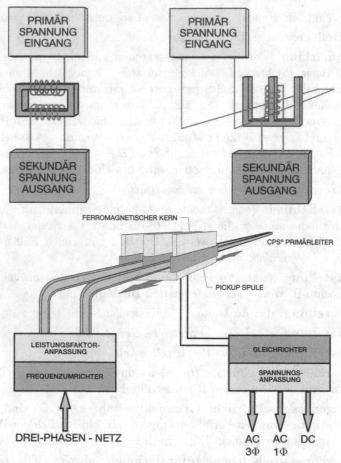

Berührungsloses Energieübertragungssystem [Quelle: VAHLE]

den bestellten Artikelmengen. Vgl. → *Lagerumschlag*, → *Reichweite*, → *Servicegrad*.

Beschaffungskonditionen (engl. *Procurement conditions*) sind zusammengefasste Liefer- und Zahlungsbedingungen einschließlich Preis. Aus logistischer Sicht interessieren vor allem die → *Lieferbedingungen*. Diese regeln die Verteilung der Transport- und Versicherungskosten sowie den Ort, an dem der → *Gefahrübergang* zwischen → *Lieferant* und Unternehmen stattfindet.

Beschaffungslogistik (engl. *Procurement logistics*) bezeichnet die Gesamtheit der logistischen Aufgaben und Maßnahmen zur Vorbereitung und Durchführung des Warenflusses vom Wareneinkauf über den Transport bis zum Wareneingang. Vgl. → *E-Procurement.*

Beschaffungsplan (engl. *Procurement plan*): Informationen aus dem Produktionsplan werden in den B. übernommen, in dem Art, Menge, Zeitpunkt und Ort der Beschaffung für → *Material* und Waren festgelegt sind. Die Menge setzt sich aus dem Bedarf laut → *Absatzplan* und dem in der Produktion anfallenden Ausschuss abzüglich vorhandener → *Lagerbestände* zusammen. Material und Waren richten sich nach Art der herzustellenden Fertigerzeugnisse, der Zeitpunkt ergibt sich aus den → *Lieferzeiten.* Der Ort gibt die Quelle für Material und Waren an.

Beschaffungsrealisierung (engl. *Procurement*): Die Realisierung eines → *Beschaffungsplans* führt zu Bestellungen bei den → *Lieferanten.* Die Bestellungen beinhalten Art, Menge, Zeitpunkt und Ort der → *Lieferung* von → *Material* und Waren.

Beschickungseinheit (engl. *(Ordered) staging unit*) bezeichnet die → *Artikelmenge* zwecks → *Nachschub* für den Bereitstellplatz in der → *Kommissionierzone.* Meist ist die B. gleich der → *Bereitstelleinheit.*

Beschickungsgang (engl. *Replenishment aisle*) ist gegeben, wenn Beschickungs- und Entnahmeseite bei einem Kommissionierregal, z. B. → *Durchlaufregal,* getrennt sind.

Bestand, Bestell- → *Bestellbestand*

Bestand, Buch- → *Buchbestand*

Bestand, Debitoren- → *Debitorenbestand*

Bestand, Durchschnitts-Lager- → *Durchschnitts-Lagerbestand*

Bestand, eiserner → *Eiserner Bestand*

Bestand, fliegender → *Fliegender Bestand*

Bestand, freier → *Freier Bestand*

Bestand, Melde- → *Meldebestand*

Bestand, Mindest- → *Mindestbestand*

Bestand, offener → *Offener Bestand*

Bestand, Reserve- → *Sicherheitsbestand*

Bestand, reservierter → *Reservierter Bestand*

Bestand, Sicherheits- → *Sicherheitsbestand*

Bestand, Unterwegs- → *Unterwegsbestand*

Bestand, verfügbarer → *Verfügbarer Bestand*

Bestand, verfügter → *Reservierter Bestand*

Bestandsdifferenz (engl. *Stock difference*) ist die „ungewollte" Abweichung zwischen → *Lagerbestand* und → *Buchbestand*.

Bestandsführung (engl. *Inventory management*): In der B. wird nachgehalten, welcher → *Artikel* in welcher Menge und welchem Zustand vorhanden ist. Vgl. → *Lagerverwaltung*, → *Warehouse Management*.

Bestandsführungssystem, permanentes → *Permanentes Bestandsführungssystem*

Bestandsinformationsdienste (engl. *Inventory information services*): In der Funktionsgruppe B. sind Dialogfunktionen zusammengefasst, über die Informationen zum → *Lagerbestand* abgerufen werden können. Bei einem → *Lagerverwaltungssystem* wird üblicherweise eine Unterteilung des Bestandes in verfügbar, reserviert und gesperrt vorgenommen (→ *Verfügbarer Bestand*, → *Reservierter Bestand*).

Bestandskorrektur (engl. *Stock correction*): Im Falle einer festgestellten → *Bestandsdifferenz* bzgl. des Datenbestands können autorisierte Benutzer eine Korrektur durchführen.

Bestandsoptimierung (engl. *Stock optimization*) bezeichnet die Reduzierung von Beständen in → *Lager* und Produktion bzw. in der gesamten Supply Chain bei dennoch hoher Materialverfügbarkeit.

Bestandsreservierung (engl. *Stock reservation*): Um eine vorliegende oder erwartete Nachfrage kurzfristig erfüllen zu können, wird in bestimmten Fällen eine Reservierung von Material, Waren oder Fertigerzeugnissen vorgenommen. Siehe auch → *Reservierter Bestand*.

Bestandsverwaltung, dreistufige → *Dreistufige Bestandsverwaltung*

Bestellbestand (engl. *Stock on order*) ist der → *Lagerbestand*, bei dessen Unterschreitung die Bestellung eines → *Nachschubs* angestoßen wird.

Bestellmenge (engl. *Ordered quantity*) ist die individuell bestimmte oder über Bewirtschaftungsregeln festgelegte Menge eines Artikels, die (nach-)bestellt wird.

Bestellmenge, optimale → *Optimale Bestellmenge*

Bestellmengenverfahren (engl. *Ordered quantity procedure*): Der Zukauf von Artikelmengen erfolgt anhand fester Mengen, aber variabler Zeitpunkte. Vgl. → *Bestellpunktverfahren.*

Bestellpunktverfahren (engl. *Order point system, order point procedure*): Der Einkauf von Artikelmengen erfolgt zu fixierten Zeitpunkten, jedoch mit variierenden Mengen. Vgl. → *Bestellmengenverfahren.*

Bestellsystem, periodisches → *Periodisches Bestellsystem*

Best of Breed bezeichnet die herstellerunabhängige Auswahl von (Software-)Komponenten mit dem Ziel, die am besten geeigneten Dienste, Technologien oder Architekturen zu verbinden. Eine Best-of-Breed-Auswahl setzt Integrationsfähigkeit und gemeinsame Kommunikationsstandards wie z. B. → *Web Services* voraus.

Betriebsdatenerfassung (abgek. BDE; engl. *Production Data Acquisition*, abgek. PDA) ist ein Verfahren zur automatisierten Erfassung und Verarbeitung von Zustands- und Ergebnisdaten aus Produktion und Logistik. Die Auswertung der BDE erfolgt z. B. in Logistikleitständen oder PPS.

Betriebskennlinie, logistische → *Logistische Betriebskennlinie*

Betriebsmittel (engl. *Resources*) werden zur Herstellung eines Produktes benötigt, sind aber nicht Bestandteil des Produktes (Werkzeuge, Maschinen usw.). Die B.logistik ist eine Disziplin der → *Produktionslogistik.*

Bewegungsdaten (engl. *Movement data*) sind Daten, die ein Abbild der sich im Zeitablauf ändernden Transport- und Lagersituation geben, z. B. offene und abgeschlossene Aufträge, → *Lagerspiegel*, Paletten im Warenein- und -ausgang usw. Je mehr Daten zur genauen Wiedergabe der momentanen Situation zur Verfügung stehen, desto abgesicherter können Entscheidungen getroffen und Abläufe automatisiert werden. Siehe auch → *Stammdaten.*

Bewegungstypen (engl. *Kinds of movement*) sind Vorgänge in einem Lager wie beispielsweise Lagerzugänge und → *Lagerentnahmen.*

Bezugsschein (engl. *Coupon*) ist ein autorisiertes Dokument für eine Warenentnahme.

33

BFT Abk. für Behälterfördertechnik

BGG Abk. für → *Berufsgenossenschaftliche Grundsätze*

BGI Abk. für → *Berufsgenossenschaftliche Informationen*

BGL Abk. für Bundesverband Güterverkehr Logistik und Entsorgung e. V., Frankfurt am Main

BGV Abk. für Berufsgenossenschaftliche Vorschriften

BGVR Abk. für Berufsgenossenschaftliche Vorschriften und Regeln für Sicherheit und Gesundheit bei der Arbeit

BHICS Abk. für Baggage handling information and control system (engl. für *Steuerungssystem einer Gepäckförderanlage*)

BHS Abk. für Baggage handling system (engl. für *Gepäckförderanlage*, z. B. an Flughäfen)

BI Abk. für → *Business Intelligence*

Biegeschlaff (engl. *flexible*): Gegenstände, Waren, Teile ohne feste Form (wie PE-Beutel, Leder usw.) werden als b. bezeichnet und erfordern besondere Förder- und Sortiertechnik.

Bildanalyse (engl. *Image analysis*) ist ein in der → *Logistik* vorrangig rechnerbasiertes Verfahren zur Identifikation von → *Artikeln* ohne Kennzeichnung oder zur Lagerermittlung von → *Gütern* und → *Ladehilfsmitteln* in der Fläche (2-D) oder im Raum (3-D). Zur Aufnahme der (zu analysierenden) Bilder werden zumeist CCD-Sensoren (→ *Charge-coupled Device*), zunehmend CMOS-Sensoren (→ *CMOS*) als Zeilensensoren (verbunden mit einer Relativbewegung auf der Stetigfördertechnik) oder als 2-D-Sensoren verwendet. Neben der Artikelidentifikation wird von B.systemen z. B. der Flächenschwerpunkt eines Gegenstands oder die Position eines Merkmals ausgegeben.
Ein besonderes Gebiet der B. ist die Klarschrifterkennung (Optical Character Recognition, abgek. OCR). Aktuelle OCR-Systeme sind in der Lage, z. B. Adressetiketten auf Paketen mit hoher Leserate und hoher Fördergeschwindigkeit im Durchlauf zu erkennen.

Bill of Entry engl. für *Zolleinfuhrschein*

Bill of Exchange engl. für *Wechsel*

Bill of Lading (abgek. B/L) engl. für → *Konnossement*

Bill of Loading engl. für → *Frachtbrief*

Bill of Materials (abgek. BOM) engl. für → *Stückliste*

Bill of Receipt engl. für → *Eingangsschein*

Bimodaler Verkehr (engl. *Bimodal traffic*) bezeichnet Umschlagmöglichkeiten von Straße auf Schiene und umgekehrt. Siehe auch → *Intermodaler Verkehr*.

Bimodal Traffic engl. für → *Bimodaler Verkehr*

Bin engl. für → *Behälter*

Binary Digit (abgek. Bit; engl. für *Binäre Einheit*): Bit ist eine Zusammenfassung der beiden Begriffe Binary und Digit. Ein Bit ist die kleinste Informationsmenge bei zweiwertigen dimensionslosen Zuständen innerhalb eines Bezugsystems. Eins bedeutet Zustand gegeben, z. B. Spannung an, null dagegen Spannung nicht vorhanden. Acht Bit einer Datengruppe ergeben ein → *Byte*. Die Datenübertragungsgeschwindigkeit (Datenrate) wird in Bit pro Sekunde angegeben, abgekürzt in bit/s (amerik. Schreibweise: bps). Bei höheren Datenraten sind die Zehnerpotenzen kbit/s, Mbit/s und Gbit/s üblich (amerik. kbps, Mbps, Gbps).

Bin Assignment engl. für → *Lagerplatzvergabe*

Bin Location engl. für → *Einlagerplatz*

Bin Management engl. für → *Stellplatzverwaltung*

Binnencontainer (engl. *Land container*) ist ein von den europäischen Eisenbahnen eingesetzter → *Container*, der abweichend von den ISO-Containern (→ *ISO*) eine Außenbreite von 2.500 mm aufweist. Damit können zwei → *Paletten* mit je 1.200 mm über die Breitseite des Containers untergebracht werden.

Bin Reservation engl. für → *Lagerplatzreservierung*

Bin Type engl. für *Lagerplatztyp* (→ *Lagerplatzdatei*)

BIOS (Abk. für Basic Input Output System) ist ein in einem Festwertspeicher (→ *ROM*) hinterlegtes Programm, das ein Rechner (→ *PC*) unmittelbar nach dem Einschalten ausführt.

Bit Abk. für → *Binary Digit*

BITKOM Abk. für Bundesverband Informationswirtschaft, Telekommunikation und neue Medien e. V.
BITKOM ist ein bedeutender deutscher Verband auch im Bereich der Informationslogistik und Logistiksoftware.

B/L Abk. für Bill of Lading (→ *Konnossement*)

Blindeinlagerung (engl. *Blind storage*) bezeichnet die → *Einlagerung* von Warenanlieferungen ohne Identifikation. Die genaue Identifizierung erfolgt zu einem späteren Zeitpunkt.

Blind Storage engl. für → *Blindeinlagerung*

Blister Packaging engl. für → *Blisterverpackung*

Blisterverpackung (engl. *Blister packaging*) ist eine durchsichtige, der Verpackung dienende Kunststofffolie, in die das zu verpackende Objekt eingeschweißt wird.

Blocker-Tags dienen dazu, den Auslesevorgang bei → *Transpondern* zu verhindern, indem sie die Sendeenergie des → *Scanners* absorbieren oder den Lesevorgang durch ein Störsignal unterdrücken. Blocker-Tags sollen unerwünschtes Auslesen im Sinne des Datenschutzes verhindern.

Block Indicator engl. für → *Sperrkennzeichen*

Blocklager (engl. *Block storage*): → *Lagereinheiten*, vornehmlich Ladungspaletten (→ *Palette*) oder Gitterboxen (→ *Gitterboxpalette*), werden auf dem Boden, meist in mehreren Lagen übereinander, abgestellt und bilden dabei artikelreine Blöcke. Der Zugriff auf das B. erfolgt (wie durch die Anordnung der Lagereinheiten vorgegeben) nach dem LIFO-Prinzip (→ *Last In – First Out*).

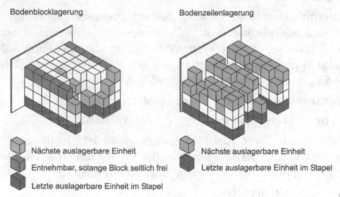

Blocklager

Block Section engl. für → *Blockstrecke*

Block Storage engl. für → *Blocklager*

Blockstrecke (engl. *Block section*) ist eine definierte Strecke im Fahrkurs-Netzwerk. Sie hat u. a. die Aufgabe, Kollisionen und Auffahrten von → *Flurförderzeugen* auszuschließen. Dazu wird der gesamte Fahrkurs funktionsgerecht in B.abschnitte gegliedert. Mit der

Unterteilung in B. wird festgelegt, dass ein Fahrzeug nur dann in die nächste B. einfahren darf, wenn sich dort kein Fahrzeug befindet. Die Logik zur Überprüfung der Ablaufsituation beinhaltet die B.steuerung.

Bluetooth ist der weltweite industrielle Standard IEEE 802.15.1 zur kabellosen, systemübergreifenden → *Datenübertragung*.
Übertragungsverfahren: Frequenzhopping mit 79 Kanälen, Bandbreite 1 MHz, Frequenzbereich 2.4–2.4835 GHz, Übertragungsrate bis 2,2 MBit/s (EDR-Verfahren).
Jeweils einem Master können bis zu sieben Slaves zugeordnet werden, die sich jedoch die Bandbreite teilen (verfügbare Bandbreite/Anzahl Slaves).
Die Namensgebung geht auf Harald Bluetooth (König der Dänen im 10. Jahrhundert) zurück, der Flaggen einsetzte, um Nachrichten von Schiff zu Schiff zu übermitteln.

BMA Abk. für Brandmeldeanlage (engl. *Fire alarm system*)

BME Abk. für Bundesverband Materialwirtschaft, Einkauf und Logistik e. V., Frankfurt am Main

Bodenblocklager (engl. *Ground bulk warehouse*) → *Blocklager*

Bodenlagerung (engl. *Ground storage*): → *Paletten* oder Einzelteile (z. B. große Maschinenteile) werden direkt auf dem Boden gelagert. Vgl. → *Regallagerung*.

Bodenplatte (engl. *Ground board*): Die als Punktlasten auf den Hallenboden einwirkenden Kräfte der Regalsteher werden durch Platten flächig verteilt.

Bodentransportsystem, induktives → *Induktives Bodentransportsystem*

Bokode ist ein optischer Code mit hoher Informationsdichte. Die Information wird als Funktion des Auslesewinkels codiert und ist mit einer unscharf gestellten Optik auch aus mehreren Metern Entfernung auszulesen.

Bollete ist ein Zollschein, Zollbeleg.

BOM Abk. für Bill of Materials (engl. für → *Stückliste*)

Bond engl. für *Garantie, Schuldverschreibung* oder *Obligation*

Bonded Stacking engl. für → *Verbundstapelung*

Bonded Store engl. für → *Zolllager*

Bonded Warehouse engl. für → *Zolllager*

Bonner Palettentausch → *Palettenklausel*

Bonus-Malus-System ist ein System zur Berücksichtigung der logistischen Leistungsqualität bei der Vergütung eines Logistikdienstleisters. Besonders gute Leistung, meist im → *Service Level Agreement* mittels → *Key Performance Indicator* abgebildet, führt zu Mehrvergütungen. Vom vereinbarten Standard nach unten abweichende Leistung führt zu Vergütungsminderung.

Book Inventory engl. für → *Buchbestand*

Bordero ist ein Verzeichnis der Sendungen (→ *Lieferung*) in → *Sammelladungen*, das Informationen zu Behandlung der Sendungen bis zur Auslieferung enthält.

Bottleneck (engl. für *Flaschenhals*) bezeichnet eine Engpasssituation von Ressourcen im Fertigungsprozess.

Bottom Strand (engl. für *Untertrum*) → *Trum*

Boxpalette ist eine → *Palette* mit einem Aufbau von mindestens drei festen, abnehmbaren oder abklappbaren senkrechten Wänden mit oder ohne Deckel in der Weise, dass ein Stapeln möglich ist.

BPEL Abk. für → *Business Process Execution Language*

BPEL4WS (Abk. für Business Process Execution Language for Web Services) ist der Vorläufer der → *Business Process Execution Language* von IBM und Microsoft.

BPMN Abk. für → *Business Process Modeling Notation*

Bracket Crane engl. für → *Konsolkran*

Branch and Bound ist eine Heuristik, die z. B. zur → *Wegoptimierung* eingesetzt wird. Sie führt durch Ausschluss von nicht zielführenden Lösungspfaden zur bestmöglichen Lösung (z. B. kürzester Weg).

Brandabschnitt (engl. *Fire lobby*) gehört in den Bereich „Vorbeugender baulicher Brandschutz" und beinhaltet einen nach brandschutztechnischen Gesichtspunkten abgeschlossenen Teil eines Gebäudes, um die Ausbreitung von Feuer im Gebäude oder auf benachbarte Gebäude zu verhindern. Brandabschnitte können vertikal durch entsprechend ausgelegte Wände oder horizontal durch Decken gebildet werden. Ein Brandabschnitt eines Gebäudes darf max. eine Länge von 40 Metern aufweisen, insgesamt somit eine Fläche von max. 1.600 Quadratmetern. Vgl. → *Brandschutz*.

Brandschutz (engl. *Fire protection*): Insbesondere in der Planungs- und Realisierungsphase eines Lager- oder Logistikzentrumneubaus sind die Auflagen und Richtlinien für den B. zu beachten und umzusetzen. Zu unterscheiden sind im Wesentlichen aktive und passive Maßnahmen wie beispielsweise Sprinkleranlage oder Brandmelde-anlage sowie sonstige bauliche Maßnahmen wie Brandabschnitte und Fluchtwege. Maßgebend sind vorrangig die Industriebaurichtline (abgek. InduBau) bis zu einer Lagerguthöhe von neun Metern (Oberkante Lagergut), ab neun Meter Oberkante Lagergut die VDI-Richtlinie 3564, Empfehlungen für den Brandschutz in Hochregalanlagen. Weiterhin sind insbesondere die Richtlinien der Sachversicherer (→ *VdS*) sowie die → *DIN 18230*, Baulicher Brandschutz im Industriebau, zu beachten.

Braune Ware (engl. *Brown goods*) ist ein in den 50er Jahren geprägter Begriff, der die seinerzeit mit (braunen) Holzgehäusen versehenen Geräte wie Fernseher, Radio und Plattenspieler bezeichnet. Vgl. → *Weiße Ware*.

Breakeven Analysis engl. für → *Grenzleistungsberechnung*

Breakeven Performance engl. für → *Grenzleistung*

Breitspur (engl. *Broad gauge*) bezeichnet Spurweiten der Bahn oberhalb der → *Normalspur*. In Deutschland beträgt die Normalspur 1.435 Millimeter.

BRIC ist eine gebräuchliche Abk. für die Anfangsbuchstaben der vier Staaten Brasilien, Russland, Indien und China. Ende 2010 wurde die Aufnahme Südafrikas in die Gruppe der BRIC-Staaten beschlossen. Somit wird BRIC zu BRICS werden.

Bridge verbindet mehrere Rechnernetze miteinander. Dabei werden die Datenströme analysiert und nach bestimmten Kriterien (Layer 2 des ISO/OSI-Ebenenmodells (→ *ISO/OSI-Referenzmodell*) zur Übertragung in die unterschiedlichen (Teil-)Netze zugelassen.

Bridge Crane engl. für → *Brückenkran*

Briefsorter (engl. *Mail sorter*) ist ein Sorter speziell für Briefe mit sehr hohen Leistungen von 40.000 bis 60.000 Einheiten pro Stunde.

Bringprinzip (engl. *Push principle*): Der Material- und Warenfluss kann nach dem B. oder Holprinzip organisiert und gesteuert werden. Das B. bedeutet, dass jede Produktionsstelle → *Material* und produzierte Waren der nachgelagerten Produktionsstelle bringt, ohne den momentanen Bedarf der Empfangsstelle zu berücksichtigen. Die Umkehrung wird als Holprinzip bezeichnet.

Broad Gauge engl. für → *Breitspur*

Broken Packing Unit engl. für → *Anbrucheinheit*

Brokerage engl. für eine *Gebühr bei Frachtabschluss*

Brouter bezeichnet eine Verbindung von → *Bridge* und → *Router*.

Brown Goods engl. für → *Braune Ware*

Browser ist ein Programm zum Betrachten von Internetseiten (Web-Seiten).
B. werden zunehmend als Terminal- oder Client-Software in der → *Logistik* eingesetzt. Dies betrifft sowohl stationäre als auch mobile Systeme. Die Informationen werden zumeist im HTML- oder XML-Format übertragen (→ *HyperText Markup Language*, → *Extensible Markup Language*). B. ermöglichen auch die Ausführung bzw. Interpretation spezieller Programme bzw. Skripte (ActiveX, JavaScript usw.) auf dem → *Client*. Hierdurch können dynamische Interaktionen zwischen Client und → *Server* realisiert werden.

BRT Abk. für Bruttoregistertonne (→ *Registertonne*)

Brückenkran (engl. *Bridge crane*) ist ein → *Kran*, bei dem die Laufschienen der Kranbrücke an der Decke oder der Wand einer Halle montiert sind. Auf der Kranbrücke verfährt eine → *Laufkatze*, die den Hubantrieb mit Seiltrommel, also das eigentliche Hubwerk trägt. Es wird zwischen Einträger- und Zweiträger-Brückenkranen unterschieden. Vgl. → *Portalkran*.

Brush-Sorter (auch Bürstensorter) sind in Aufbau und Einsatz ähnlich wie → *Kammsorter*, jedoch wird das Gut an der Ausschleusstelle über eine Bürste abgewiesen.

Brutto-Lagerfläche (engl. *Gross storage space*) ist die Nutzfläche eines → *Lagers* abzüglich Nebenflächen für Funktionen wie → *Wareneingang* und → *Warenausgang*, Bereitstellflächen, Retourenbearbeitung usw. Vgl. → *Netto-Lagerfläche*.

Bruttoraumzahl (abgek. BRZ; engl. *Gross tonnage*) ist die Maßeinheit für die Verdrängung eines Schiffes. → *Registertonne*

Bruttoregistertonne (abgek. BRT; engl. *Gross register tonnage*) → *Registertonne*

BRZ Abk. für → *Bruttoraumzahl* (→ *Registertonne*)

BS Abk. für Betriebssystem

BSC Abk. für → *Balanced Score Card*

BSCW (Abk. für Basic Support for Cooperative Work) ist eine Software zur Unterstützung der Gruppenarbeit, entwickelt vom Fraunhofer-Institut für angewandte Informationstechnik (FIT).

BSI Abk. für Bundesamt für Sicherheit in der Informationstechnologie mit Sitz in Bonn

BSL Abk. für Bundesverband Spedition und Lagerei e. V., Bonn

BTO Abk. für → *Built-to-Order*

BTS Abk. für → *Built-to-Stock*

Buchbestand (engl. *Book inventory*) ist der Bestand, der laut Buchführung (Materialwirtschaftsprogramm), d. h. laut Bestandsfortschreibung, auf Lager sein soll.

Built-to-Order (abgek. BTO; engl. für *„gefertigt nach Auftragseingang"*; auch Make-to-Order, abgek. MTO) bezeichnet ein logistisches Prinzip, bei dem (End-)Montage, Assemblierung oder Teile der Fertigung erst nach Eingang des Kundenauftrags erfolgen (auch „Auftragsfertigung"). Im Rahmen des BTO-Prinzips übernehmen Logistikunternehmen häufig auch Aufgaben der Produktion. Vgl. → *Built-to-Stock*.

Built-to-Stock (abgek. BTS; engl. für „Lagerfertigung"; auch Make-to-Stock, abgek. MTS) bezeichnet ein Fertigungsprinzip (häufig Serienfertigung), bei dem Waren anonym, d. h nicht kundenbezogen produziert und in einem Lager (als Lagerware) für den Vertrieb bereitgestellt werden. Vgl. → *Built-to-Order*.

Bulk Cargo (engl. für → *Schüttgut*) ist eine weniger gebräuchliche Bezeichnung für lose verpackte Massenware.

Bulk Commoditiy engl. für → *Schüttung*

Bulk Freight engl. für → *Schüttung*

Bulk Goods engl. für → *Schüttgut, Sperrgut*

Bulk Goods Flow (engl. für *Stückgutstrom*) → *Fördergutstrom*

Bulk Materials engl. für → *Schüttgut*

Bulk Scan engl. für → *Pulkerfassung*

Bullwhip-Effekt → *Peitscheneffekt*

Bumper ist eine Auffahrsicherung bei → *Fahrerlosen Transportfahrzeugen*.

Bundesamt für Güterverkehr ist eine selbstständige Bundesoberbehörde im Geschäftsbereich des Bundesverkehrsministeriums, zuständig für Straßenkontrollen, Erhalt der Verkehrssicherheit, der streckenbezogenen Lkw-Maut u. v. a. m.

Bundesvereinigung Logistik e. V. (abgek. BVL) ist der führende Logistik-Verband in Deutschland mit Sitz in Bremen. Die BVL ist Ausrichter des Berliner BVL-Kongresses, der größten Veranstaltung der Branche in Deutschland. Siehe auch → *DGfL*.

Bürstensorter → *Brush-Sorter*

Business Intelligence engl. für *Geschäftsanalyse*, die zumeist mit entsprechenden EDV-Systemen durchgeführt wird

Business Logistics engl. für → *Unternehmenslogistik*

Business Process Execution Language (abgek. BPEL) ist eine XML-basierte (Programmier-)Sprache (→ *Extensible Markup Language*) zur abstrakten Beschreibung von Prozessen in Form verketteter → *Web Services*. BPEL geht auf einen gemeinsamen Vorschlag von IBM und Microsoft zurück.

Business Process Modeling Notation (engl. für *Modellierungsnotation für Geschäftsprozesse*; abgek. BPNM) ist eine grafisch unterstützte Sprache zur Spezifikation von Geschäftsprozessen. Sie ist ein Standard der Object Management Group (OMG) und lässt sich auf → *Business Process Execution Language* (BPEL) abbilden. Vgl. → *Unified Modeling Language* (UML).

Business Reengineering ist die Neugestaltung aller Unternehmensprozesse, insbesondere im Logistikbereich, mit ganzheitlicher Betrachtung von Kosten, Qualität, Service und Zeit.

Business to Business (abgek. B2B) bezeichnet Geschäfte zwischen Unternehmen über das → *Internet*.

Business to Consumer (abgek. B2C) bezeichnet Geschäfte zwischen Unternehmen und Verbrauchern über das → *Internet*.

Business-to-Employee-Portal (abgek. B2E-Portal) bietet den Mitarbeitern eines Unternehmens den Zugang zu unternehmensrelevanten Informationen im → *Internet* bzw. im betrieblichen → *Intranet*. Es dient als Instrument der unternehmensinternen Kommunikation. Im Handel können B2E-Portale auch zum Verkauf an Mitarbeiter (die dabei quasi eine geschlossene Konsumentengruppe bilden) eingesetzt werden.

BVL Abk. für → *Bundesvereinigung Logistik e. V.*

42

Bypass Mithilfe eines B. kann das → *Lagerverwaltungssystem* für → *Artikel*, die für Aufträge benötigt werden, aber nicht vorrätig sind, einen direkten Transport vom → *Wareneingang* zum → *Warenausgang* oder in die Produktion veranlassen.

Bypass-Lager ist ein → *Lager* parallel zum → *Materialfluss*, um lediglich Mengenschwankungen aufzufangen und auszugleichen.

Byte Ein Byte besteht aus acht → *Bit* und ist eine informationstragende Einheit. Durch Kombination lassen sich 256 = 2 x 2 x 2 x 2 x 2 x 2 x 2 x 2 = 2^8 verschiedene Darstellungen ermöglichen. Jede dieser Möglichkeiten entspricht einer Information, z. B. einem alphanumerischen Zeichen. Ein Byte besteht aus zwei Nibbles mit je 4 Bit Länge. Nibbles können z. B. zur Darstellung dezimaler Zahlen verwendet werden.

C

C ist zusammen mit C++ (einer objektorientierten Erweiterung von C) die weltweit meistgenutzte Programmiersprache. C und C++ sind vom ANSI standardisiert, aber auch in verschiedenen Dialekten (QuickC, TurboC) oder mit herstellerspezifischen Bibliotheken verbreitet, so z. B. von Intel, Borland (heute Inprise) und Microsoft.

C2C Abk. für → *Consumer to Consumer*

CA (Abk. für Certificate Authority) ist eine Instanz, die digitale Zertifikate vergibt.

Cable Winch (engl. für *Seilwindwerk*) → *Windwerk*

Cabotage engl., frz. für → *Kabotage*

CAGE Code Abk. für → *Commercial and Government Entity Code*

CA-Lager (CA ist die Abk. für Controlled Atmosphere, engl. für *gesteuerte, kontrollierte Atmosphäre*) ist eine Form des Lagerns, bei der während der Lagerung ein Reifungsprozess oder eine Verlangsamung der Alterung in kontrollierter Atmosphäre stattfindet. Diese zumeist landwirtschaftlich genutzte Lagerform wird z. B. für Lebensmittel (Obst, Schinken etc.) eingesetzt. Vgl. → *Schichtenlager*.

Call Center sind Unternehmensabteilungen oder eigenständige Firmen, die einen serviceorientierten telefonischen Dialog des Unternehmens mit Kunden, Interessenten und → *Lieferanten* sicherstellen.

Call Center Agent ist ein Mitarbeiter im → *Call Center*.

Cantilever Rack engl. für → *Kragarmregal*

CAO 1. Abk. für → *Computer-assisted Ordering* — 2. Abk. für → *Cargo Aircraft Only* — 3. Abk. für Computer-aided optimization (engl. für *rechnergestützte Optimierung*)

Capacity engl. für → *Kapazität*

Cargo engl. für *Ladung*

Cargo Accounts Settlement System (abgek. CASS) ist ein internationales Luftfrachtabrechnungssystem.

Cargo Aircraft Only (abgek. CAO) bedeutet, dass ein Frachtstück nur für Frachtflugzeuge und nicht für Passagierflugzeuge geeignet ist.

Car Load engl. für *Wagen-* oder *Waggonladung*

Carnet ATA ist ein internationales Begleitdokument für den Transit von Demonstrations- und Ausstellungswaren, Musterkollektionen usw.

Carousel Storage System engl. für → *Karusselllager*

Carriage engl. für → *Rollgeld*

Carriage and Insurance Paid (abgek. CIP) bedeutet: frachtfrei versichert bis zum Ablieferungsplatz am Bestimmungsort. (Lieferklausel nach → *INCOTERMS*)

Carriage Paid engl. für → *Franko*

Carriage Paid to (abgek. CPT) bedeutet: frachtfrei bis Ablieferungsplatz des benannten Bestimmungsortes. Dies gilt für die Beförderung auf Schiene und Straße. (Lieferklausel nach → *INCOTERMS*)

Carrier engl. für *(Luftfracht-)Spediteur*

Cartage engl. für → *Rollgeld, Transportlohn*

C-Artikel → *ABC-Artikel*

CAS 1. Abk. für → *Computer-aided Shipping System* — 2. Abk. für → *Computer-aided Selling*

CASE (Abk. für Computer-aided Software Engineering) ist ein Verfahren zur computerunterstützten Programm- und Prozessentwicklung. CASE-Tools unterstützen (häufig durch semi-grafische Eingabe) das strukturierte Design und die Entity-Relationship-Modellierung (→ *Entity-Relationship-Modell*) z.B. von Datenbanksystemen, wie sie im → *Warehouse Management* eingesetzt werden. CASE-Tools beinhalten neben der Unterstützung der Modellierung auch Methoden zur Dokumentation. Zunehmend finden objektorientierte Verfahren wie → *UML* Anwendung.

CASS Abk. für → *Cargo Accounts Settlement System*

Castor Sorter engl. für → *Schwenkrollensorter*

Category Management (abgek. CM) steuert die Zusammenarbeit zwischen Industrie und Handel auf Basis von Warengruppen als strategischen Geschäftseinheiten. Dabei werden Warengruppen sehr detailliert u.a. mit den Instrumenten der Marktforschung betrachtet und bis zum → *Point of Sale* verfolgt.

CBU Abk. für → *Completely built up*

CCD Abk. für → *Charge-coupled Device*

CCG I/II sind Empfehlungen für Palettenladehöhen (d.h. einschl. → *Palette* mit einer Sollhöhe von 150 mm) seitens der → *CCG mbH* mit
- CCG I: 1.050 mm,
- CCG II: 1.600–1.950 mm.

Siehe auch → *Palettenhöhe*.

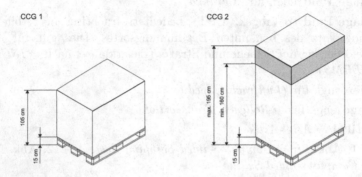

Palettenmaße nach CCG

CCG mbH (Abk. für Centrale für Coorganisation GmbH) ist die deutsche EAN-Organisation. Im Frühjahr 2005 erhielt sie den neuen Namen „GS1 Germany" als Untereinheit der GS1 Europe (→ *Global Standards 1 Europe*).

C-Commerce Kurzform für → *Collaborative Commerce*

C-Conveyor engl. für → *C-Förderer*

CD Abk. für → *Crossdocking*

CDP Abk. für Cross-docking point (→ *Crossdocking*)

CE-Kennzeichnung (engl. *CE-labelling*) wurde vorrangig geschaffen, um den freien Warenverkehr innerhalb der Europäischen Gemeinschaft (EU) zu gewährleisten. EU-Richtlinien gemäß Art. 95 EU-Vertrag (sog. Binnenmarktrichtlinien) legen für zahlreiche Produkte Sicherheits- und Gesundheitsanforderungen als Mindestanforderungen fest, die nicht unterschritten werden dürfen. Innerhalb der EU darf ein Produkt nur in Verkehr gebracht werden, wenn es den Bestimmungen der EU-Richtlinien entspricht bzw. eine entsprechende Konformitätsbescheinigung vorliegt.

CE-Labelling engl. für → *CE-Kennzeichnung*

CeMat Abk. für → *Welt-Centrum für Materialfluss und Transport*

Central Warehouse engl. für *Zentrallager* (→ *Warenverteilzentrum*)

CEO Abk. für → *Chief Executive Officer*

CEPT Abk. für Conférence Européenne des Administrations des Postes et des Télécommunications

Certificate of Insurance engl. für *Versicherungspolice* (→ *Police*)

Certificate of Origin engl. für → *Ursprungszeugnis*

CFO Abk. für → *Chief Financial Officer*

C-Förderer (engl. *C-conveyor*) ist ein → *Vertikalförderer* für stetigen → *Materialfluss* (→ *Z-Förderer*).

CFR Abk. für → *Cost and Freight*

Chain Conveyor engl. für *Kettenförderer* (→ *Tragkettenförderer*)

C-Haken (engl. *C-Hook*) ist ein C-förmiger Kranhaken, z. B. zur Aufnahme von (Stahl-)Coils.

Change-can engl. für → *Wechselbehälter*

Change Management (engl. für *Veränderungsmanagement*) bezeichnet ein nachhaltiges Management des Wandels komplexer betrieblicher und organisatorischer Strukturen und Funktionen mit unterschiedlichen Zielstellungen.

Chaotic Storage engl. für → *Chaotische Lagerung*

Chaotische Lagerung (engl. *Chaotic storage*): → *Artikel* oder → *Lagereinheiten* haben keine feste Lagerplatzzuteilung. C. L. ist Fachjargon für → *Freiplatzprinzip*. Siehe auch → *Festplatzprinzip* als alternatives Verfahren.

Charge ist (neben der durchgängigen → *Artikelnummer*) eine zusätzliche Kennung der → *Artikeleinheiten*, da trotz Rezeptur für den Kunden von Fertigungslos (Charge) zu Fertigungslos nicht annehmbare Unterschiede entstehen können (z. B. Tönung von Tapeten oder Wolle) bzw. infolge der verschärften Produkthaftung die Fertigungs- und Produktionsbedingungen genau nachvollziehbar sein müssen. Die Einführung einer C.-Kennung wirkt für die → *Bestandsführung* wie eine Erhöhung der → *Artikelanzahl* und kann daher zu erheblichem Mehraufwand führen.

Charge-coupled Device (abgek. CCD) ist eine weitverbreitete Sensortechnologie zur Aufnahme von Bildern. Ein CCD-Sensor besteht aus zeilen- oder matrixförmig angeordneten Halbleiterdetektoren. Der einzelne Bildpunkt wird als Pixel bezeichnet. Vgl. → *Bildanalyse.*

Charge Indicator engl. für → *Chargenanzeige*

Chargenanzeige (engl. *Charge indicator*): Nach Eingabe einer Chargennummer wird der gesamte Bestand dieser → *Charge* bzgl. → *Transporteinheiten* und → *Lagerplätzen* angezeigt.

Chartern bezeichnet das Mieten oder Pachten von Transportmitteln.

Check Digit engl. für → *Prüfziffer*

Checksum engl. für → *Prüfsumme*; siehe z. B. → *Cyclic Redundancy Check.*

Chep-Palette ist ein → *Ladungsträger* der Chep Deutschland GmbH als Mitglied der „Chep-in-Europe"-Gruppe. Sie wird vorwiegend in der Food-, Nonfood- und Automobilbranche eingesetzt.

Chief Executive Officer (abgek. CEO) ist der verantwortliche Manager eines Unternehmens im Sinne eines Geschäftsführers oder Vorstandsvorsitzenden.

Chief Financial Officer (abgek. CFO) ist der kaufmännische Geschäftsführer oder Finanzvorstand eines Unternehmens.

Chief Information Officer (abgek. CIO) ist der verantwortliche IT-Manager eines Unternehmens.

Chief Security Officer (abgek. CSO) ist der verantwortliche Manager für die (IT-)Sicherheit eines Unternehmens.

Chip-on-Board (abgek. COB) bezeichnet die Montage von gehäuselosen Chips auf eine Leiterplatte.

c/i Abk. für *Certificate of Insurance* (engl. für *Versicherungszertifikat*) → *Police*

CIF Abk. für → *Cost, Insurance, Freight*

CIL Abk. für → *Computer-integrated Logistics*

CIM Abk. für → *Computer-integrated Manufacturing*

CIO Abk. für → *Chief Information Officer*

CIP Abk. für → *Carriage and Insurance Paid*

Circular Conveyor System engl. für → *Kreisförderer*

Circular Plate Conveyor engl. für → *Wandertisch*

Circular Polarisation engl. für → *Zirkulare Polarisation*

C-Items engl. für *C-Artikel* (→ *ABC-Artikel*)

City-Logistik bezeichnet die Bündelung von → *Lieferungen* zur Versorgung von Innenstadtbereichen, um die Transportbelastung zu reduzieren.

CKD Abk. für → *Completely knocked down*

c.l. Abk. für → *Car Load*

Clearing-Center 1. ist eine Informationsschaltstelle bei der elektronischen → *Datenübertragung*. — 2. bezeichnet eine zentrale Verrechnungsstelle für gegenseitige Verbindlichkeiten, insbes. im internationalen Geschäftsverkehr.

Clearing-/No-Read-Platz ist eine Station, an der automatisch nicht identifizierbare → *Ladehilfsmittel* oder → *Artikel* ausgeschleust und bearbeitet werden. Herkömmlich handelt es sich hierbei um Einheiten oder → *Güter*, deren → *Barcodes* nicht lesbar sind. Zunehmend werden auch Gewicht und → *Bildanalyse* zur Identifikation und Kontrolle eingesetzt.

Client 1. ist Teil einer Client/Server-Applikation und bezeichnet den Teil der Applikation, der auf dem C. läuft. Ein → *Browser* ist z. B. ein C. bzw. eine C.-Applikation. — 2. ist eine Bezeichnung für Rechnerhardware in einem → *Client/Server-System*. — 3. engl. für *Kunde, Mandant*

Client/Server-System ist ein System, in dem die Verarbeitung einer Applikation (Anwendung, Programm) in einem Server-Teil (→ *Backend*) und einem Client-Teil (→ *Frontend*) erfolgt. Beide Teile sind über ein Netzwerk miteinander zum Client/Server-System verbunden. Die Benutzerschnittstelle liegt auf dem → *Client*. Typische Client-Applikationen in der Logistik sind → *Browser* oder Datenbank-Tools, während z. B. eine zentrale → *Datenbank* auf dem → *Server* läuft. Komplexe Systeme können mehrere Server und hunderte von Clients enthalten.

Close-Coupling-System bezeichnet im RFID-Bereich ein System aus → *Tags* und → *RFID-Scanner*, die im → *Nahfeld* (vgl. → *Lastmodulation*) bis zu einer Entfernung von typischerweise < 1 cm betrieben werden können. C.-C.-S. werden aufgrund ihrer geringen Lesereichweite und der damit verbundenen Abhörsicherheit häufig in Sicherheitsbereichen eingesetzt. Vgl. → *Remote-Coupling-System*, → *Long-Range-System*.

Closed-loop System engl. für → *Regelkreissystem*

Cloud Computing (engl. für „*Computer-Wolke*"; auch Virtual Cloud Computing, abgek. VCC) bezeichnet die Virtualisierung von Soft- und/oder Hardware im bzw. über das Internet. Hierdurch werden Programme (→ *Software as a Service*) oder Rechnerleistung (Infrastructure as a Service) dynamisch über das Netz zur Verfügung gestellt. Es wird zwischen Private Clouds (nicht öffentlich zugänglich) und Public Clouds (öffentlich zugänglich) unterschieden. Bekanntes Beispiel für C. C. in der Logistik ist die „Logistics Mall", siehe http://www.logistics-mall.com.

Cluster bezeichnet in der → *Intralogistik* unterschiedliche → *Artikel*, die ein gemeinsames Merkmal aufweisen. In der Kommissionierung (→ *Kommissionieren*) wird mittels der Clusteranalyse versucht, Artikel, die häufig gemeinsam kommissioniert werden, dicht nebeneinander bereitzustellen. Beispielsweise bilden Schrauben, Muttern und Unterlegscheiben ein C., auch als Set-Bildung oder → *Set-Kommissionierung* bezeichnet. Vgl. → *Firmencluster*.

CM Abk. für → *Category Management*

CMI (Abk. für Co-managed inventory) → *Warenversorgung, vom Hersteller gesteuert*

CMMS (Abk. für Computerized Maintenance Management System) ist ein Softwaresystem, das Instandhaltungsabläufe unterstützt.

CMOS (Abk. für Complementary metal oxide semiconductor) ist Halbleitertechnologie, auf der die meisten Integrierten Schaltkreise beruhen.

CMR Abk. für → *Convention Marchandise Routière*

CMS Abk. für → *Content Management System*

C/N Abk. für → *Credit Note*

c/o Abk. für Care off (engl. für *per Adresse*)

COB Abk. für → *Chip-on-Board*

Cockpit ist Fachjargon für die laufende optische Aufbereitung wichtiger Daten im Rahmen einer Logistik-Leitstandfunktion, z. B. Anzahl Aufträge in Bearbeitung oder in Warteposition, Betriebszustand der technischen Einrichtungen. Siehe auch → *Supply Chain Cockpit*.

Codabar ist ein → *Stapelcode* (2-D-Barcode), basierend auf dem → *Code 39* (Variante A) oder → *Code 128*. Bei der C. Variante F können 44 Zeilen je zwischen vier und 62 Zeichen codiert werden, was einer Gesamtkapazität von max. 2.728 Zeichen entspricht.

Codablock ist ein → *Stapelcode* (2-D-Barcode), basierend auf dem → *Code 39*.

Code 128 ist ein häufig verwendeter → *Vier-Breiten-Barcode*. Der abbildbare Zeichenvorrat des Code 128 besteht neben den 128 ASCII-Zeichen (→ *ASCII-Code*) aus 100 Ziffern-Tupeln (von 00 bis 99), vier Sonderzeichen, vier Steuerzeichen, drei verschiedenen Startzeichen sowie einem Stoppzeichen. Die Fähigkeit, mit 106 verschiedenen Strichcodierungen weit über 200 Zeichen abbilden zu können, verdankt der Code 128 seinen drei unterschiedlichen Zeichensätzen (Ebene A–C). Eine weitere Besonderheit des Code 128 ist, dass dieser für Mehrfachlesungen zeilenweise angeordnet werden kann. Dadurch können mit ihm Nutzzeichenfolgen codiert werden, die die maximale Scanbreite eines Lesegeräts überschreiten. Vgl. → *Barcode*, → *Stapelcode*, → *Matrix Code*.

Code 2 aus 5 ist ein einfacher → *Zwei-Breiten-Barcode* zur Darstellung von Zahlen. Er erhielt seinen Namen durch seine Codierung: Jeweils zwei breite und drei schmale Striche ergeben eine Ziffer. Beim Code 2 aus 5 interleaved werden die Zwischenräume zwischen den (schwarzen) Balken des Code 2 aus 5 in gleicher Weise zur Codierung benutzt.

Code 39 ist ein → *Zwei-Breiten-Barcode* zur Darstellung von alphanumerischen Zeichen.

Code Number engl. für → *Sachnummer*

Codierung ist die Verschlüsselung von Nachrichten und Informationen, um diese in eine maschinenlesbare Form zu bringen und für die → *Datenübertragung* aufzubereiten.

Coil bezeichnet ein Blechband im aufgerollten Zustand.

Collaboration soll den Gedanken der effizienten Zusammenarbeit und Kooperation aller Beteiligten in einer Produktions- und Lieferkette betonen und wird daher örtlich mit der zugrunde liegenden Arbeitsbasis verbunden, z. B. Supply Chain Collaboration, Outsourcing Collaboration.

Collaborative Commerce (kurz C-Commerce) bezeichnet das gemeinsame (kollaborative) Handeln mehrerer Wertschöpfungspartner über (mehrere) → *elektronische Marktplätze* hinweg. Es basiert auf den Grundprinzipien des → *Supply Chain Management*. Vgl. → *Collaborative Planning, Forecasting and Replenishment*.

Collaborative Planning, Forecasting and Replenishment (abgek. CPFR) bedeutet kooperatives Planen, Prognostizieren und Managen von Warenströmen und Beständen. CPFR ist eine noch intensivere Kooperation als das ECR (→ *Efficient Consumer Response*), um Versorgungsengpässe ebenso zu vermeiden wie unnötig hohe Lagerbestände.

Collaborative Product Commerce (abgek. CPC) ist eine Kategorie von Softwarelösungen, die den gesamten Lebenszyklus eines Produktes (→ *Produktlebenszyklus*) unterstützt. Dabei kommen Internettechnologien zum Einsatz, um Produktdefinition, Konstruktion, Beschaffung, Fertigung sowie Instandhaltung und Service zusammenzuführen.

Colli (engl. *Packages*) → *Kolli*

Co-managed Inventory (abgek. CMI) → *Warenversorgung, vom Hersteller gesteuert*

Commercial and Government Entity Code (abgek. CAGE Code) ist ein weltweit eindeutiger Schlüssel, der zur Identifizierung eingesetzt wird.

Common Object Request Broker Architecture (abgek. CORBA) ist ein von der Object Management Group spezifizierter plattformunabhängiger Standard (Middleware) für die Kommunikation zwischen Objekten und Programmen.

Compact Warehouse engl. für → *Kompaktlager*

Complete Load engl. für → *Komplettmenge*

Completely built up (abgek. CBU) meint fertig montierte Anlagen, Maschinen, Autos usw.

Completely knocked down (abgek. CKD; engl. für *voll zerlegt*) meint den Versand von kompletten Montagesätzen für Maschinen und Anlagen, z. B. auch ganze Autos, mit dem Ziel der Umgehung von Eingangszöllen des Bestimmungslands, wodurch die Kosten für Aufbau und Montage kompensiert werden.

Compliance (engl. für *Befolgung* (geltender Vorschriften)) bezeichnet neben der Einhaltung von Richtlinien und Gesetzen auch die – häufig gesellschaftlich induzierten – firmeninternen Richtlinien wirtschaftlichen und sozialen Handelns. Vgl. → *Corporate Social Responsibility* (CSR).

Composite Packaging Materials engl. für → *Verbundpackstoffe*

Computer-aided Selling (abgek. CAS) bezeichnet eine IT-unterstützte Vertriebs- und Verkaufstätigkeit.

Computer-aided Shipping System (abgek. CAS) bezeichnet die papierlose Versandabfertigung und Adressierung von Stückgut- und Palettenaufträgen

Computer-assisted Ordering (abgek. CAO; engl. für *computerunterstütztes Bestellen*): Wird der → *Mindestbestand* eines → *Artikels* unterschritten, wird, basierend auf Scannerdaten, automatisch eine Neubestellung angestoßen.

Computer-integrated Logistics (abgek. CIL) bezeichnet die zentrale computerintegrierte Steuerung aller logistischen Prozesse durch Informationstechnologien über eine oder mehrere Wertschöpfungsketten hinweg.

Computer-integrated Manufacturing (abgek. CIM) bezeichnet die zentrale computerintegrierte Steuerung aller (Produktions-) Prozesse durch → *Informationstechnologien.*

Computer-supported Cooperative Work (abgek. CSCW) bezeichnet die interdisziplinäre Kopplung von Methoden und die Beschreibung unterschiedlicher → *Informationssysteme* im Sinne einer Kooperation. CSCW beinhaltet die Teilgebiete Workflow Management und Workgroup Computing.

Consignee engl. für *Warenempfänger*

Consignment Warehouse engl. für → *Konsignationslager*

Consignor engl. für *Absender, Verlader*

Consolidated Shipment engl. für → *Sammelladung*

Consolidation engl. für *Zusammenführung,* → *Konsolidierung*

Consumer to Consumer (abgek. C2C) bezeichnet die elektronische Geschäftsabwicklung zwischen Endkunden (Haushalten, Privatpersonen).

Container (engl. für *Behälter*) ist ein Großbehälter, der dauerhaft für die Beförderung verpackter oder unverpackter Waren verwendet werden kann. C. haben einen Rauminhalt von mindestens 1 cbm und sind so gestaltet, dass Be- und Entladen einfach durchzuführen sind. Das Bruttogewicht, die äußeren Abmessungen, Belastbarkeit und Befestigungsvorrichtungen werden von der → *ISO* empfohlen und sind international durch Vorschriften festgelegt. Je nach Verwendungszweck gibt es die verschiedensten Typen und Ausgestaltungen. Besonders gängig sind 20- und 40-Fuß-Container.

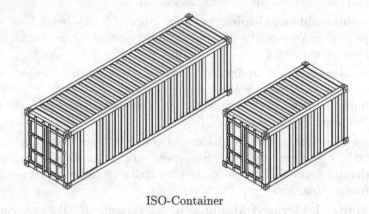

ISO-Container

Content Management System (abgek. CMS) ist ein Programm oder eine Anwendung zur Verwaltung und Aufbereitung multimedialer digitaler Inhalte (Content). Die Präsentation des Content erfolgt hierbei häufig in Form von Internetseiten (→ *Portable Document Format (PDF)*, → *HyperText Markup Language (HTML)*, → *Extensible Markup Language (XML)*). CMS sind zumeist mandantenfähig und ermöglichen den Zugriff vieler auf gemeinsamen Content.

Content Provider ist ein Informationsanbieter im → *Internet*.

Continuous Replenishment Program (abgek. CRP; engl. für *kontinuierliches Warenversorgungsprogramm*) soll eine unterbrechungsfreie Warenversorgung entlang der gesamten logistischen Kette vom Hersteller zum Händler erreichen. Der Impuls für den → *Nachschub* erfolgt durch die tatsächliche Nachfrage bzw. durch den prognostizierten Bedarf der Filialen oder Distributionszentren (Pull-Prinzip (→ *Push-und-Pull-Prinzip*)).

Continuous Vertical Conveyor engl. für → *Z-Förderer*

Contour Check engl. für *Konturenkontrolle*, → *Profilkontrolle*

Contract Logistics engl. für → *Kontraktlogistik*

Controlling der Logistik bezeichnet die Planung, Steuerung und Kontrolle von Logistikabläufen mittels → *Kennzahlen*, z. B. über → *Leistung* und Kosten.

Convention Marchandise Routière (abgek. CMR) sind Vereinbarungen im internationalen Straßen-Güterverkehr. Sie regeln Verantwortlichkeiten und Haftung.

Converter engl. für → *Umsetzer*

Conveying engl. für → *Fördern*

Conveying Belt engl. für → *Gurtförderer*

Conveying Means engl. für → *Fördermittel*

Conveyor System engl. für → *Förderanlage*

COO Abk. für Chief Operative Officer (im Deutschen in etwa vergleichbar mit Bereichsvorstand „Operative Systeme").

CORBA Abk. für → *Common Object Request Broker Architecture*

Corlette ist ein Rollbehälter aus der Möbelbranche. Er ist vierseitig mit Gittern versehen und hat größere Abmessungen, um ganze Möbelstücke (z. B. eine Sitzgarnitur) aufnehmen und transportieren zu können.

Corlette [Quelle: CORDES]

Corporate Social Responsibility (abgek. CSR) engl. für *unternehmerische Gesellschaftsverantwortung.* Vgl. → *Compliance.*

Cost, Insurance, Freight (abgek. CIF) bedeutet: Kosten, Versicherung, → *Fracht* bis Bestimmungshafen einschl. FOB (→ *Free on Board*) verschifft, plus Verschiffungsspesen und evtl. Konsulatsgebühren sowie Seefracht und Versicherung. (Lieferklauseln nach → *INCOTERMS*)

Cost and Freight (abgek. CFR) bedeutet: Kosten und → *Fracht* bis Bestimmungshafen mit FOB (→ *Free on Board*) verschifft, plus Versicherungsspesen, plus evtl. Konsulatsgebühren und Seefracht. (Lieferklausel nach → *INCOTERMS*)

Cost-benefit Analysis engl. für → *Nutzwertanalyse*

Cost Center engl. für *Kostenstelle*

Coupled Navigation engl. für → *Koppelnavigation*

Courier, Express, Parcel Services engl. für → *Kurier-, Express-, Paketdienste*

Courtage ist eine andere Bezeichnung für Maklergebühr.

CPC Abk. für → *Collaborative Product Commerce*

CPFR Abk. für → *Collaborative Planning, Forecasting and Replenishment*

CPT Abk. für → *Carriage Paid to*

Cradle to Cradle (engl. für „von der Wiege zur Wiege") bezeichnet ein nachhaltiges Produktions- und Logistikkonzept, bei dem alle (Abfall-)Stoffe folgenden (Produktions-)Prozessen zugeführt werden und somit kein Abfall im herkömmlichen Sinne entsteht.

Crane engl. für → *Kran*

Crane Carriage engl. für → *Laufkatze*

Crash Class Order-picking engl. für → *Crashklassen-Kommissionierung*

Crashklassen-Kommissionierung (engl. *Crash class order-picking*) bezeichnet das → *Kommissionieren* der → *Artikeleinheiten* nach Gewicht: schwere und unhandliche Einheiten nach unten, leichte und handliche nach oben.

CRC Abk. für → *Cyclic Redundancy Check*

Credit Note engl. für *Gutschrift*

Creep Rate engl. für → *Kriechgeschwindigkeit*

CRM Abk. für → *Customer Relationship Management*

Cross-belt-Sorter engl. für → *Quergurtsorter*

Crossborder Traffic engl. für → *Grenzüberschreitender Verkehr*

Crossdocking (abgek. CD, engl. für *Durchlagerung*) bezeichnet den → *Warenumschlag* ohne Lagerung, da für diesen → *Artikel* bereits Kommissionier- oder Auslagerungsaufträge vorliegen und kein Bestand am Lager vorhanden ist. Angelieferte Waren werden unmittelbar den entsprechenden → *Warenausgängen* (Ausliefertouren oder Filialen) zugeordnet bzw. auf diese sortiert. Eine typische Variante des CD ist die filialgerechte Distribution von Ganzladungen im Handel. CD erfordert die vollständige Auflösung der angelieferten Ware und damit i. Allg. eine vorgelagerte → *artikelweise Kommissionierung* beim → *Lieferanten* (zweistufiges CD) oder die kundengerechte Vorkommissionierung (einstufiges CD).
Ziel des CD ist es, Bestände zu reduzieren, Belieferungszeiten zu verkürzen und Transporte zu bündeln und damit die Kosten zu senken.

Crossdocking-Palette ist eine komplette → *Transporteinheit*, die vom → *Wareneingang* eines Logistikzentrums ohne → *Einlagerung* zum → *Warenausgang* verbracht wird. Durch die Schaffung von „Crossdocking-Zentren" werden Kosten reduziert, → *Lieferzeiten* kurz gehalten und der Warendurchsatz beschleunigt.

Cross-Selling bezeichnet den Verkauf unterschiedlicher, aber verbundener Produkte an einen Kunden.

CRP Abk. für → *Continuous Replenishment Program*

CSC Abk. für → *Customer Service Center*

CSCW Abk. für → *Computer-supported Cooperative Work*

CSO Abk. für → *Chief Security Officer*

CSR Abk. für → *Corporate Social Responsibility*

C-Teile (engl. *C-items*) → *ABC-Artikel*

CTO Abk. für Combined transport operator (engl. für *Gesamtfrachtführer*)

Customer Relationship Management (abgek. CRM) bezeichnet ein Beziehungsmanagement zu den Kunden, das folgende Fragen zu beantworten sucht:
- Welche Kunden sind am profitabelsten?

- Welche Leistungen müssen angeboten werden, damit die Kunden langfristig gebunden werden können?
- Wie können neue Kunden mit dem Ziel langfristiger Bindung gewonnen werden?

IT-basierte CRM-Systeme sind ein wichtiger Teil des internetbasierten Handels.

Customer Service engl. für *Kundenservice*

Customer Service Center engl. für ein (elektronisches) *Kundenservice-Center*

Customer Service Level engl. für → *Liefergrad*

Customizing bezeichnet die Anpassung einer (Standard-)Software an kundenspezifische Wünsche und Anforderungen.

Cut-off Time ist der späteste Zeitpunkt einer Bestellabgabe oder eines Bestelleingangs, um die minimale → *Lieferzeit* noch einhalten zu können.

CVS (Abk. für Concurrent versions system) bezeichnet das Versionsmanagement von Software-Quelltexten.

c.w. Abk. für Commercial weigth (engl. für *Handelsgewicht*)

Cycle Time engl. für → *Taktzeit, Spielzeit* (→ *Lagerspiel*)

Cyclic Redundancy Check (abgek. CRC) ist ein Prüfsummenverfahren zur sicheren Datenübertragung. Es ermöglicht die Erkennung von 1-Bit-Fehlern jeder ungeraden Anzahl von verfälschten Bits sowie einiger Bündelfehler. Der Schlüssel zur Berechnung der Prüfsumme liegt in einem sog. Generatorpolynom. Dieses Polynom muss sowohl dem Sender als auch dem Empfänger bekannt sein.

D

DAF 1. Abk. für → *Delivered at Frontier* — 2. Niederländische Automobilfabrik Van Doornes

Dangerous Substances engl. für → *Gefahrstoff*

Database engl. für → *Datenbank*

Datagramm (engl. *Datagram*) bezeichnet ein Datenpaket oder eine Dateneinheit, die über ein Netzwerk übertragen werden kann.

Data Matrix Code ist ein → *Martix Code* (2-D-Barcode).

Data Mining (abgek. DM) ist ein Verfahren der Künstlichen Intelligenz, bei dem relevante Informationen aus bis dahin unbekannten oder nicht analysierten Datenbeständen extrahiert werden, z. B. zur Analyse von Informationen in → *Data Warehouses.*

Data Sharing ermöglicht den Zugriff auf gemeinsame Daten, die dezentral gespeichert sein können.

Data Transmission engl. für → *Datenübertragung*

Data Warehouse bezeichnet eine extensive, benutzerorientierte zentrale → *Datenbank* zur Unterstützung des Managements im Bereich der Informationsbeschaffung, Analyse und Planung.

Datenbank (abgek. DB; engl. *Database*) bzw. DB-Systeme verwalten große Mengen von strukturierten Daten auf Speichermedien. Mithilfe von besonderen Abfragesprachen können Informationen aufgefunden, verändert oder mit dem Inhalt anderer DB verknüpft werden. Als Standard-Abfragesprache wird in vielen Fällen SQL (Standard Query Language) eingesetzt. Eine DB enthält in der Regel eine Vielzahl von Tabellen zusammen mit einer Sammlung von Operationen, mit denen man die Tabellen erweitern, verknüpfen oder löschen kann oder einzelne Einträge anhand vorgegebener Spaltenwerte als Suchschlüssel (Keys) auffinden und verändern kann. Die DB ist die zentrale Stelle zur gesicherten Speicherung aller Daten eines → *Lagerverwaltungssystems* (in der Regel auf einem → *Server*).

In der → *Logistik*, z. B. bei der → *Bestandsführung*, werden meist relationale, zunehmend objektorientierte DB verwendet. DB-Systeme können zentral oder verteilt organisiert sein.

Datenfernübertragung (abgek. DFÜ; engl. *Remote data transmission*) ist die Übertragung von Daten zwischen Computern über das → *Intranet* hinaus, zumeist über Telefonleitungen oder adäquate Funkdienste wie UMTS (→ *Universal Mobile Telecommunications System*). Meistverbreitete kabelgebundene DFÜ-Standards sind ISDN (→ *Integrated Services Digital Network*) und DSL (→ *Digital Subscriber Line*). Siehe auch → *Wireless Local Area Network* und → *Bluetooth*.

Datenfunk (abgek. DF; engl. *Radio data transmission*) dient zur Unterstützung personengeführter, frei beweglicher Transporte. Siehe auch → *Bluetooth* und → *Wireless Local Area Network*.

Datenterminal, mobiles → *Mobiles Datenterminal*

Datenübertragung (engl. *Data transmission*) ist die Übertragung von Daten vom Ort der Erfassung zur EDV oder vom Ort der Verarbeitung zur Datenausgabe.

Datenübertragungsrate (engl. *Data transfer rate*) beschreibt die Datenmenge, die zwischen einem Sender und einem Empfänger innerhalb eines bestimmten Zeitraums ausgetauscht wird. Die Angabe erfolgt in → *Bits* oder → *Bytes* pro Sekunde. Vgl. → *Datenübertragung*.

DB Abk. für → *Datenbank*

DBMS Abk. für Datenbank-Management-System (→ *RDBMS*)

DCV Abk. für → *Destination Coded Vehicle*

DDE Abk. für → *Dynamic Data Exchange*

DDoS Abk. für Distributed Denial of Service (→ *Denial of Service*)

DDP Abk. für → *Delivered Duty Paid*

DDU Abk. für → *Delivered Duty Unpaid*

Dead Article engl. für → *Ladenhüter*

Dead Freight engl. für → *Fautfracht*

Dead Man's Control engl. für → *Totmannschaltung*

Dead Time engl. für → *Kommissionier-Totzeit*

Dead Zone ist ein allgemeiner Ausdruck für einen Bereich im Lesefeld eines → *Scanners*, in dem ein (Radiofrequenz-)Signal nicht gelesen wird.

Debitorenbestand (engl. *Accounts receivable*) ist eine dem Kunden fakturierte, aber noch nicht bezahlte → *Lieferung*.

DECT Abk. für → *Digital Enhanced Cordless Telecommunications*

Deficiency engl. für → *Manko*

Deflector engl. für → *Abweiser*

Deichsel (engl. *Drew bar*) → *Anhänger*

Delivered at Frontier (abgek. DAF) bedeutet: geliefert bis zum benannten Lieferort an der Grenze. (Lieferklausel nach → *INCOTERMS*)

Delivered Duty Paid (abgek. DDP) bedeutet: geliefert verzollt, der Verkäufer trägt alle Kosten und Gefahren bis Bestimmungsort im Einfuhrland. (Lieferklausel nach → *INCOTERMS*)

Delivered Duty Unpaid (abgek. DDU) bedeutet: geliefert ohne Einfuhrzoll, der Verkäufer trägt alle Kosten und Gefahren bis Bestimmungsort im Einfuhrland. (Lieferklausel nach → *INCOTERMS*)

Delivered ex Quay (abgek. DEQ) bedeutet: geliefert ab Kai im Bestimmungshafen, verzollt. (Lieferklausel nach → *INCOTERMS*)

Delivered ex Ship (abgek. DES) bedeutet: geliefert ab Bord Seeschiff im Bestimmungshafen, ohne Einfuhrzoll. (Lieferklausel nach → *INCOTERMS*)

Delphi-Methode ist eine vergleichsweise aufwendige, schriftliche Befragung von Fachleuten. Innerhalb von typischerweise drei Bewertungsrunden werden die Vorschläge immer weiter eingegrenzt.

Demand-oriented engl. für → *Verbrauchsorientiert*

Demurrage engl. für → *Standgeld*

Denial of Service (abgek. DoS) bezeichnet einen Angriff auf ein Rechnersystem, bei dem der Angreifer direkt (DoS) oder verteilt über mehrere Angreifer (Distributed Denial of Service, abgek. DDoS) oder über externe Internet Services versucht, das Opfer durch eine Vielzahl von Anfragen (z. B. E-Mails) so zu belasten, dass das Zielsystem nicht mehr auf reguläre Weise reagieren kann.

Dense Reader Mode (abgek. DRM) ist eine Funktion zur Optimierung der Kommunikation zwischen → *Lesegeräten* (Reader) und → *Transpondern* in einem Umfeld, in dem mehrere Lesegeräte zur gleichen Zeit genutzt werden (hohe Leserdichte). Um die gegenseitige Störung der Geräte zu verhindern, werden den Lesegeräten über den DRM jeweils freie Sendekanäle in einem vordefinierten Frequenzspektrum zugewiesen. Auf diese Weise werden eine effizientere Nutzung der Bandbreite, eine Verbesserung der Leseleistung und eine Verringerung von potenziellen Störungen ermöglicht.

Depalettierer (engl. *Depalletizer*) dient zum automatischen Entladen einer → *Palette*, wobei zwischen Lagen- und Einzelgebinde-D. unterschieden wird.

Depalletizer engl. für → *Depalettierer*

DEQ Abk. für → *Delivered ex Quay*

Derrick engl. für → *Auslegerkran*

DES Abk. für → *Delivered ex Ship*

DESADV Abk. für → *Despatch Advise*

Despatch Advise (abgek. DESADV; engl. für ein → *Avis* oder eine *Wareneingangsankündigung*) steht synonym für ein Lieferavis im → *EDIFACT*-Format.

Destination Coded Vehicle (abgek. DCV) ist eine Ausführungsform der → *Elektrotragbahn*. In der Regel auf Leichtbauschienen geführt, werden DCV im Gepäckförderbereich eingesetzt. Sie erreichen im Flughafenbereich Geschwindigkeiten von bis zu 12 m/s.

Destination Coded Vehicle [Quelle: BEUMER]

Deutsche Industrie-Norm (abgek. DIN, engl. *German industrial standard*): Es gibt zahlreiche DIN zu allen Bereichen der → *Logistik*, z. B. Fördern, Transportieren (DIN 30781, Teil 1) u. v. a. m.

Deutscher Speditions- und Logistikverband e. V. (abgek. DSLV) mit Sitz in Bonn besteht seit April 2003 aus dem Zusammenschluss der beiden Verbände → *BSL* und → *VKS*.

DF Abk. für → *Datenfunk*

DFG (Abk. für Deutsche Forschungsgemeinschaft) mit Sitz in Bonn ist die zentrale Selbstverwaltungseinrichtung der Wissenschaft zur Förderung der Forschung an Hochschulen und öffentlich finanzierten Forschungsinstitutionen in Deutschland.

DFÜ Abk. für → *Datenfernübertragung*

DGfL (Abk. für Deutsche Gesellschaft für Logistik GmbH) ist ein ehemals selbstständiger Verband mit Sitz in Dortmund. Heute ist sie Teil der BVL (→ *Bundesvereinigung Logistik e. V.*) mit Sitz in Bremen.

DGV Abk. für → *Dienstgütevereinbarung*

DHL (nach den Anfangsbuchstaben der drei Firmengründer Adrian Dalsey, Larry Hillblom und Robert Lynn) ist heute eine Untereinheit der Deutschen Post World Net.

Dienstgütevereinbarung dt. für (den gebräuchlicheren englischen Begriff) → *Service Level Agreement*

Digitale Fabrik (engl. *Digital factory*) umfasst Methoden, Datenstrukturen und Software-Anwendungen, die es erlauben, Produktionsabläufe zu simulieren und zu gestalten, um die Produktion digital, d. h. virtuell, abzusichern und die Produktgestaltung frühzeitig zu beeinflussen.

Digital Enhanced Cordless Telecommunications (abgek. DECT) ist ein Datenübertragungsverfahren, das vorwiegend bei digitalen schnurlosen Telefonen verwendet wird.

Digitaler Tachograph Die bisher übliche analoge Diagrammscheibe wurde durch den digitalen Tachographen abgelöst. Seit Mai 2006 ist er für Lkw ab 3,5 Tonnen Gesamtgewicht und Busse mit mehr als acht Sitzplätzen europaweit Pflicht. Jeder Fahrer hat eine Fahrerkarte, mit der er den Tachographen aktiviert. Die Daten bzgl. der Lenk- und Ruhezeiten werden für einen Zeitraum von 365 Tagen gespeichert, sind manipulationssicher und sollen eine bessere Kontrolle im Vergleich zur Diagrammscheibe ermöglichen.

Digital Factory engl. für → *Digitale Fabrik*

Digital Subscriber Line (abgek. DSL) ist die breitbandige → *Datenübertragung* über das Telefonnetz. Bandbreiten bis zu mehreren

MBaud sind möglich. DSL per Kabel steht zunehmend in Konkurrenz zu adäquaten Funkdatenübertragungssystemen höherer Bandbreite.

Digital Video Broadcasting (abgek. DVB) ist ein digitales, z. T. interaktives Verfahren zur Radio- und Videoübertragung. Bekannte Vertreter sind z. B. DVB-T zur terrestrischen Übertragung, DVB-S für satellitengestützte Übertragung und DVB-C für Kabelübertragung.

Dimple (engl. für *Versenkung, Vertiefung*) bezeichnet dünne Drahtbrücken in → *elektronischen Artikelsicherungen*, die zum Verlassen des Sicherungsbereichs mithilfe eines Deaktivators entfernt oder zerstört werden.

DIN Abk. für → *Deutsche Industrie-Norm*

Direct Access Warehouse engl. für → *Direktzugriffslager*

Direct Delivery engl. für → *Streckengeschäft*

Direct Store Delivery bezeichnet eine Methode der Filialbelieferung, bei der diese unter Umgehung des Handelslagers direkt vorgenommen wird.

Direkte Produktmarkierung (abgek. DPM; engl. *Direct part marking*) ist eine Drucktechnik, die das Produkt ohne Etikett direkt kennzeichnet.

Direktzugriffslager (engl. *Direct access warehouse*): Bei dieser → *Lagerart* kann jede → *Lagereinheit* direkt vom → *Regalbediengerät*, d. h. ohne → *Umlagerungen*, aufgenommen werden, im Gegensatz zu doppelt- oder mehrfachtiefen Lägern.

DIS Abk. für → *Drive-in Satellite* (Typbezeichnung der Jungheinrich AG)

Disagio bezeichnet einen Abschlag vom Nennwert. Nennwert minus Disagio ergeben den Verkaufsbetrag. Vgl. → *Agio*.

Discharge engl. für → *Löschen*

Discontinuous Conveyor engl. für → *Unstetigförderer*

Discovery Services (abgek. DS) umfassen eine Gruppe von Diensten, die es ermöglichen, die dem jeweiligen → *Electronic Product Code* (EPC) zugeordneten Daten im EPCglobal-Netzwerk (→ *EPCglobal*) aufzufinden.

Dispatching zählt zu den Online-Optimierungsverfahren. In der Logistik wird z. B. die zeitnahe Zuteilung von Fahrzeugen (z. B.

→ *Stapler*) zu → *Aufträgen* als D. bezeichnet. Es existiert eine Vielzahl von Algorithmen zur Berechnung eines bestmöglichen D., angefangen von einfachen Prioritätsregeln über gemischt-ganzzahlige Programmierung bis hin zu → *Tabu-Search-* oder → *Genetischen Algorithmen.* → *Schedulingverfahren*

Dispatch Management engl. für → *Disposition*

Dispersion engl. für → *Feinverteilung*

Displaypalette ist eine → *Palette*, die außer zum Transport auch zur Verkaufspräsentation der Ware im Handel eingesetzt wird. Oft hat sie Halbpaletten-Grundmaß (→ *Düsseldorfer Palette*).

Disposable Pallet engl. für → *Verlorene Palette*

Disposition (engl. *Dispatch management*) 1. bezeichnet eine Organisationseinheit (oder einen Entscheidungsablauf), die verantwortlich ist für den termin- und mengengerechten Warenbezug. — 2. bezeichnet die Zuordnung von Warenbeständen zu Aufträgen und die optimale Abarbeitung der Aufträge unter Berücksichtigung technischer und personeller Ressourcen sowie zeitlicher Restriktionen.

Disposition, auftragsbasierte → *Auftragsbasierte Disposition*

Distribution auch *Warendistribution* oder → *Distributionslogistik*

Distribution Center engl. für *Distributionszentrum*, → *Warenverteilzentrum*

Distributionsgrad (engl. *Distribution rate*) ist eine – meist prozentuale – Aussage darüber, welcher Anteil bestellter Auftragspositionen rechtzeitig verladen wird. Vgl. → *Lagerumschlag*, → *Reichweite*, → *Servicegrad.*

Distributionslogistik (engl. *Distribution logistics*) bezeichnet die Gesamtheit der Aufgaben und Maßnahmen zur Vorbereitung und Durchführung des Warenflusses von der Produktion bis hin zum Endkunden/Verbraucher.

Distributionszentrum (abgek. DZ; engl. *Distribution center*, abgek. DC) ist ein Synonym für → *Warenverteilzentrum.*

Distribution Warehouse engl. für *Verteillager* (→ *Sammel- und Verteillager*)

DLL Abk. für Durchlauflager (engl. *Flow storage system*), → *Durchlaufregal*

DM Abk. für → *Data Mining*

DMADV Abk. für Define – Measure – Analyse – Design – Verify, siehe → *DMAIC*

DMAEC Abk. für Define – Measure – Analyse – Engineering – Control, siehe → *DMAIC*

DMAIC (Abk. für Define – Measure – Analyse – Improve – Control) ist ein Vorgehensmodell der Six-Sigma-Methode (→ *Six Sigma*). Das Ziel von DMAIC ist es, die (Produktions-)Prozesse so zu gestalten, dass die 6σ-Fehlergrenze (das entspricht max. 3,4 Defektteilen pro 1 Mio. produzierter Teile) unterschritten wird. Entsprechend werden mit → *DMADV* (D = Design, V = Verify) die Verfahren und Vorgehensmodelle zur Produkteinführung und mit DMAEC (E = Engineering) die Verfahren und Vorgehensmodelle zur Prozesseinführung bezeichnet.

DMS 1. Abk. für → *Dokumenten-Management-System* — 2. Abk. für Dehnmessstreifen

DNS (Abk. für Domain Name System) ist ein Internetdienst u. a. zur hierarchischen Zuordnung von Internetadressen zu Domänen. Vgl. → *Internet der Dinge*.

DNSSEC (Abk. für DNS Security extensions) ist ein Verfahren zur Sicherung der Datenkommunikation zu/mit DNS-Servern (→ *DNS*). Vgl. → *Internet der Dinge*.

Dock and Yard Management → *Hofmanagement*

Dokumenten-Management → *Electronic Document Management*

Dokumenten-Management-System (abgek. DMS) umfasst Soft- und Hardware zum → *Electronic Document Management*.

Door-to-Door Transport engl. für → *Haus-Haus-Verkehr*

Doppelregal (engl. *Double shelf system*) besteht aus parallel zueinander aufgestellten Regalzeilen, die durch Abstandhalter miteinander verbunden sind.

Doppelspiel (abgek. DSP; engl. *Double cycle*) bezeichnet eine Betriebsart eines → *Regalbediengeräts*: Das RBG nimmt eine → *Ladeeinheit* am Einlagerungsplatz auf, bringt sie in das vorgewählte Regalfach, fährt zu einem anderen Regalfach, entnimmt eine → *Lagereinheit* und transportiert diese zum → *Auslagerplatz*. Siehe dagegen → *Einzelspiel*.

Doppelstocksorter (engl. *Doubledeck sorter*) bezeichnet einen → *Quergurtsorter* hoher Leistung, bei dem je Fahrwagen zwei Quergurte horizontal übereinander angeordnet sind. Diese Anordnung erfordert für jede Ebene eine Einschleusung. Die Endstellen bestehen ebenfalls aus zwei in gleichem Abstand angeordneten Zielstellen.

Doppelstock-Stapler (engl. *Double deck stacker*) ist ein Stapler, mit dem zwei flach beladene → *Paletten* gleichzeitig übereinander aufgenommen und verfahren werden können.

Dortmunder Gespräche ist der älteste Logistik-Kongress Deutschlands. Er wird veranstaltet vom → *Fraunhofer IML*, Dortmund.

DOS (Abk. für Disk operating system) steht für eine Gruppe einfacher Betriebssysteme. Bekanntester Vertreter ist → *MS-DOS*, Vorläufer der Windows-Betriebssysteme. Ursprünglich für den PC-Bereich entwickelt, wird DOS heute nur noch für einfache, kleine Systeme und Mikrocontroller verwendet.

DoS Abk. für → *Denial of Service*

Dot.Net wurde kurz nach der Jahrtausendwende von der Firma Microsoft ins Leben gerufen. Dot.Net oder kurz .Net bezeichnet ein serviceorientiertes Ensemble von Technologien, Programmiersprachen, Kommunikationsstrategien und Produkten. Wesentliches Element ist das .Net Framework. Dabei handelt es sich um eine Schicht zwischen dem Betriebssystem (Windows) und den Anwendungen (Programmen). Dot.Net-Programme setzen ein .Net Framework mit einer Framework Class Library (FCL) und eine → *Virtuelle Maschine* (VM) als Laufzeitumgebung voraus.
Dot.Net ist plattformübergreifend gestaltet. Es steht erstmals auch eine Laufzeitumgebung für das Betriebssystem → *Linux* zur Verfügung (Mono). Der entsprechende Dot.Net Enterprise Server bietet XML-Kommunikation (→ *Extensible Markup Language*) und eine Umgebung für → *Web Services*.

Double Cycle engl. für → *Doppelspiel*

Doubledeck Sorter engl. für → *Doppelstocksorter*

Download ist die Übertragung einer Datei auf einen Computer, entweder von einem anderen Rechner, der mit jenem über eine Datenleitung (z. B. via Modem) verbunden ist, oder z. B. aus dem → *Internet*. Gegensatz: Upload.

Downstream Traffic engl. für → *Talverkehr*

Down Time engl. für → *Kommissionier-Totzeit*

DP Abk. für Demand planning (engl. für *Bedarfsplanung*)

DPD Abk. für Deutscher Paketdienst GmbH & Co. KG (KEP-Dienstleister, → *KEP*)

DPM Abk. für → *Direkte Produktmarkierung*

DPS 1. Abk. für Dynamic pick system (Kommissioniersystem hoher Leistung) — 2. Abk. für Digital purchasing system (elektronisches Einkaufssystem), → *E-Procurement*

Draw Bar (engl. für *Deichsel*) → *Anhänger*

Dreharmsorter (engl. *Rotary arm sorter*): Durch rotatorische Bewegung eines Dreharms wird das Sortiergut an der Endstelle, senkrecht zur Förderrichtung, ausgeschleust. Andere Bezeichnungen sind Drehschubsorter oder Rotationspusher.

Drehkran (engl. *Rotary crane*): Bei einem D. kann der Ausleger mit dem Hebezeug gedreht werden. D. können fest stehen (Säulendrehkran, Derrick), auf Schienen verfahren, auf einem Schwimmkörper montiert (Schwimmkran) oder frei verfahrbar sein (Autokran).

Drehschubsorter (engl. *Turning and sliding sorter*) → *Dreharmsorter*

Drehsorter (engl. *Rotary sorter*) besteht im Wesentlichen aus einer großen rotierenden Scheibe, die → *Stückgüter* auf Endstellen verteilt, die rings um den Sorter angeordnet sind. Die Scheibe ist in Segmente eingeteilt, in die über eine Zuführung Sortiereinheiten gelangen. Durch die Drehung der Scheibe und die damit verbundene Fliehkraft werden die Einheiten nach außen gedrängt und über ein Klappstück an der Zielstelle (Rutsche) abgegeben. Die → *Leistung* liegt bei etwa 4.000 bis 7.000 Teilen pro Stunde. Vgl. → *Ringsorter.* → *Sortier- und Verteilsysteme*

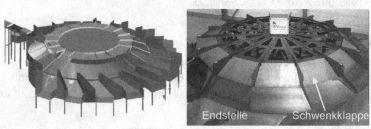
Drehsorter

Drehstapelbehälter (engl. *Rotary stacking container*) sind → *Behälter*, die durch entsprechende Auflageflächen übereinander oder nach 180 Grad Horizontaldrehung ineinander gestapelt („genestet", → *Nesten*) werden können.

Drehteller (engl. *Turntable*) ist ein stetiges Fördertechnikelement zur gleichförmigen Änderung der Förderrichtung, bestehend aus einem meist angetriebenen flachen Teller mit seitlicher Führung, auf dem das Gut gedreht wird. Im Gegensatz zum → *Drehtisch* trägt der D. keine angetriebene Fördertechnik und wird vornehmlich für kompaktes Stückgut eingesetzt.

Drehtisch (abgek. DT; engl. *Turntable*) ist ein Fördertechnik-Element für beliebigen Drehwinkel (mit entsprechend erforderlichen Zu- und Abgangsfördereinheiten). Der DT kann genutzt werden für Richtungsänderung (meist 90 Grad), Zusammenführung und Verzweigung. Vgl. → *Drehteller*.

Dreiseitenstapler (engl. *Multi-directional truck*) ist ein → *Hochregalstapler* mit schwenkbarer Schubgabel zur rechts-, links- und vorderseitigen Bedienung schmaler → *Regalgassen* bzw. Lastaufnahme mit einer Stapelhöhe von typischerweise bis zu zwölf Metern und Lasten von typischerweise bis zu 1,25 Tonnen. Vgl. → *Zweiseitenstapler*.

Dreistufige Bestandsverwaltung (engl. *Three-step stock management, three-step inventory management*): Mehrere artikelreine Lagerbestandseinheiten, die sich in einem gemeinsamen Lagerbehälter befinden, werden zu einem → *Ladehilfsmittel* zusammengefasst (Stufe 1). Ladehilfsmittel und Lagerbestandseinheiten können sich wiederum auf einem gemeinsamen → *Ladungsträger* (Stufe 2) befinden. Dieser Ladungsträger wird dann als → *Ladeeinheit* verwaltet (Stufe 3). Bei Unterstützung derartiger Ladeeinheiten wird jeder eingelagerten Einheit genau ein → *Lagerplatz* in einem bestimmten → *Lagerbereich* zugeordnet. Durch die Zusammenfassung von → *Lagereinheiten* können ungenutzte → *Lagerbereiche* vermieden und daher der → *Füllgrad* und die Effizienz gesteigert werden.

Drive-in-Lager (engl. *Drive-in warehouse*) ist ein Einfahrregallager (→ *Einfahrregal*).

Drive-in Satellite (Typbezeichnung der Jungheinrich AG, abgek. DIS) ist ein Satelliten-Lagersystem auf Basis von → *Flurförderzeugen*.

Drive-in Shelf engl. für → *Einfahrregal*

Drive-in Warehouse engl. für → *Drive-in-Lager*

Driving Licence for Stackers (engl. für *Staplerfahrausweis*) → *Fahrausweis Flurförderzeuge*

DRM Abk. für → *Dense Reader Mode*

Drop Rate bezeichnet die Zahl der Haltepunkte auf einer Auslieferungstour.

DS Abk. für → *Discovery Services*

DSD Abk. für → *Duales System Deuschland*

DSL Abk. für → *Digital Subscriber Line*

DSLV Abk. für → *Deutscher Speditions- und Logistikverband e. V.*

DSP 1. Abk. für Digitaler Signalprozessor — 2. Abk. für → *Doppelspiel*

DT Abk. für → *Drehtisch*

Duales System Deutschland (abgek. DSD) ist ein auf privatwirtschaftlicher Basis bestehendes Unternehmen. Es wird seit 1997 als nicht börsennotierte AG geführt, mit der Aufgabe, alle mit dem Grünen Punkt versehenen → *Verpackungen* einer weiteren stofflichen Verwertung im Sinne des Kreislaufwirtschaftsgesetzes zuzuführen. Die Aufwendungen hierfür werden von den Lizenznehmern des Grünen Punkts getragen. Dual bedeutet: ein neben der kommunalen Entsorgung bestehendes flächendeckendes System.

Durchfahrregal (engl. *Drive-through shelf*) bezeichnet ein → *Regal*, bei dem die Ladeeinheiten auf mehreren Ebenen übereinander und mit mehreren Einheiten in der Regaltiefe hintereinander stehen. Die Ladeeinheiten stehen auf zwei durchlaufenden, an den Stehern befestigten Konsolen und bilden somit einen Block. Die Ein- und Auslagerung erfolgt mit Gabelstaplern. Die Ladeeinheiten werden von der Vorderseite, von hinten beginnend, eingelagert. Die Auslagerung beginnt im Gegensatz zum → *Einfahrregal* von der Rückseite. Es wird damit die Lagerung nach dem → *FIFO*-Prinzip realisiert.

Durchgangstrategie → *Mäander-Heuristik*

Durch-Kommissionieren (engl. *Through order-picking*) bezeichnet das → *Kommissionieren* von → *Aufträgen* für Endkunden in einem (Zentral-)Lager auch dann, wenn die Auslieferung über weitere Verteilpunkte erfolgt (→ *Crossdocking*).

Durchlagerung → *Crossdocking*

Durchlaufplan (engl. *Flow plan*) bezeichnet die Aufzeichnung von chronologisch ablaufenden Aktionen.

Durchlaufregal (engl. *Flow rack*) ist ein Lagerprinzip, bei dem die → *Lagereinheiten* an einer Regalseite eingelagert und an der anderen ausgelagert werden. Die Bewegung von der Ein- zur Auslagerseite erfolgt sowohl für → *Paletten* als auch für → *Behälter* zumeist per Schwerkraft auf Rollenbahnen (→ *Rollenförderer*). Typischer Einsatzfall ist die kleinteilige Kommissionierung, verbunden mit → *Pick by Light*, → *Pick to Belt* oder → *Pick to Box*.

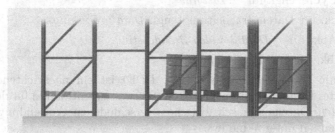

Durchlaufregal für Paletten [Quelle: META-REGALBAU]

Durchlauf-Taktförderer (engl. *Indexing flow conveyor*) ist eine spezielle Steuerungsauslegung von längeren Fördertechnikabschnitten (Rollenbahn oder Tragkettenförderer), um je nach Mengenaufkommen Einzelpaletten passieren zu lassen oder vorher Pulks zu bilden (z. B. Vierergruppe) und diese dann durchzufördern.

Durchlaufzeit (engl. *Lead Time*) ist die Zeit zwischen dem Eingang eines → *Auftrags* und seiner Erledigung. Siehe auch → *Auftragsdurchlaufzeit*.

Durchsatz (engl. *Throughput*) ist im Lager definiert als mittlerer Stückgutstrom in das Lager hinein und/oder aus dem Lager heraus. Gemessen wird er in → *Transporteinheiten* pro Stunde (TE/h, nach → *VDI 4480*).

Durchsatz, kombinierter → *Kombinierter Durchsatz*

Durchschnitts-Lagerbestand (engl. *Average stock*) ist eine Lagerkenngröße, die sich aus der Relation von Jahresabsatz und → *Umschlagrate* ergibt. Sie kann sich auf einen → *Artikel*, eine Artikelgruppe oder auf das gesamte Lager beziehen sowie auf Wert- oder Mengengrößen basieren.

Durchschubsicherung (engl. *Anti-slip stop*) verhindert, dass → *Lagereinheiten* durch unsachgemäße Bedienung über die tragenden

Elemente und den Begrenzungsraum des → *Lagerfachs* hinausgeschoben werden. D. werden typischerweise in → *Palettenregalen* mit entsprechender Palettenauflage eingesetzt.

Düsseldorfer Palette ist eine → *Palette* mit halber Grundfläche der → *Europoolpalette* (Halbpalette), also 600 x 800 mm. Sie wird vorwiegend im Lebensmittel-Handelsbereich eingesetzt.

DUST Abk. für Datenübertragungssteuerung

Duty Cycle engl. für → *Tastgrad*

DV Abk. für Datenverarbeitung (engl. *Data processing*)

DVB Abk. für → *Digital Video Broadcasting*

DW Abk. für → *Data Warehouse*

Dynamic Data Exchange (abgek. DDE) ist ein nachrichtenorientiertes Kommunikationsprotokoll (Softwareschnittstelle) für den direkten Datenaustausch zwischen verschiedenen Anwendungsprogrammen unter Windows.

Dynamic Trading Network ist ein dynamisches Handelsnetz im → *Internet* als E-Commerce-Applikation (→ *E-Commerce*).

Dynamic Warehouse engl. für → *Dynamisches Lager*

Dynamische Bereitstellung (engl. *Dynamic provision*): Artikel-Bereitstelleinheiten werden jeweils zum → *Kommissionieren* zu einem vorgesehenen Entnahmeplatz befördert (→ *Ware-zum-Mann*). Siehe auch → *Statische Bereitstellung* als gegenteiliges Verfahren.

Dynamisches Lager (engl. *Dynamic warehouse*): Allgemein wird darunter die Gruppe der → *Lagersysteme* verstanden, bei denen sich die → *Lagereinheiten* während des Verweilprozesses aufgrund von → *Einlagerungen* und → *Auslagerungen* innerhalb des Lagers bewegen, z. B. → *Durchlaufregal*. Siehe auch → *Statisches Lager*.

Dynastore-Lager (engl. *Dynastore warehouse*) ist eine Untergruppe der → *Kanallager* auf Rollpaletten-Basis (→ *Rollpalettenlager*). Besonderheit: Durch Klauen wird eine Verbindung zwischen den Rollpaletten innerhalb des Kanals hergestellt. Hierdurch können die Paletten eines Kanals vom Bediengang her geschoben und gezogen werden.

Dynastore Warehouse engl. für → *Dynastore-Lager*

DZ Abk. für Distributionszentrum (engl. *Distribution center*), → *Warenverteilzentrum*

E

EA Abk. für → *Evolutionärer Algorithmus*

E-Administration ist die elektronische Geschäftsabwicklung mit der öffentlichen Verwaltung, nichtöffentlichen Verbänden und Organisationen.

EAI Abk. für → *Enterprise Application Integration*

EAN Abk. für → *Europäische Artikelnummer*

EAN 128 beschreibt Form und Inhalt des gleichnamigen Standards. Die EAN 128 wird in Deutschland über GS1 (→ *Global Standards 1*) koordiniert (`http://www.gs1.org`). Dies umfasst im Wesentlichen die Festlegung von Formaten, die exakte Definition von Datenelementen und die Zuweisung qualifizierender Datenbezeichner.

Grundlage der eindeutigen Bezeichnung innerhalb der EAN 128 ist die → *Internationale Lokations-Nummer* (ILN). Sie dient zur Benennung der physischen Adressen von Unternehmen und Unternehmensteilen. Sie ist ein zur Global Location Number (GLN) der EAN-Gemeinschaft (→ *Europäische Artikelnummer*) kompatibles System und weltweit gültig. Eine ILN wird genau einmal vergeben und kann eindeutig zurückverfolgt werden.

Bekannteste Vertreterin des EAN-128-Standards ist die international eindeutige, insbesondere zur Kennzeichnung von Artikeln im Handel verwendete EAN 13. Sie ist, als → *Barcode* auf den Artikeln angebracht, wesentliche Grundlage für den Einsatz der Scanner-Technologie von der Produktion bis zum → *Point of Sale*. Jedes Unternehmen mit einer ILN ist in der Lage, eigene EAN 13 zu bilden. Hierzu werden die ersten sieben Ziffern der ILN, die sog. Basisnummer, herangezogen.

Anschließend können fünf Ziffern (entspr. 100.000 Artikeln) frei belegt werden. Die letzte Stelle ist eine Prüfziffer. In Summe ergeben sich somit die 13 Stellen der EAN 13.

Die Basisnummer der ILN stellt auch den Schlüssel bei der Bildung der sog. → *Nummer der Versandeinheit* (NVE) dar. Der Begriff der → *Versandeinheit* ist an dieser Stelle als eine logistische Einheit zu verstehen, d. h. eine physisch zusammenhängende Einheit, bspw. → *Packstücke* wie → *Palette* oder Kartons, die nicht ohne Weiteres zu trennen sind. Der Empfänger eines Packstücks, der zugleich wieder → *Versender* sein kann (Spediteur, → *Spedition*), kann die NVE der enthaltenen Versandeinheit weiterverwenden, solange er sie nicht aufbricht. Die NVE ist eine 18-stellige Zeichenfolge.

Da die EAN 128 auch die Verwendung von Datenbezeichnern unterstützt, ist auch die → *Codierung* vielfältiger Inhalte dynamischer Länge möglich, z. B. für RFID-Tags (→ *RFID*).

(01)04012345123456

EAN-128-Strichcode [Quelle: GS1 GERMANY]

EAN 13 ist eine Europäische Artikelnummer zur international eindeutigen Kennzeichnung von → *Artikeln* mittels → *Barcode*. → *EAN*, → *EAN 128*

EANCOM ist ein Standard für den elektronischen Datenaustausch, der von → *EAN International* als UN/EDIFACT-Subset branchenübergreifend zur Verfügung gestellt wird. Der Name ist ein Kunstwort aus den Begriffen EAN und Communication.
Der Standard wurde in den 80er Jahren geschaffen und 1990 als EANCOM-Manual veröffentlicht. Ursprünglich für den Einzelhandel und die Konsumgüterindustrie vorgesehen, hat sich der Standard zu dem wohl am weitesten verbreiteten entwickelt und ist in Bereichen wie z. B. Elektrotechnik, Gesundheitswesen, Spedition, Verlagswesen u. a. im Einsatz.
In der Logistik weiter verbreitet ist der EAN-128-Standard (→ *EAN 128*).

EAN International (International Article Numbering Association) ist eine internationale Organisation mit Sitz in Brüssel zur Förderung und Weiterentwicklung der EAN-Standards wie EAN (→ *Europäische Artikelnummer*), ILN (→ *Internationale Lokations-Nummer*), NVE (→ *Nummer der Versandeinheit*, → *EAN 128*) usw. Angeschlossen sind rund 100 nationale EAN-Organisationen weltweit, für Deutschland GS1 (→ *Global Standards 1*, http://www.gs1.org).

Earnings before Interest and Taxes (abgek. EBIT) engl. für *Gewinn vor Zinsen und Steuern*

EAS Abk. für → *Elektronische Artikelsicherung*

E-Bidding bezeichnet eine Ausschreibung eines Unternehmens auf einem → *elektronischen Marktplatz*. Sie richtet sich an viele anonyme Marktplatzteilnehmer, die dann ihr Angebot abgeben können.

EBIT Abk. für Earnings before interest and taxes (engl. für *Gewinn vor Zinsen und Steuern*)

EBPP (Abk. für Electronic bill payment and presentment) ist das Bezahlen einer Rechnung auf elektronischem Weg auf Basis des → *Internet*.

E-Business ist die Bezeichnung für die Abwicklung von geschäftlichen → *Transaktionen* sowohl zwischen Unternehmen (B2B, → *Business to Business*) als auch Unternehmen und Verbrauchern (B2C, → *Business to Consumer*) über das → *Internet* als „elektronisches Geschäft".

E-Cash ist der Oberbegriff für den elektronischen Zahlungsverkehr im → *Internet* und in Online-Diensten.

ECC Abk. für Error checking and correction algorithm

Echtzeit-Lokalisierungssystem → *Real Time Locating System*

Echtzeit-Verarbeitung (engl. *Realtime processing*) ist die Verarbeitung schritthaltend mit dem angeschlossenen technischen Prozess. E.-V. muss den Anforderungen bezüglich der Rechtzeitigkeit der Bearbeitung von Anforderungen und der Gleichzeitigkeit der Bearbeitung entsprechender Programme genügen. Um diesen vollständig zu entsprechen, sind spezielle Betriebssysteme erforderlich. Echtzeitfähigkeit setzt die Reaktion eines Systems auf ein äußeres Ereignis (Event) in vorbestimmbarer Zeit voraus. Diese Eigenschaft wird auch auf die Unternehmensführung übertragen (Echtzeitunternehmen).
Siehe http://www.realtime-logistics.de.

Eckumsetzer (engl. *Corner transfer unit*) ist ein Fördertechnikelement zur meist rechtwinkligen Änderung der Förderrichtung eines Materialflusses. E. werden häufig als Kombination von → *Rollenförderer* und Kettenförderer (vgl. → *Transferförderer*) oder als → *Drehtisch* mit Rollen-, Band- oder Kettenförderer ausgeführt.

ECM Abk. für → *Electronic Chain Management*

E-Commerce ist der Sammelbegriff für alle Aktivitäten im → *Internet* im Hinblick auf Handel mit Waren, Dienstleistungen und Informationen. Das Spektrum kann von Produktinformationen über

Kundenanfragen und Bestellungen bis hin zum Zahlungsverkehr reichen.

E-C. wird häufig synonym zu dem von IBM Mitte der 90er Jahre geprägten Begriff → *E-Business* verwendet.

E-Commerce-Services (abgek. ECS) meint *E-Commerce-Dienstleistungen.*

E-Consulting meint Beratung und Wissensmanagement (→ *B2C* und → *B2B*).

E-Cooperation meint gemeinsame Nutzung u. a. von elektronischen Ressourcen oder Groupwaresystemen (→ *Groupware*).

ECR Abk. für → *Efficient Consumer Response*

ECR Europe mit Sitz in Brüssel ist eine im Jahre 1994 von verschiedenen Unternehmen aus Handel und Industrie gegründete Initiative, um die nationalen ECR-Aktivitäten zu koordinieren und weiter zu entwickeln. → *Efficient Consumer Response*

ECS Abk. für → *E-Commerce-Services*

EDC Abk. für Error detecting code

EDD Abk. für → *Electronic Direct Debit*

EDI Abk. für → *Electronic Data Interchange*

EDIFACT Abk. für → *Electronic Data Interchange for Administration, Commerce and Transport*

EDM 1. Abk. für → *Enterprise Data Management* — 2. Abk. für → *Electronic Document Management*

EDV Abk. für Elektronische Datenverarbeitung (engl. *Electronic data processing*, abgek. *EDP*)

EEPROM (Abk. für Electrically erasable programmable read-only memory; engl. für *elektrisch löschbarer Festwertspeicher*) finden z. B. in wiederbeschreibbaren RFID-Tags (→ *Tag*) oder Identkarten Anwendung.

Effective Lift engl. für → *Nutzhub*

Efficiency engl. für → *Wirkungsgrad*

Efficient Consumer Response (abgek. ECR) ist eine kundenorientierte, ganzheitliche Betrachtungsweise der Prozesskette vom Lieferanten über den Handel bis zur Ladenkasse (→ *Point of Sale*), in der alle Beteiligten kooperieren und zusammenarbeiten. Ziele sind die Ausrichtung am Kunden und die Optimierung der gesamten Prozesskette.

Efficient Product Introduction Um erfolgreich Produkte zu schaffen und dadurch Fehlschläge zu vermeiden, findet eine gemeinsame Produkteinführung von Industrie und Handel mit dem Ziel statt, die Konsumentenbedürfnisse besser befriedigen zu können. Efficient Product Introduction ist Teil des → *Efficient Consumer Response.*

Efficient Replenishment (abgek. ER) bezeichnet eine unternehmensübergreifende Harmonisierung der Logistikkette und ihrer administrativen Abwicklung sowie Reduzierung von Schnittstellenproblemen in der Versorgungskette. ER ist Teil des → *Efficient Consumer Response.*

Efficient Store Assortment (engl. für *effiziente Verkaufsraum-Anordnung*) ist die Optimierung der Regal- und Lagerflächen in den Verkaufsfilialen. Ziel ist es, dem Konsumenten das → *Sortiment* in der Weise anzubieten, dass Umsatz und Ergebnis pro Flächeneinheit verbessert werden. Efficient Store Assortment ist Teil des → *Efficient Consumer Response.*

Efficient Unit Load (abgek. EUL) ist ein nach ISO 3676 ausgerichtetes Konzept, Ladungen aus kleineren standardisierten Einheiten oder → *Verpackungen* derart zu bilden, dass der Handhabungsaufwand durch Bildung einer Gesamteinheit minimiert wird.
Effiziente → *Transporteinheiten* und → *Ladeeinheiten* sind eine Voraussetzung, um Transport, Lagerung und Handling entlang der Logistikkette zu verbessern. EUL ist die zweite Basisstrategie des → *Efficient Consumer Response.*

EFQM Abk. für → *European Foundation for Quality Management*

E-Fulfillment ist die physische Auslieferung der über → *Internet* bestellten Waren.

EGHW Abk. für Elektrogabelhubwagen (engl. *Electric fork lift truck*)

EHB Abk. für → Elektrohängebahn (engl. *Electric trolley conveyor*)

EHF (Abk. für Extremely High Frequency) bezeichnet den Frequenzbereich zwischen 30 und 300 GHz.

EICAR Abk. für European Expert Group for IT Security

Eindeckzeit (engl. *Stock-up time*) errechnet sich aus durchschnittlichem Materialbestand im Verhältnis zum Absatz pro Jahr bei angenommener gleichmäßiger Verbrauchsrate pro Zeiteinheit.

Eindimensionale Kommissionierung (engl. *One-dimensional order-picking*) ist das → *Kommissionieren* aus Regalen normaler Greifhöhe (ohne Einsatz von Hubgeräten).

Einfachspiel (engl. *Single cycle*) → *Einzelspiel*

Einfahrregal (engl. *Drive-in shelf*) ist ein → *Regal* mit einer offenen Bedienseite, von der aus ein → *Gabelstapler* in das Regal wie in einen Gang hineinfahren kann.

Einfahrregal [Quelle: NEDCON]

Eingabeprüfung (engl. *Input check*): Eingaben von Bedienern werden auf unzulässige Werte hin überprüft, z. B. bei Angaben, die auf einen bestimmten Wertebereich begrenzt sind (wie Datum oder Mengenangaben).

Eingangsschein (engl. *Bill of receipt*) ist ein Warenbegleitschein, welcher die → *Lieferung* spezifiziert.

Eingelastete Aufträge (engl. *Dispatched orders*) sind Aufträge im → *Lagerverwaltungsrechner*, die – zum Beispiel nach erfolgtem Batchlauf – zur Bearbeitung vom HOST-Rechner übermittelt wurden und damit zur Bearbeitung freigegeben sind.

Einheitenlager (engl. *Unit store*) ist ein → *Lager*, in dem lediglich vollständige → *Ladeeinheiten* (z. B. → *Paletten*) ein- und ausgelagert werden.

Einlagerplatz (engl. *Bin location*) ist ein definierter Platz in einem Lager, auf den zwecks Übergabe an ein → *Regalbediengerät* eine → *Lagereinheit* zur → *Einlagerung* abgestellt wird.

Einlagerstrategien (engl. *Storage strategies*) sind Verfahren bei der → *Einlagerung* von → *Lagereinheiten.* Hierbei wird eine möglichst gute Zuordnung zwischen den einzulagernden Lagereinheiten und den vorgesehenen → *Lagerplätzen* unter Berücksichtigung von technisch-organisatorischen Randbedingungen getroffen (Redundanz, Reihenfolge usw.).
→ *Artikelgleichverteilung,* → *First In – First Out* (FIFO), → *Last In – First Out* (LIFO), → *Highest In – First Out* (HIFO)

Einlagerung (engl. *Storage*) fasst alle datentechnischen und operativen Vorgänge unter einem Begriff zusammen, die vom Eintreffen einer → *Ladeeinheit* in das (fördertechnische) System bis zur Ablage auf einem → *Lagerplatz* ablaufen.

Einlagige Palette (engl. *Single-deck pallet*) ist eine → *Palette*, die mit einer Lage von → *Artikeleinheiten* oder → *Ladeeinheiten* beladen ist.

Einplatz-Lagersystem (engl. *Single place storage system*): Die durch die Regalkonstruktion gebildeten Lagerfächer nehmen jeweils nur eine → *Lagereinheit* auf (→ *Lagerplatz* = → *Lagerfach*).

Einrichtungslayout (engl. *Facility layout*) ist die Anordnung der Produktions- und Lagerflächen sowie der Maschinen und Arbeitsplätze zueinander. Die Gestaltung des E. verfolgt u. a. das Ziel, einen kreuzungsfreien und wegoptimierten Materialfluss zu erreichen.

Einschubregal (engl. *Push storage system*) ist eine zur Gruppe der → *Kompaktlager* gehörende Regalvariante, bei der → *Lagereinheiten* (meist → *Paletten*) in Kanälen hintereinander stehen und stirnseitig mit einem Stapler ein- oder ausgelagert werden. Die Paletten stehen auf Rolluntersätzen oder auf Rollenleisten. Siehe auch → *Einfahrregal* und → *Slide-in-Regal.*

Einstufige Kommissionierung (engl. *One-step order-picking*): Ein Kundenauftrag wird anhand einer → *Kommissionierliste* in einem Rundgang („einstufig") zusammengestellt (auch „ein Mann, ein Auftrag").

Einwegpalette (engl. *One-way pallet*) ist ein anderer Ausdruck für → *Verlorene Palette.* Siehe dagegen → *Zweiwegpalette* und → *Vierwegpalette.*

79

Einwegverpackung (engl. *One-way packaging*) ist eine → *Verpackung* mit einmaligem Verwendungszweck. Sie ermöglicht Platzersparnis und reduziert Leergutrücktransporte.

Einzelplatzbelegung (engl. *Single-bin occupancy*): Bei → *Sortern* mit E. erfolgt der → *Transport* in diskreten Gutaufnahmen wie Schalen, Platten oder Wannen. Der Vorteil ist die eindeutige Gutposition, nachteilig ist der feste Abstand der Güter zueinander. Im Gegensatz hierzu können bei freier Belegung mehrere Gutaufnahmen eines Sorters durch ein Gut belegt werden (z. B. mehrere Quergurte eines → *Quergurtsorters* oder mehrere Schalen eines → *Kippschalensorters*).

Einzelspiel (engl. *Single cycle*), auch Einfachspiel, ist eine Betriebsart eines → *Regalbediengeräts* (RBG): Das RBG nimmt eine → *Ladeeinheit* (LE) am Einlagerungsplatz auf, bringt sie in das vorgewählte → *Regalfach* und fährt zurück, um die nächste LE aufzunehmen. Vgl. → *Doppelspiel*.

Eiserner Bestand (engl. *Reserve inventory*) ist Fachjargon für → *Sicherheitsbestand*.

EL Abk. für Elektrolumineszenz

ELA Abk. für → *European Logistics Association*

Electric Fork Lift Truck engl. für *Elektrogabelhubwagen*

Electric Pallet Ground Conveyor engl. für → *Elektro-Paletten-Bodenbahn*

Electric Trolley Conveyor engl. für → *Elektrohängebahn*

Electronic Chain Management (abgek. ECM) bezeichnet die Nutzung der elektronischen Datenverarbeitung bei der Steuerung komplexer logistischer Prozessketten mit dem Ziel der möglichst reibungslosen Integration.

Electronic Data Interchange (abgek. EDI) ist ein Datendienst für den papierlosen Austausch von Informationen zwischen Kunden, Lieferanten und Dienstleistern, der durch bestimmte Datenformate fest definiert ist und zunehmend auch über das → *Internet* stattfindet. → *Datenfernübertragung*

Electronic Data Interchange for Administration, Commerce and Transport (abgek. EDIFACT) ist eine internationale Konvention zur einheitlichen Darstellung von Geschäfts- und Handelsdaten für den elektronischen Datenaustausch. EDIFACT wurde 1988 nach über zehnjähriger Entwicklungsdauer von verschiedenen nationalen und internationalen Gremien (z. B. ISO 9735, EN 29735, DIN 16556) verabschiedet.

Electronic Data Processing (abgek. EDP) engl. für *Elektronische Datenverarbeitung*

Electronic Direct Debit (abgek. EDD) ist ein elektronisches Zahlungssystem im → *Internet* für lastschriftbasierte Bezahlverfahren und Kreditkartenzahlungen.

Electronic Document Management (abgek. EDM) bezeichnet die Verwaltung digital gespeicherter Dokumente wie → *Lieferscheine*, Rechnungen usw. inklusive Versionskontrolle und Änderungsmanagement.

Electronic Ordering (abgek. EO) ist die elektronische Bestellung von EDI-fähigen → *Lieferanten* (→ *Electronic Data Interchange*).

Electronic Product Code (abgek. EPC) ist ein Nummerncode für RFID-Transponder (Tags), der von → *EAN International* und UCC (→ *Uniform Code Council*) innerhalb der EPCglobal-Initiative (→ *EPCglobal*, http://www.epcglobal.de) zur eindeutigen Kennzeichnung von Waren in der Versorgungskette standardisiert wird. Es gibt EPC unterschiedlicher Länge (EPC 64/96/256) für unterschiedliche Einsatzgebiete (Handelsware, → *Container* usw.).
Der EPC besteht im Wesentlichen aus folgenden Komponenten (Ziffernfolgen):
- Header,
- Filter (Sortierfunktion, z. B. → *Palette*),
- Company Prefix (eindeutige Unternehmenskennung),
- Item Reference (Objektkennung, z. B. → *Artikelnummer*) und
- Seriennumer.

Der EPC ist kompatibel zu → *EAN 128* / → *EAN 13*.
EPC-Klassen:
- Klasse 0: nicht beschreibbare Transponder (Read Only)
- Klasse 1: einmal beschreibbare Transponder (Write Once, Read Multiple)
- Klasse 2: wiederbeschreibbare Transponder (Read & Write)
- Klasse 3–5: wiederbeschreibbarer aktiver Transponder (eigene Energiequelle)
- Klasse 1, Version 1: UHF (860–930 MHz) und 13,56 MHz
- Klasse 1, Version 2 (sog. „Generation 2"): UHF weltweit gültig, Basisprotokoll aller EPC-Transponderklassen

EPC steht häufig auch synonym für die Netzwerkdienste, die durch EPCglobal spezifiziert wurden. Hierunter fallen u. a. der Object Name Service (ONS) zur Zuordnung des EPC zu internetbasierten Produktinformationen, Suchdienste oder Datenbankinformationen im PML-Format (→ *Physical Markup Language*).

Electro Static Discharge (abgek. ESD) bezeichnet die elektrostatische Entladung und die damit verbundenen Vorgänge und Auswirkungen beim Ausgleich von elektrischen Ladungen zwischen zwei unterschiedlich geladenen Materialien. Sobald der Widerstand überbrückt wird, kommt es zum Austausch der positiven und negativen Ladungen. Die dabei auftretenden, teilweise recht hohen Spannungsspitzen können empfindliche elektronische Bauteile zerstören. Um dies im Materialflussbereich elektronischer Bauteile zu vermeiden, müssen entsprechende Vorkehrungen getroffen werden, z. B. Einsatz von ESD-Behältern, Ausrüstung des Fußbodens sowie der gesamten Förder- und Lagertechnik mit Ableitmaßnahmen.

Elektrohängebahn (abgek. EHB; engl. *Electric trolley conveyor*): An einer → *flurfrei* montierten Doppel-T-Fahrschiene bewegen sich elektromotorisch angetriebene Einzelfahrzeuge. Energie und Steuerungsimpulse erhalten die Fahrzeuge über eine Strom- und Steuerschleifleitung, die seitlich an der Fahrschiene montiert ist. Die Einzelfahrzeuge können mit unterschiedlichsten Aufnahmeeinrichtungen in hängender Weise ausgestattet sein, die wiederum durch entsprechende Antriebe vielfache Manipulationen mit den → *Transporteinheiten* zulassen, wie Drehen, Wenden, Heben, Senken, Aufnehmen und Abgeben, z. B. in Montagelinien der Automobilindustrie oder Palettentransporten über längere Strecken. Wegen der Flexibilität hinsichtlich Spurführung, Lasthandling und Steuerung sowie hoher Verfügbarkeit hat die EHB eine große Anwendungsbreite erreicht.

Elektrohängebahnlager (engl. *Warehouse served by an electric trolley conveyor*) ist ein Lagersystem auf Basis einer Elektrohängebahn. Die Fahrzeuge sind z. B. mit → *Spreadern* ausgerüstet, um bodenseitig abgestellte → *Lagereinheiten* aufnehmen und abgeben zu können.

Elektromagnetische Beeinflussung (abgek. EMB; engl. *Electromagnetic interference*, abgek. EMI) ist die Beeinflussung technischer Geräte durch elektrische und magnetische Felder.

Elektrohängebahn [Quelle: AFT]

Elektromagnetische Verträglichkeit (abgek. EMV; engl. *Electromagnetical tolerance*) wird u. a. bei der → *CE-Kennzeichnung* verlangt.

Elektronische Artikelsicherung (engl. *Electronic Article Surveillance*; abgek. EAS) bezeichnet die elektronische Warensicherung vor Diebstahl im Warenhaus (1-Bit-Transponder).

Elektronische Frachtbörse (engl. *Electronic freight market*) ist ein System zur Ausschreibung und Vergabe nationaler und internationaler Frachtkapazitäten im → *Internet*. Die E. F. ist Bestandteil des → *Elektronischen Marktplatzes*.

Elektronischer Marktplatz (abgek. EM; engl. *Electronic market place*) ist ein System zur elektronischen Ausschreibung und Vergabe von Produkten und Dienstleistungen im → *Internet*.

Elektro-Paletten-Bodenbahn (abgek. EPB; engl. *Electric pallet ground conveyor*) ist ein schienengeführtes Fahrzeug für Paletten- bzw. entsprechenden Stückguttransport.

Elektrotragbahn ist die Umkehrung der Elektrohängebahn.

E-Logistics ist der Oberbegriff für Planung, Steuerung und Kontrolle des Waren-, Informations- und Geldflusses entlang der Supply Chain über öffentliche und private Netze (→ *Internet*) vom → *Front-end* über die Kunden-Online-Bestellung (B2C (→ *Business to Con-*

Elektro-Paletten-Bodenbahn [Quelle: AUTOMATISIERUNGS- & FÖRDERTECHNIK GmbH]

sumer), B2B (→ *Business to Business*)) bis zur Sendungsverfolgung und zum Kundenservice (→ *Backend*).

EM Abk. für → *Elektronischer Marktplatz*

EMA Abk. für Einbruchmeldeanlage (engl. *Burglar alarm system*)

E-Mail (engl. für *elektronische Post*) bezeichnet den Austausch von Informationen über Netzwerke oder Datenfernverbindungen und ist ein häufig genutzter Dienst des → *Internet*.

EMB Abk. für → *Elektromagnetische Beeinflussung*

Embedded System (engl. für *eingebettetes System*) ist ein Computer- oder Mikrocontrollersystem, das in ein anderes System integriert ist und ohne menschliche Interaktion funktioniert. E. S. arbeiten im Echtzeitmodus mit stark reduzierten Ressourcen (wenig Batteriekapazität, keine Festplatte usw.) zu geringen Kosten.
In das Produkt integrierte RFID-Tags (z. B. in einem elektr. Autoschlüssel) sind ein Beispiel für E. S.

EMC Abk. für Electromagnetic compatibility (engl. für → *Elektromagnetische Verträglichkeit*)

Emergenz (engl. *Emergence*) ist ein vielfältig verwendeter Begriff (ursprünglich aus der Philosophie), der im logistischen Zusammenhang häufig für die Erreichung einer höheren Entwicklungsstufe durch die Kommunikation niedriger Entwicklungsstufen steht, z. B. die Kommunikation zwischen Softwareagenten, die zur Entwicklung einer gemeinsamen, übergeordneten Handlungsweise führt.

EMI Abk. für Electromagnetic Interference (engl. für → *Elektromagnetische Beeinflussung*)

EMMS Abk. für Enterprise Material Management System (engl. für → *Warenwirtschaftssystem*)

Empties engl. für → *Leergut*

EMV Abk. für → *Elektromagnetische Verträglichkeit*

End to End umfasst alle Aktivitäten von der Kundenbestellung bis zur Auslieferung beim Kunden.

Energieübertragungssystem, berührungsloses → *Berührungsloses Energieübertragungssystem*

Energy Harvesting (engl. für „*Energie ernten*") verfolgt das Prinzip der Energieerzeugung „aus der Umgebung". Genutzt werden z. B. Temperaturdifferenzen, Luftstrom, Licht etc. Ziel ist z. B. die Versorgung eigentlich passiver → *Tags* mit Strom.

Enterprise Application Integration (abgek. EAI) verbindet Standard-Software-Applikationen (Programme) und anwendungsspezifische Software auf Basis einheitlicher Kommunikation (häufig auf Basis von → *Web Services*).

Enterprise Data Management (abgek. EDM): EDM-Systeme unterstützen die Datenintegration von im Unternehmen vorhandenen Bereichslösungen wie CAD/CAM, ERP/PPS (→ *Produktionsplanungs- und -steuerungssystem,* → *Enterprise Resource Planning System*).

Enterprise Resource Planning System (abgek. ERP System) ist ein integriertes Softwaresystem zur umfassenden Planung und Koordination unternehmerischer, insbesondere betriebswirtschaftlicher Aufgaben mit dem Ziel, die in einem Unternehmen vorhandenen Ressourcen (Personal, → *Betriebsmittel* usw.) möglichst effizient einzusetzen.
ERP-Systeme umfassen neben logistischen Applikationen (→ *Bestandsführung,* → *Disposition* usw.) Programme für praktisch alle Aufgaben eines Unternehmens (Finanzwirtschaft, Buchhaltung,

Controlling, Personalwirtschaft, Fertigung usw.) bis hin zur Produktentwicklung.

Weitere Informationen und eine Online-Marktuntersuchung finden sich unter http://www.erp-logistics.de.

Entität (engl. *Entity*) ist ein eindeutig bestimmter und durch Attribute und Eigenschaften beschriebener Gegenstand innerhalb eines Anwendungssystems (z. B. einer → *Datenbank*, → *Entity-Relationship-Modell*). Bei der Steuerung von → *Materialflusssystemen* wird die E. als physische Repräsentanz im Sinne eines fördertechnischen und/oder steuerungstechnischen „Objektes", „Knotens" oder „Moduls" verstanden. Materialflusstechnische E. sind autonom agierende Diensterbringer im steuerungstechnischen und/oder im fördertechnischen Sinne.

Entity engl. für → *Entität*

Entity-Relationship-Modell ist eine semantische Beschreibung. In der Logistiksoftware wird es z. B. zur Modellierung von Datenbanksystemen genutzt. Es beschreibt ein → *Abbild* der Realität, bestehend aus Entitäten (Entity) und deren Beziehungen (Relationship).

Entladestelle (engl. *Unloading point*) ist ein Anlieferungspunkt der → *Warenannahme*, koordiniert durch das Dock and Yard Management (→ *Hofmanagement*).

Entnahme (engl. *Retrieval*) ist ein Vorgang beim → *Kommissionieren*. Bei der E. wird eine bestimmte Menge von → *Artikeleinheiten* entsprechend einer → *Kommissionierliste* vom Bereitstellplatz entnommen. Ist die E.menge kein Vielfaches einer Verkaufs- oder Bereitstelleinheit, so entstehen → *Anbrucheinheiten* oder → *Restmengen*, die z. B. beim Kommissionierprinzip → *Ware-zum-Mann* zurückgelagert werden.

Entnahmeposition (engl. *Retrieval position*) ist eine andere Bezeichnung für → *Kommissionierposition*.

Entnahmepriorität (engl. *Retrieval priority*) bezeichnet eine Klassifizierung von Aufträgen, die der Abarbeitungsreihenfolge dient, d. h. die wichtigsten Aufträge werden vorgezogen, um beispielsweise Materialengpässe zu vermeiden.

Entsorgungslogistik (engl. *Waste disposal logistics*) bezeichnet die Gesamtheit der logistischen Aufgaben und Maßnahmen zur Vorbereitung und Durchführung der Entsorgung.

EO Abk. für → *Electronic Ordering*

EPAL Abk. für European Pallet Association, Gütegemeinschaft e. V., Münster

EPB Abk. für → *Elektro-Paletten-Bodenbahn* (engl. *Electric pallet ground conveyor*)

EPC Abk. für → *Electronic Product Code*

EPCglobal ist ein internationales Konsortium von → *EAN International* und UCC (→ *Uniform Code Council*) zur Standardisierung von RFID/EPC (→ *Radio Frequency Identification*). Nationale Repräsentanzen sind die EAN-Länderorganisationen, wie z. B. die GS1 (→ *Global Standards 1*) in Deutschland. Siehe http://www.epcglobal.de.

EPCIS (Abk. für EPC Information services) → *Electronic Product Code*

EPC-Klassen → *Electronic Product Code*

EPC Trust Services gewähren die Sicherheit von und steuern den Zugang zu den EPC-Daten (→ *Electronic Product Code*) im EPCglobal-Netzwerk (→ *EPCglobal*).

E-Procurement meint Einkauf und Beschaffung (→ *Beschaffungslogistik*) von Zukaufteilen und Materialien über das → *Internet*.

ER Abk. für → *Efficient Replenishment*

ERM Abk. für → *Entity-Relationship-Modell*

ER-Modell Abk. für → *Entity-Relationship-Modell*

ERP Abk. für Enterprise Resource Planning (→ *Enterprise Resource Planning System*)

ESD Abk. für → *Electro Static Discharge* (engl. für *elektrostatische Entladung*)

ESP 1. Abk. für Event stream processing — 2. Abk. für Elektronisches Stabilitätsprogramm für Kraftfahrzeuge

Ethernet ist ein weitverbreiteter Netzwerktyp (IEEE 802.3). Er beruht auf einer Bustopologie (alle Geräte eines Segmentes sind mit einem Buskabel verbunden) und dem Übertragungsverfahren CSMA/CD. Als Datenübertragungsprotokoll wird sehr häufig → *TCP/IP* (Internet-Protokoll) eingesetzt.

ETSI Abk. für European Telecommunications Standards Institute

ETX (Abk. für End of Text) ist ein Zeichen im → *ASCII-Code*.

EUL Abk. für → *Efficient Unit Load*

EUR-Flachpalette (engl. *EUR flat pallet*) → *Palettenpool*

Euro H1 ist eine Kunststoff- und Hygienepalette, die sich in der Fleischbranche weitgehend gegenüber der Holzpalette durchgesetzt hat. Euro H1 ist eine Produktbezeichnung der Paul Craemer GmbH.

Eurologistik ist die Gesamtheit der logistischen Aufgaben und Maßnahmen zur Bewältigung des Warenverkehrs in Europa.

Europäische Artikelnummer (abgek. EAN) beinhaltet ein System zur eindeutigen Identifizierung von → *Artikeln*. Die Nummer wird zurzeit als → *Barcode* – meist vom Hersteller – auf die → *Verpackung* aufgebracht.

EAN-Etikett [Quelle: GS1 GERMANY]

Europalette Kurzform für → *Europoolpalette*

European Foundation for Quality Management (abgek. EFQM) ist eine Initiative führender westeuropäischer Unternehmen für ein umfassendes Qualitätsmanagement.

European Logistics Association (abgek. ELA) ist der Dachverband der nationalen europäischen Logistikverbände. Er befasst sich u. a. mit der Normierung innerhalb des CEN Comité Européen Normalisation (European Committee for Standardization).

Europoolpalette (kurz: Europalette; Grundmaße 800 x 1.200 mm) wird vom Europäischen Palettenpool getragen. Zweck und Ziel des → *Pools* ist es, mit qualitativ gleichwertigen, sicheren und daher tauschfähigen → *Paletten* eine ununterbrochene → *Transportkette* zu ermöglichen.

In Deutschland überwacht die European Pallet Association (EPAL) als Dachorganisation der Gütegemeinschaft Paletten e. V. die Einhaltung der Qualitätsstandards. → *Palettenpool*

Europoolpalette

EU-Verordnung 178/2002 enthält das generelle Gebot der Rückverfolgbarkeit von Lebensmitteln, das am 1. Januar 2005 in Deutschland in Kraft trat. Neben diesem generellen Gebot existieren spezielle Rückverfolgbarkeitsgebote (Rindfleischverordnung usw.). Rückverfolgbarkeit im Sinne der Verordnung ist die Möglichkeit, „ein Lebensmittel oder Futtermittel (...) durch alle Produktions-, Verarbeitungs- und Vertriebsstufen zu verfolgen (vgl. Artikel 3 Nr. 15)".

Hierzu müssen die Unternehmen in der Lage sein, jeden Vorlieferanten und gewerblichen Abnehmer festzustellen. Dies betrifft nicht nur das Endprodukt, sondern auch die Vorprodukte, Transport-, Verpackungs- und Futtermittel.

„Hierzu müssen die Unternehmen Systeme und Verfahren einrichten, mit denen diese Informationen den zuständigen Behörden auf Aufforderung mitgeteilt werden können."

Evolutionärer Algorithmus ist eine Heuristik (Optimierungsverfahren) zur Lösung komplexer, analytisch nicht lösbarer Problemstellungen nach dem Vorbild der biologischen Evolution. Dabei kommen die naturidentischen Prinzipien der Selektion, Rekombination und Mutation zur Anwendung. Vgl. → *Genetischer Algorithmus.*

EW Abk. für Einweg (engl. *One-way*)

EWM → *SAP EWM*

Expiry Date engl. für → *Verfalldatum*

Exportversand (engl. *Export shipment*) ist der Transfer von Waren oder Dienstleistungen ins Ausland.

Extended Warehouse Management → *SAP EWM*

Extensible Markup Language (abgek. XML) ist eine häufig im → *Internet* verwendete Beschreibungssprache. XML ist eine Metasprache, die auf dem SGML/HTML-Standard (w3-Konsortium, → *W3C*) basiert. Sie stellt eine allgemeine Syntax bereit, um hierarchisch strukturierte Daten zu beschreiben. Dabei wird die Struktur der Daten innerhalb der Dokumenttypdefinition (abgek. DTD; engl. *Document type definition*) vom Inhalt der Daten separiert.
Damit ist die Änderung der Inhalte eines XML-Dokumentes möglich, ohne seine Struktur zu ändern.
XML ist zum Standard inner- und außerbetrieblicher Informationsübertragung geworden. → *Web Services* nutzen diese Standards, um die Kommunikation zwischen den Teilnehmern zu koordinieren und zu verbessern. Web Services werden wiederum allgemein als zukunftssicherer Standard und als Basis für den elektronischen Datenaustausch (vgl. EDI, → *Electronic Data Interchange*) angesehen.
XML kann auf verschiedenen Betriebssystemen und bei unterschiedlichen Anwendungen eingesetzt werden und wird i. Allg. durch → *Browser* dargestellt.
XML-Dokumente können sowohl von Menschen als auch vom Computer gelesen werden.

Extranet ist der Ausdruck für ein über den Firmenstandort hinaus erweitertes → *Intranet*, über das z. B. entfernte Filialen oder Geschäftspartner mit dem Hauptsitz der Firma kommunizieren können.

EXW Abk. für → *Ex work*

Ex Work (abgek. EXW) bedeutet: ab Werk. (Lieferklausel nach → *IN-COTERMS*)

EZV Abk. für Elektronischer Zahlungsverkehr

F

FAA Abk. für Förderanlagenabschluss

Fabbing bezeichnet die individuelle digitale Produktion, z. B. mittels spezieller 3-D-Druckverfahren, auch im häuslichen Umfeld. Vgl. → *Rapid Prototyping*.

Fach (engl. *Compartment, shelf*) bedeutet → *Lagerfach*. Vgl. → *Lagerplatz*, → *Lagerfeld*.

Fachanzeige (engl. *Shelf display*) ist ein Hilfsmittel beim → *beleglosen Kommissionieren*. An jedem Bereitstellplatz befindet sich eine alphanumerische oder numerische Anzeige, die mit einem Rechnersystem verbunden ist. Über die jeweilige Anzeige erhält der → *Kommissionierer* seine Anweisungen wie Entnahmemenge, evtl. → *Artikelbezeichnung*, → *Artikelnummer*, → *Restmenge*, nächster Entnahmeort usw.

Fachanzeige [Quelle: SSI Schäfer]

Fachbodenregal (engl. *Shelf storage system*): Das → *Lagergut* lagert auf geschlossenen Fachböden aus Holz oder Blech in mehreren Ebenen übereinander. Ein typischer Einsatzfall ist die Lagerung von Kleinteilen in → *Lagersichtkästen*, die in F. gestellt werden.

Fachbodenregal [Quelle: BITO]

Fachkommissionierung (engl. *Shelf picking*) ist Kommissionierung, ohne unbedingt Artikelkenntnis zu haben. Es wird nur „ins Fach gegriffen". Die Führung geschieht häufig über → *Pick by Light* oder Pick by Voice (→ *Kommissionierung mit Spracherkennung*).

Fachlast (engl. *Shelf load*) ist die in einem Regalfach aufgrund der → *Lagereinheiten* wirkende (maximale) Last.

Fachsperrstatus (engl. *Shelf blocking status*) sagt etwas darüber aus, ob in ein → *Lagerfach* eingelagert werden kann oder nicht. Auf die → *Auslagerung* einer Einheit aus diesem Fach hat der Sperrstatus i. Allg. keine Auswirkung.

Fachstatus (engl. *Shelf status*) ist der aktuelle Zustand eines Lagerfachs, der durch die Werte „frei", „belegt" und „gesperrt" gekennzeichnet sein kann. Ein „Fach belegt"-Fehler liegt vor, wenn ein Fach mit einer unbekannten → *Ladeeinheit* belegt ist.

Facility Management bezeichnet die Bewirtschaftung und Verwaltung von Gebäuden und Anlagen als Dienstleistung.

Fahrausweis für Flurförderzeuge Entsprechend → *BGG* 925 müssen Fahrer von → *Flurförderzeugen*, insbes. → *Gabelstaplern*, in das Fahren von Stand- und Sitzfahrzeugen eingewiesen (unterrichtet) werden und ihre Befähigung nachweisen (oft auch als *Staplerfahrausweis* bezeichnet).

Fahrerloses Transportfahrzeug (abgek. FTF; engl. *Automated guided vehicle*, abgek. AGV) ist ein batteriebetriebenes, auf einem vorgegebenen Fahrkurs leitliniengeführtes oder über → *Navigationssysteme* (Laser, Funk, GPS (→ *Global Positioning System*)) frei verfahrbares automatisches → *Flurförderzeug*. FTF transportieren → *Ladeeinheiten* zwischen einzelnen Stationen (Bahnhöfen) im → *Lager* oder in der Fertigung. Sie fahren mit Schrittgeschwindigkeit; die Führung erfolgt über Leitdraht (induktiv), Leitband (magnetisch), Leitlinien (optisch) oder per RFID-Tags (→ *Radio Frequency Identification*) im Boden. Die Lastaufnahme erfolgt per Hubeinrichtung (Hubgabel, Hubtisch) oder ohne Hub über angedockte Rollenbahnen (→ *Rollenförderer*), Tragkettenförderer usw. Durch Einsatz von vielen einfachen FTF, die zudem dezentral organisiert sind und autonom agieren, kommt man zu einer möglichen Realisierung von → *Zellularen Transportsystemen*.

Fahrerloses Transportsystem (abgek. FTS; engl. *Automated guided transport system*) besteht aus → *Fahrerlosen Transportfahrzeugen* (FTF), einem Leit- und → *Navigationssystem* und der adäquaten Energieversorgung. Ein FTS beinhaltet somit alle Komponenten, um → *Transportaufträge* vollständig, ohne weitere Eingriffe von Bedienern, auf vorgegebenen Fahrkursen auszuführen.

Failure Mode and Effect Analysis engl. für → *Fehlermöglichkeits- und Einflussanalyse*

Fancies engl. für → *Galanterieware*

FAO Abk. für Food and Agriculture Organisation der UN

FAR Abk. für Falschakzeptanzrate (engl. *False acceptance rate*)

Faraday-Käfig (engl. *Faraday cage*) ist ein Synonym für eine geschlossene Hülle aus leitfähigem Material, deren Inneres frei von elektromagnetischen Feldern ist. Der gleichnamige Effekt wurde

Fahrerloses Transportsystem für Paletten

erstmals durch den englischen Physiker Michael Faraday beschrieben. → *Aktive Transponder* können sehr wohl aus einem F.-K. heraus senden, jedoch keine Signale von außen empfangen. So können einfache Artikelsicherungen (→ *Elektronische Artikelsicherung*) überwunden werden, indem der betreffende → *Transponder* mit leitfähiger Folie umschlossen wird.

FAS Abk. für → *Free Alongside Ship*

FAST Abk. für Förderanlagensteuerung (engl. *Conveyor system control*)

Fast Mover (engl. für *Schnelldreher*) sind A-Artikel (→ *ABC-Artikel*).

Fast Moving Consumer Goods (abgek. FMCG) sind A-Artikel (→ *ABC-Artikel*), → *Schnelldreher* im Bereich der Konsumgüter. Vgl. → *Slow Moving Consumer Goods*.

Fautfracht (auch Reufracht, Fehlfracht; engl. *Dead freight*) ist in der Schifffahrt eine Entschädigung für nicht genutzten, aber georderten Frachtraum und wird vom Ablader an die Reederei entrichtet.

FBD Abk. für Function block diagram (engl. für → *Funktionsbaustein-sprache*)

FBL Abk. für Fachbodenlager (engl. *Shelf storage system*) → *Fachbo-denregal*

FBS Abk. für → *Funktionsbausteinsprache*

FCA Abk. für → *Free Carrier*

FCL Abk. für → *Full Container Load*

FCR Abk. für Forwarding agent's certificate of receipt (engl. für → *Spediteurübernahmebescheinigung*)

F&E Abk. für Forschung und Entwicklung

Feasibility Study engl. für *Machbarkeitsstudie*

Fédération Européenne de la Manutention (abgek. FEM) ist die Europäische Vereinigung der Fördertechnik, gegründet 1953. Folgende nationale Fachverbände sind Mitglieder: Belgien, Deutschland, Finnland, Frankreich, Großbritannien, Italien, Luxemburg, Niederlande, Norwegen, Portugal, Spanien, Schweden, Schweiz. Assoziierte Mitglieder: Tschechische Republik und Slowakei.

Feedback engl. für → *Rückkopplung*, → *Rückmeldung*

Feeder 1. ist ein Schiff, das anderen Schiffen als Zulieferer dient (→ *Feederschiff*). — 2. ist ein Luftfahrtlotse, der die Reihenfolge anfliegender Maschinen bestimmt und überwacht. — 3. ist ein Lastkraftwagen, der Güter zu Seeschiffen oder Flugzeugen liefert. — 4. ist ein Zuführband (Aufgabeförderer) von → *Sortern*.

Feederschiff (kurz Feeder, engl. *Feeder ship*) ist ein Frachtschiff, das als Zulieferer und Verteiler für große Seeschiffe bzw. Seehäfen eingesetzt wird. Typische Vertreter sind F. zur Bedienung von Containerhäfen und -schiffen.

Feeder Ship engl. für → *Feederschiff*

Feeder Traffic engl. für → *Feederverkehr*

Feederverkehr (engl. *Feeder traffic*) ist Zubringer- und Verteilverkehr.

FEFO 1. Abk. für → *First Expired – First Out* — 2. Abk. für → *First Ended – First Out*

Fehlermöglichkeits- und Einflussanalyse (abgek. FMEA; engl. *Failure Mode and Effect Analysis*) ist eine Methode zur Analyse möglicher Schwachstellen (Ausfalleffektanalyse, DIN 25448) mit dem Ziel, Fehler bereits zu einem möglichst frühen Zeitpunkt und somit zu einem guten Kosten-/Nutzenverhältnis zu erkennen und zu beheben.

Fehlfracht ist eine andere Bezeichnung für → *Fautfracht*.

Fehlmenge (engl. *Shortage, shortfall quantity*) tritt bei der → *Warenannahme* einer → *Lieferung*, der → *Auslagerung* bzw. → *Entnahme* z. B. beim → *Kommissionieren* auf, wenn zwischen vorgegebenem Soll- oder → *Buchbestand* und dem Ist- oder → *Lagerbestand* eine ungewollte → *Bestandsdifferenz* besteht.

Fehlmengenkosten (engl. *Stock-out costs*) treten auf, wenn eine Bestellung nicht wie gewünscht zum → *Liefertermin* erfüllt werden kann und somit eine → *Nachlieferung* erforderlich wird. Die durch → *Fehlmengen* verursachten Kosten können dabei erheblich sein und den Wert der nachgelieferten Ware leicht übersteigen.

Feinplanung (engl. *Detailed planning, precision planning*) ist ein Prozess zur detaillierten Planung aller Arbeitsschritte für die → *Auftragsabwicklung* in Produktion und → *Logistik*.

Feinverteilung (engl. *Dispersion*), auch Flächenverteilung, bezeichnet die Warenverteilung von einem → *Umschlagpunkt* oder Regionallager zu den Endverbrauchern. Gegensatz: → *Grobverteilung* oder auch Streckenverteilung.

Feld (engl. *Field*) bedeutet → *Lagerfeld*. Vgl. → *Lagerplatz*, → *Lagerfach*.

Feldlast (engl. *Field load*) ist die Summe der → *Fachlasten* zwischen zwei senkrechten Regalrahmen.

FEM Abk. für → *Fédération Européenne de la Manutention*

Fernfeld (engl. *Far field*) ist der Bereich einer Radiowelle, ab dem sich magnetisches und elektrisches Feld als Welle ausbreiten (im Gegensatz zum → *Nahfeld*, bei dem das magnetische Feld um eine Senderspule zur „induktiven" Energieübertragung genutzt werden kann, z. B. für 125 KHz oder 13,56 Mhz, → *Radio Frequency Identification*). Der Übergang vom Nah- zum Fernfeld ist fließend. Eine gängige Definition gibt eine Entfernung =Wellenlänge/2pi von der Sendeantennenspule als Übergangsbereich vom Nah- zum Fernfeld an.

Fertigungstiefe (engl. *Vertical range of manufacture*) beschreibt, inwieweit ein Unternehmen die zur Produktion benötigten Teile selbst herstellt oder fertig zukauft. Ein reines Handelsunternehmen hat dementsprechend eine Fertigungstiefe von null.

Festabruf (engl. *Fixed call*) ist eine einmalige feste Bestellgröße.

Festplatzprinzip (engl. *Fixed storage bin principle*): Jeder → *Artikel* hat in einem → *Lagerort* fest zugeordnete → *Lagerplätze*, deren Anzahl auf den Maximalbestand ausgelegt ist. Siehe dagegen → *Freiplatzprinzip*.

FET Abk. für Feldeffekttransistor

FEU Abk. für → *Forty Foot Equivalent Unit*

FFD Abk. für Full function devices

FFS Abk. für Flexibles Fertigungssystem (engl. *Flexible production system*)

FFZ Abk. für → *Flurförderzeug*

FhG Abk. für Fraunhofer-Gesellschaft

FIATA (Abk. für Fédération Internationale des Associations de Transitaires et Assimilés) ist die internationale Vereinigung der Speditionsunternehmen.

Field Load engl. für → *Feldlast*

FIFO Abk. für → *First In – First Out*

File Transfer Protocol (abgek. FTP) ist ein technischer Kommunikationsstandard (Dateiübertragungsprotokoll), der häufig zur Übertragung von Dateien im → *Internet* verwendet wird.

Filterwert (engl. *Filter value*) beschreibt in der RFID-Terminologie (→ *Radio Frequency Identification*) eine Möglichkeit, gezielt eine Teilmenge aller → *Transponder* im Schreib-/Lesefeld anzusprechen. Über den Filterwert können vom Lese-/Schreibgerät die EPCs (→ *Electronic Product Code*) von z. B. Produkten, Umverpackungen oder Paletten etc. unterschieden werden. Durch die Filterung ungewünschter → *Tags* kann die Lesegeschwindigkeit bei → *Pulklesung* erhöht werden.

FIPA Abk. für Foundation for Intelligent Physical Agents; vgl. → *Multiagentensystem*.

Fire Alarm System engl. für *Brandmeldeanlage*

Fire Lobby engl. für → *Brandabschnitt*

Fire Protection engl. für → *Brandschutz*

Firmencluster bezeichnen den temporären (häufig langfristigen) Zusammenschluss von Firmen mit einem gemeinsamen Geschäftszweck und dem Ziel, in der Gemeinschaft mehr Marktmacht zu entwickeln. Ein Beispiel hierfür ist das österreichische Holz-Cluster als Zusammenschluss von Lieferanten und holzverarbeitender Industrie (http://www.holz-cluster.at). → *cluster*

First Ended – First Out (abgek. FEFO) ist ein Verfahren zur Warteschlangenverwaltung, z. B. in einer Vermittlungsstelle.

First Expired – First Out (abgek. FEFO) ist eine Zugriffsstrategie der → *Lagerverwaltung*, bei der immer das Gut mit dem jüngsten → *Verfalldatum* zuerst ausgelagert wird.

First In – First Out (abgek. FIFO) ist eine Zugangs-/Ausgangsvorschrift für ein → *Lager* unter zeitlicher Berücksichtigung: Sind mehrere → *Ladeeinheiten* (LE) eines Artikels vorhanden, soll immer die älteste LE aus dem Lager entnommen werden. Es wird unterschieden zwischen strengem und gemildertem FIFO:

- Bei strengem FIFO wird die Zugangsreihenfolge in das Lager beachtet,
- bei gemildertem FIFO werden die LE einer Gruppe, z. B. gleiche Mindesthaltbarkeit, als gleich angesehen und es können für die → *Auslagerung* in Grenzen andere Auswahlkriterien zum Zuge kommen, z. B. kürzester Weg.

Das strenge FIFO wird z. B. von einem → *Durchlaufregal* automatisch erfüllt und bedarf keiner weiteren organisatorischen Vorkehrungen. → *LIFO*, → *HIFO*

First Tier Supplier bezeichnet die direkte → *Lieferung* von Systemen oder Baugruppen an einen → *Original Equipment Manufacturer* (OEM). Im Gegensatz hierzu liefert ein Second Tier Supplier nicht direkt an einen OEM. Vgl. → *Zulieferpyramide*.

Fischgräten-Diagramm → *Ishikawa-Diagramm*

Five Forces Model ist ein von Michael E. Porter entwickeltes Verfahren zur Strategieanalyse, bei der die fünf stärksten Kräfte, die auf ein Unternehmen einwirken, bewertet werden. Vgl. → *SWOT-Analyse*.

Fixed Batch bezeichnet die Abarbeitung einer Auftragsliste in Abschnitten oder Arbeitspaketen fixierter zeitlicher Länge oder Größe. Der resultierende Batchwechsel (zwischen zwei → *Batches*) dient zum konsolidierten Abschluss des Vorgangs (der Sortierung, des

→ *Kommissionierens* usw.), bedingt jedoch den Nachteil nicht kontinuierlicher Abarbeitung. Siehe auch → *Floating Batch*.

Flächenintensität (engl. *Space intensity*) errechnet sich aus der Anzahl → *Lagereinheiten* (z. B. → *Paletten*) pro Flächeneinheit (qm).

Flächennutzungsgrad (engl. *Space utilization*) ist der Quotient aus der durch → *Lagereinheiten* belegten Netto-Fläche und der Gesamtfläche eines → *Lagers*. Typische F. sind
- 80 % für → *Bodenlagerung*,
- 60 % für → *Hochregallager*,
- 40 % für Palettenregallager mit Bedienung durch → *Frontgabelstapler*.

Flächenportal Zwei aus einer Stahlkonstruktion bestehende Portale sind mit Laufschienen verbunden, über die sich eine Bedienbrücke mit einer Handhabungseinheit (z. B. Roboterarm) flächenmäßig bewegen kann.

Flächenverkehr beinhaltet das Anfahren mehrerer Punkte zum Sammeln und/oder Verteilen von Waren im Umfeld von zentralen Sammel- oder Verteilpunkten, d. h. vorwiegend Kurzstreckentransporte. Gegenteil: → *Streckenverkehr*.

Flachlager (engl. *Flat warehouse*) ist ein Lagertyp mit bis zu sieben Meter → *Regalhöhe*, meist mit konventioneller Frontstaplerbedienung.

Flag-Tag ist ein spezieller RFID-Tag (→ *Tag*) zur Etikettierung auf metallischen Oberflächen oder Flüssigkeitsbehältern, bei dem die Antenne in einem rechtwinklig zur Oberfläche stehenden (Papier- oder Kunststoff-)Fähnchen integriert ist. Hierdurch wird die Dämpfung des Nutzsignals durch die Oberfläche wesentlich vermieden.

Flash Memory ist ein wiederbeschreibbarer Speicher, bei dem die gespeicherten Daten auch nach Wegfall der Versorgungsspannung erhalten bleiben.

Flatbed Body engl. für → *Pritsche*

Flat Rack ist ein Spezialcontainer, der oben und an den Seiten offen ist, d. h. eine Plattform darstellt.

Flatrate bezeichnet ein Tarifverfahren, bei dem die Mitgliedschaft bei einem Provider oder Online-Dienst nicht nach Online-Minuten, sondern über eine monatliche Pauschale abgerechnet wird.

Flexibilität (engl. *Flexibility*) ist ein Ausdruck für Reaktionsfähigkeit und -schnelligkeit, um sich auf veränderte Rahmenbedingungen einzustellen, insbes. hinsichtlich Menge, Zeit und Varianten, ohne dass hierfür eine verbindliche messbare Größe angegeben werden kann.

Fliegender Bestand (engl. *Flying stock*) ist Fachjargon für Ware, die im Zulauf ist und für Dispositionen bereits berücksichtigt werden kann.

Fließlager (engl. *Flow storage system*) ist eine andere Bezeichnung für → *Durchlaufregal*.

Flipper ist ein → *Schwenkarmsorter*, bei dem das Gut mittels eines Schwenk- oder → *Dreharms* derart aus der Hauptförderrichtung in die Endstelle beschleunigt wird, dass die Haftreibung zum Hauptförderer überwunden wird und das Gut in die Endstelle gleitet.

Floating Batch bezeichnet kontinuierliches Abschließen und Neu-Hinzufügen von Kommissionieraufträgen, z. B. bei Sortereinsatz, so dass die Summe der durchschnittlich gleichzeitig in Bearbeitung befindlichen Aufträge möglichst hoch ist. Gegenteil: → *Fixed Batch*.

Floor-bound engl. für *flurgebunden*, → *Flurfrei*

Floor-free engl. für → *Flurfrei*

Flow Storage System engl. für → *Fließlager*, *Durchlauflager* (→ *Durchlaufregal*)

Flurförderzeug (engl. *Ground conveyor, industrial truck*) ist ein bodengebundenes und – in aller Regel – nicht auf Schienen fahrendes Fördermittel, das dem horizontalen und vertikalen innerbetrieblichen Transport von Lasten oder – bei Vorhandensein entsprechender Einrichtungen – von Personen dient.

Flurfrei (engl. *Floor-free*): Eine flurfreie Fördertechnik wird i. Allg. unter der Decke oder einer aufgeständerten Stahlkonstruktion hängend montiert und ermöglicht darunter einen kreuzenden, flurgebundenen → *Materialfluss*. → *Schaukelförderer*, → *Elektrohängebahn* oder → *Power-and-Free-Förderer* sind typische Vertreter flurfreier Fördertechnik, während Stapler u. Ä. flurgebunden sind.

Flurgebunden (engl. *Floor-bound*) → *Flurfrei*

FLW Abk. für Lehrstuhl für Förder- und Lagerwesen, Universität Dortmund (engl. *Chair of Transportation and Warehousing, University of Dortmund*)

FMCG Abk. für → *Fast Moving Consumer Goods*

FMEA Abk. für Failure Mode and Effect Analysis (engl. für → *Fehlermöglichkeits- und Einflussanalyse*)

FNC Abk. für Funktionscode

f.o. 1. Abk. für free out (engl. für *freies Ausladen, Löschen*) — 2. Abk. für for order (engl. für *auftragsgemäß*) — 3. Abk. für firm offer (engl. für *bindendes Angebot*)

FOB Abk. für → *Free on Board*

Folienschrumpfen (engl. *Foil shrinking*) ist ein Verfahren der Paletten-Ladungssicherung (→ *Palette,* → *Ladungssicherung*) durch Folie, die sich bei Hitzeeinwirkung (Gas oder elektrisch) zusammenzieht und damit eine stabilisierende und schützende Wirkung ausübt. Siehe dagegen → *Stretchen.*

Förderanlage (engl. *Conveyor system*) bezeichnet ein technisches System unterschiedlicher Komplexität mit örtlich begrenztem Arbeitsbereich, in dem Fördermittel gleicher oder verschiedener Ausführung fördertechnische Aufgaben erfüllen.

Förderer, C- → *C-Förderer*

Förderer, Durchlauf-Takt- → *Durchlauf-Taktförderer*

Förderer, Gliederband- → *Gliederbandförderer*

Förderer, Gurt- → *Gurtförderer*

Förderer, Hubbalken- → *Hubbalkenförderer*

Förderer, Kreis- → *Kreisförderer*

Förderer, Platten- → *Plattenförderer*

Förderer, Plattenband- → *Plattenbandförderer*

Förderer, Rollen- → *Rollenförderer*

Förderer, S- → *S-Förderer*

Förderer, Schaukel- → *Schaukelförderer*

Förderer, Schleppketten- → *Schleppkettenförderer*

Förderer, Schleppkreis- → *Power-and-Free-Förderer*

Förderer, Schrägrollen- → *Schrägrollenförderer*

Förderer, Schwerkraft-Rollen- → *Schwerkraft-Rollenförderer*

Förderer, Schwing- → *Schwingförderer*

Förderer, Skid- → *Skidförderer*

Förderer, Stau- → *Stauförderer*

Förderer, staudruckarmer → *Staudruckarmer Förderer*

Förderer, staudruckloser → *Staudruckloser Förderer*

Förderer, Staurollen- → *Staurollenbahn*

Förderer, Stetig- → *Stetigförderer*

Förderer, Teleskopgurt- → *Teleskopgurtförderer*

Förderer, Tragketten- → *Tragkettenförderer*

Förderer, Transfer- → *Transferförderer*

Förderer, Trogketten- → *Trogkettenförderer*

Förderer, Unstetig- → *Unstetigförderer*

Förderer, Unterflur-Schleppketten- → *Unterflur-Schleppkettenförderer*

Förderer, Vertikal- → *Vertikalförderer*

Förderer, Z- → *Z-Förderer*

Fördergutstrom (kurz Gutstrom) bezeichnet die Fördermenge pro Zeiteinheit, gemessen an bestimmten Stationen oder in bestimmten Bereichen (→ *Förderleistung*). Der F. ist abhängig von der → *Fördertechnik* und von der Kapazität der → *Fördermittel*. Es wird zwischen Stückgutstrom und Schüttgutstrom unterschieden. Vgl. → *Durchsatz*.

Förderleistung (engl. *Conveying capacity*) wird definiert durch die Anzahl bewegter Einheiten in Stück oder Volumen bzw. Massen in Kilogramm oder Tonnen pro Zeiteinheit, ggf. multipliziert mit der Förderstrecke. Siehe auch → *Leistung*.

Fördermittel (engl. *Conveying means*) sind technische → *Transportmittel*, die innerhalb von örtlich begrenzten und zusammenhängenden Bereichen (z. B. innerhalb eines Werkes) das → *Fördern* bewerkstelligen.

Fördern (engl. *Conveying*) ist das Fortbewegen von Arbeitsgegenständen in einem System (VDI 2411).

Fördertechnik (engl. *Conveyor technique*) umfasst im Wesentlichen alle technischen und organisatorischen Einrichtungen zum Bewegen oder Transportieren von → *Gütern* und Personen auf meist kurzen Strecken, vielfach begrenzt auf den Bereich der → *Intralogistik*. In Ergänzung hierzu ist die Verkehrstechnik mit vorwiegend außerwerklichem Transport über längere Strecken zu sehen.

Forecast 1. ist eine Prognose eines wirtschaftlichen Verlaufs, z. B. F. des Umsatzes, des Lagerbestands, des Auftragseingangs etc. — 2. ist eine (meist unverbindliche) Prognose/Ankündigung zu Liefer- oder Leistungsanforderungen durch einen Auftraggeber.

Forerun (engl. für *Vorlauf*) → *Hauptlauf*

Palettenfördertechnik [Quelle: TGW]

Fork Lift Truck engl. für → *Gabelstapler*

Forty Foot Equivalent Unit (engl. für *40-Fuß-ISO-Container*) entspricht zwei → *Twenty Foot Equivalent Units.*

Forwarder engl. für *Spediteur*

Forwarding Agent engl. für → *Spedition*

Forwarding Agent's Certificate of Receipt engl. für → *Spediteurübernahmebescheinigung*

Fourth Party Logistics Provider (abgek. 4PL) ist ein → *Logistikdienstleister*, welcher globale Lieferketten im Auftrag eines Unternehmens plant und steuert. Sein Aufgabenschwerpunkt ist daher in den Bereichen Logistikplanung und -beratung, im → *Reengineering* von Geschäftsprozessen sowie in globaler, systemübergreifender IT- und Netzwerkmodellierung zu sehen. Des Weiteren muss er in der Lage sein, diese Netzwerke vollständig zu betreiben und neutral bzw. neutralisiert anzubieten.

Ein 4PL mit eigenen operativen Kapazitäten wird auch als Lead Logistics Provider bezeichnet.

Siehe auch → *Third Party Logistics Provider* (3PL).

Four-width Barcode engl. für → *Vier-Breiten-Barcode*

Fracht (engl. *Freight*) bezeichnet die Vergütung für die Durchführung eines Gütertransports. Die F. wird im Rahmen eines Frachtvertrags zwischen Absender und ausführendem → *Frachtführer* zugunsten des Empfängers abgeschlossen. Mangels tariflicher Vorgaben ist die F. auf Basis verschiedener Kriterien wie z. B. Entfernung, Gewicht, Volumen, Route usw. auszuhandeln. Siehe auch → *Frachtbrief*, → *Frachtführer*.

Frachtbasis (auch Frachtparität; engl. *Basingpoint*) bestimmt den (virtuellen) Ort, ab dem der Käufer die Fracht tragen muss. Dem Empfänger wird die Fracht für die Strecke zwischen der Frachtbasis und dem Anlieferpunkt berechnet, auch wenn der Transport von einem anderen Ort aus erfolgt. F. ist die übliche Regelung, falls zum Vertragsabschluss nicht bekannt ist, von welchem Ort (Werk) aus geliefert wird.

Frachtbrief (engl. *Bill of Loading*) ist ein Beförderungsdokument zum Nachweis des Abschlusses eines Frachtvertrags. Er ist nach § 409 HGB geregelt und enthält u. a. Angaben zum Absender, Empfänger und Umfang der Warensendung (Anzahl → *Packstücke*, Gewicht usw.) sowie zu den einschlägigen Zollbestimmungen. Der F. wird in drei Originalausfertigungen ausgestellt, die vom Absender unterzeichnet werden. Eine Ausfertigung ist für den Absender bestimmt, eine begleitet das Gut, eine behält der → *Frachtführer*.

Frachtenbörse (engl. *Freight exchange*) bezeichnet einen (internetbasierten, virtuellen) Marktplatz für Logistikdienstleistungen, insbesondere zur Vermittlung von Frachtraum und Ladung.

Frachtführer (engl. *Freight carrier*) ist ein Unternehmen, das den Warentransport durchführt. Häufig ist der F. Unterauftragnehmer einer → *Spedition*. Übernimmt ein Spediteur auch den physischen Transport der Ware, also die Rolle des F., so spricht man von Selbsteintritt.

Frachtparität ist eine andere Bezeichnung für → *Frachtbasis*.

Fraktale Fabrik (engl. *Fractal factory*) bezeichnet das Prinzip der sich selbst regelnden organisatorischen Arbeitsgruppen: Selbstoptimierung in kleinen Regelkreisen.
Kennzeichen der Fraktale ist die Selbstähnlichkeit, d. h. jedes Fraktal enthält als Teil des Ganzen wiederum die Gesamtstruktur und so fort. Alle Fraktale des Unternehmens (Bereiche, Teams, bis hin zum einzelnen Mitarbeiter) sind selbstständige und eigenverantwortliche Unternehmenseinheiten, in denen die Unternehmensziele und unternehmerisches Denken und Handeln (des Ganzen) gelebt werden. Fraktale sind so betrachtet Unternehmen im Unternehmen.

Frankatur ist Teil eines Beförderungsvertrags und schreibt fest, wie die Transportkosten aufgeteilt und berechnet werden. Zunehmend werden innerhalb der F. auch Dienstleistungen und deren Abrechnung beschrieben. Vgl. → *INCOTERMS*.

Franko (engl. *Carriage paid*) ist eine andere Bezeichnung für frachtfrei.

Fraunhofer IML Abk. für Fraunhofer-Institut für Materialfluss und Logistik in Dortmund (engl. *Fraunhofer-Institute of Material Flow and Logistics in Dortmund*)

Free Alongside Ship (abgek. FAS) bedeutet: frei Längsseite Schiff im Verschiffungshafen. (Lieferklausel nach INCOTERMS)

Free Carrier (abgek. FCA) bedeutet: frei bis zur Übergabe der Ware an den benannten Frachtführer des benannten Ortes (einschl. Ausfuhrabfertigung). Gilt für jede Transportart, auch Containerverkehr und Luftfracht. (Lierferklausel nach → *INCOTERMS*)

Free Occupancy engl. für *Freie Belegung* (→ *Einzelplatzbelegung*)

Free on Board (abgek. FOB) bedeutet: frei an Bord für Schiff im Verschiffungshafen, d. h. tatsächliches Überschreiten der Reling des Seeschiffes. (Lieferklausel nach → *INCOTERMS*)

Freie Belegung → *Einzelplatzbelegung*

Freier Bestand (engl. *Free stock*) ist der Bestand, der nach Abzug von → *reserviertem Bestand* oder gesperrtem Bestand noch zur Disposition steht bzw. über den noch verfügt werden kann. Siehe analog hierzu → *verfügbarer Bestand*.

Freight engl. für → *Fracht*

Freight Charge engl. für → *Rollgeld*

Freight Exchange engl. für → *Frachtenbörse*

Freihub (engl. *Free lift*) bezeichnet den → *Hub* eines → *Gabelstaplers* ohne Ausfahren des Hubgerüsts (konstante Bauhöhe).

Freilager (engl. *General storage area, open depot*) bezeichnet die Lagerung von → *Gütern* auf freier Fläche. Den Belastungen entsprechend ist der Untergrund befestigt oder aufbereitet, und Bedienwege sind eingerichtet. Diese Art der Lagerung wird nicht nur aus Kostengründen vorgenommen, sondern meist aus verfahrenstechnischen Gründen (wie Holzlager zum Trocknen oder Warmbandcoils zum Abkühlen).

Freimaß (engl. *Free size, untoleranced dimension*) ist ein konstruktiv bedingtes Maß zur Aufnahme von → *Lagereinheiten* in → *Regale* oder zur Abgabe von Lagereinheiten aus Regalen.

Das untere Freimaß ist der Abstand zwischen dem Boden und der Unterkante der ersten Lagereinheit einschließlich Auflageriegel. Das obere Freimaß ist der Abstand zwischen der Oberkante der obersten Lagereinheit und der Decke.

Freipassabfertigung bezeichnet die Zwischenabfertigung für Waren, die vorübergehend zu einem im Zollgesetz vorgesehenen Zweck ein- oder ausgeführt werden.

Freiplatzprinzip (engl. *Chaotic storage*): Im Gegensatz zum → *Festplatzprinzip* kann eine Artikel-Lagereinheit auf jedem freien → *Lagerplatz* abgestellt werden. Mit dem F. kann im Vergleich zum Festplatzprinzip die vorzuhaltende → *Lagerkapazität* reduziert werden. Das F. ist heute bei → *Vorratslägern*, insbes. automatischen Lägern, gängige Praxis. Der Einspareffekt ist u. a. umso höher, je mehr → *Lagereinheiten* im Mittel je → *Artikel* zu → *lagern* sind. Das F. wird vielfach auch als chaotische Lagerung bezeichnet.

Fremdfertigung (engl. *External production, outsourcing*) ist die Herstellung von Artikeln durch Dritte unter eigenem Namen.

Frequency Converter engl. für → *Frequenzumrichter*

Frequency Shift Keying (abgek. FSK) engl. für → *Frequenzumtastung*

Frequenzumrichter (abgek. FU; engl. *Frequency converter*) ist eine elektronische Motorsteuerung, bei der die Drehzahl des Antriebs durch die regelbare Frequenz des FU gesteuert wird. Hierzu erzeugt der FU aus einer gleichgerichteten Spannung eine mehrphasige Spannung, die einem frequenzgeregelten Drehfeld für den Antrieb entspricht.

Frequenzumtastung (engl. *Frequency shift keying*, abgek. FSK) ist ein Verfahren zur digitalen Signalübertragung, bei dem jeweils eine Frequenz einem logischen Signalpegel („0" oder „1") zugeordnet wird.

Frontend ist ein Programm an der Schnittstelle zum Benutzer. Vereinfacht kann man sagen: Alles, was der Benutzer auf seinem Computer sieht und bedient, gehört zum betreffenden F. Hierzu gehören die Darstellung von HTML-Seiten (→ *Browser*), elektronische Produktkataloge, Datenbankabfragen usw.

Front-end Stacker engl. für *Frontgabelstapler* (→ *Gabelstapler*)

Frontend-System ist ein Datenendgerät (Computer, Palm usw.), auf dem das → *Frontend* läuft.

Frontgabelstapler (engl. *Front stacker, front-end stacker*) → *Gabelstapler*

Front Office bezeichnet Einrichtungen und Applikationen, die im Bereich → *E-Business* dem direkten Kundenkontakt dienen.

Front Stacker engl. für *Frontgabelstapler* (→ *Gabelstapler*)

FSA Abk. für Feuerschutzabschluss, siehe auch → *FAA*.

FSK Abk. für Frequency shift keying (engl. für → *Frequenzumtastung*)

ft Abk. für foot, feet (die englische Maßeinheit *Fuß*)

FT Abk. für Fördertechnik

FTE Abk. für → *Full Time Equivalent*

FTF Abk. für → *Fahrerloses Transportfahrzeug*

FTP Abk. für → *File Transfer Protocol*

FTS Abk. für → *Fahrerloses Transportsystem*

FU Abk. für → *Frequenzumrichter*

Fuhrpark (engl. *Vehicle fleet, vehicle pool*) ist die Gesamtheit der betriebseigenen Fahrzeuge.

Führung, induktive → *Induktive Führung*

Führungsschienen (engl. *Guiding bars*) sind z. B. im Schmalgang-Hochhublager erforderlich, um eine Zwangsführung des → *Schmalgangstaplers* in der Gasse zu erreichen. F. haben keine tragende Funktion; die Führung kann z. B. auch induktiv über einen Leitdraht sichergestellt werden.

Fulfillment war ehemals die Bezeichnung für die physische Abwicklung des → *Nachschubs*; heute ist F. vermehrt die Bezeichnung für die Erbringung einer komplexen logistischen Dienstleistung, z. B. der vollständigen Abwicklung einer E-Commerce-Bestellung bis zur Auslieferung an Endkunden (→ *E-Fulfillment*). In diesem umfassenderen Sinne beinhaltet das F. die Verwaltung und Bearbeitung eingehender Bestellungen sowie die Organisation und Abwicklung der Informations- und Warenlogistik bis zur Zahlungsabwicklung.

Fulfillmentvertrag ist in der Regel ein Kontraktlogistikvertrag, häufig mit Bestandteilen des Kaufrechts, nämlich Übernahme der Bestellung nebst logistischer Abwicklung bis zur Kundenbelieferung für den Auftraggeber. Ein solcher Vertrag ist bei kompletter Abwicklung der logistischen Funktionen jedoch auch ohne Kaufrechtsteile als F. anzusehen. Hauptanwendungsbereich für F. ist E-Commerce.

Full Container Load (abgek. FCL): Im Gegensatz zum → *Less than Container Load* (LCL) wird der → *Container* komplett von einem → *Versender* beladen.

Füllgrad (engl. *Filling rate, occupancy*) ist das Verhältnis belegter Lagerplätze zur → *Lagerkapazität*. Der F. ist keine konstante Größe wie etwa der → *Raumnutzungsgrad*, sondern hängt von den täglich belegten → *Lagerplätzen* ab und ändert sich somit über die Zeit.
Der sinnvolle maximale F. eines → *Lagers* ist abhängig vom → *Durchsatz* und der technischen Ausführungsform des Lagers. Bei konventionellen → *Hochregallagern* sollte der F. etwa 95 % nicht überschreiten, da das Lager sonst „nicht mehr atmen" kann (die Anzahl freier Plätze für → *Einlagerungen* und → *Umlagerungen* wird zu gering). Bei → *Kanallagern* mit artikelreinen Kanälen ist der maximale F. geringer, da im Mittel je Artikel eine halbe Kanallänge nicht belegt ist. Typischer Wert ist hier ca. 85 %.

Full Time Equivalent (abgek. FTE) bezeichnet den Zeitarbeitswert, den eine (Vollzeit-)Arbeitskraft innerhalb eines bestimmten Zeitraums (häufig im Monat) erbringt.

Funkterminal (engl. *Radio terminal*) ist ein mobiles Datenendgerät, welches über Funk mit einem → *Server* oder → *Host* kommuniziert. Ein Funkterminal verfügt meist über Tastatur, → *Scanner* und alphanumerische Anzeige, gelegentlich kombiniert mit einem mobilen Drucker.

Funktionsbausteinsprache ist eine Programmiersprache für → *Speicherprogrammierbare Steuerungen*.

Funktionstest (engl. *Operation checkout, performance test*) ist die Überprüfung der Vollständigkeit und Plausibilität aller in einem System implementierten Hard- und Softwarefunktionen, d. h. aller mechanischen, elektrischen, elektronischen und steuerungstechnischen Komponenten einschließlich der damit verbundenen Software. Während des F. sollten alle Bedien- und Automatikfunktionen getestet sowie alle technischen Einrichtungen gemäß ihrer Spezifikation betrieben werden.
Häufig vernachlässigte Voraussetzungen für den F. sind ausreichend

Funkterminal [Quelle: PROLOGISTIK]

geschultes Personal und Bereitstellung benötigter Mengen an Waren und Daten seitens Auftragnehmer und Auftraggeber.

Fuzzy Logic bezeichnet eine *unscharfe Logik*, die in Erweiterung der binären Logik auch mit Werten zwischen wahr und falsch (0 und 1) arbeitet. F. L. wird zunehmend zur Steuerung automatisierter Systeme (z. B. zur → *Pendeldämpfung* bei → *Kranen*) verwendet.

G

GA Abk. für → *Genetischer Algorithmus*

Gabelhochhubwagen (engl. *High-lift pallet truck*) ist eine Ausführungsform des → *Gabelstaplers*, bei der die Vorderräder in Radarmen unterhalb der Gabel und damit unterhalb der Last angeordnet sind. Die Last wird von den Radarmen und der Gabel unterfahren. Neben der motorisch betriebenen Variante gibt es auch die handgeführte Version als Hand-Gabelhochhubwagen.

Gabelhochhubwagen [Quelle: CROWN]

Gabelhubwagen-Schleppsystem (engl. *Electric monorail system*) stellt eine Kombination aus → *Elektrohängebahn* und → *Gabelhubwagen* dar. Mittels Zugstange werden die Wagen entlang der Bahntrasse gezogen und an den Zielpunkten entkoppelt.

Gabelspiel (engl. *Pick-up-cycle* bzw. *Set-down cycle*) bezeichnet den Bewegungsablauf des → *Lastaufnahmemittels* bei der Aufnahme bzw. Abgabe eines → *Ladehilfsmittels*, speziell einer Palette, durch eine → *Teleskopgabel*.

Gabelspielzeit (engl. *Duration of pick-up cycle of the telescopic fork* bzw. *Duration of set-down cycle of the telescopic fork*) ist die Zeit zur Ausführung eines → *Gabelspiels*. Vgl. → *Lagerspiel*.

Gabelstapler (engl. *Fork lift truck*) ist ein → *Flurförderzeug*, das insbesondere zum Heben und Bewegen von → *Paletten* eingesetzt wird. Das kennzeichnende Merkmal liegt darin, dass die Last außerhalb der Radbasis aufgenommen und verfahren wird. Damit der G. nicht über die Vorderachse kippt, muss die Last durch ein Gegengewicht aufgefangen werden. Der G. wird motorisch (Gas, Diesel, Batterie) betrieben. Er verfügt über einen hydraulischen Hubmast. Es werden Fahrwerke mit drei oder vier Rädern unterschieden.

Galanterieware (engl. *Fancies*) bezeichnet Mode-, Putz- und → *Kurzwaren*.

Galileo ist ein neues, auf europäischer Basis geplantes satellitengestütztes → *Navigationssystem*. Hiermit soll Unabhängigkeit von den militärisch geprägten Systemen der USA (GPS, → *Global Positioning System*) und Russlands (GLONASS) erreicht werden, die nur eingeschränkte Genauigkeit für die zivile Nutzung aufweisen.

Gangway Width engl. für → *Arbeitsgangbreite*

Gantt-Diagramm (engl. *Gantt diagram*) ist ein von Henry Laurence Gantt entwickeltes Balkendiagramm, das den Projektverlauf und -fortschritt wiedergibt (z. B. typische Darstellung im Programmsystem MS Project).

Ganzmengenentnahme (engl. *Full-quantity retrieval*) ist ein Sonderfall beim → *Kommissionieren*: Die Lieferposition ist größer oder gleich der Menge einer → *Bereitstelleinheit* (z. B. → *Palette* oder → *Behälter*), die dann zur Erfüllung der Kundenbestellung „ganz" entnommen wird.

Gassengleichverteilung (engl. *Equal distribution of aisles*) → *Artikelgleichverteilung*, → *Querverteilung*

Gate (engl. *Tor*) bezeichnet ein torförmiges, meist mit → *Staplern* befahrbares RFID-Lesegerät (→ *Lesegerät*) zur → *Pulkerfassung* von RFID-Tags (→ *Tag*). G. werden häufig am Warenein- und -ausgang eingesetzt.

GATP Abk. für → *Global Available to Promise* (→ *Available to Promise*)

GATT (Abk. für General Agreement on Tariffs and Trade, engl. für *Allgemeines Zoll- und Handelsabkommen*) existierte bis 1994. Seitdem ist es Teil der 1995 gegründeten Welthandelsorganisation (→ *World Trade Organization* (WTO)).

GBK (Abk. für Gabelfreiraumkontrolle, engl. *Fork clearance control*) ist eine Sensorik im Einfahrbereich der Teleskopgabel.

GCI Abk. für → *Global Commerce Initiative*

GDSN Abk. für → *Global Data Synchronization Network*

Gebinde (engl. *Packing drum, container, crate, bundle*) ist ein allgemeiner Begriff für eine handhabbare Einheit, z. B. Paletteneinheit, die manuell oder mit technischem Gerät bewegt wird. Auch die Untermenge einer → *Ladeeinheit*, z. B. Getränkekasten einer → *Palette*, Fass einer Palettenbeladung, wird als G. bezeichnet. Der Begriff wird vielfach branchenbezogen benutzt, z. B. in der Getränkeindustrie.
Hinsichtlich der Einsatzhäufigkeit ist zu unterscheiden zwischen → *Mehrweg-Gebinde*, → *Zweiweg-Gebinde* und → *Einwegpalette*.

Gebindeeinheit (engl. *Packing unit*) → *Gebinde*

Gefahrgut (engl. *Hazardous goods*) wird im deutschen Recht über die Gefahrgutverordnung für die einzelnen → *Verkehrsträger* Straße, Schiene, Binnenschiff. usw. definiert. G.lager im Verkehrsbereich gibt es in diesem Sinne nicht. G. werden transportiert. Vgl. → *Gefahrstoff*.

Gefahrstoff (engl. *Dangerous substances*) Bei innerbetrieblicher Handhabung (einschließlich innerbetrieblichem Transport und Lagerung) wird von G. gesprochen. Vgl. → *Gefahrgut*.

Gefahrübergang (engl. *Transfer of risks*) ist Bestandteil des Vertrages zwischen → *Lieferant* und Unternehmen. Er regelt den Übergang des Risikos vom Lieferanten auf den Kunden zu einem bestimmten Zeitpunkt an einem bestimmten Ort. Dies ist für den Fall eines Verlusts oder Untergangs oder einer Verschlechterung der Ware bzw. → *Lieferung* wichtig.

Gelbe Linie ist ein Begriff aus dem Lebensmittelhandel. Er umfasst alle Käseprodukte.

Gemeinkosten (engl. *Overhead costs*) ist ein Begriff aus der Vollkostenrechnung. G. bezeichnet Kosten, die nicht einem bestimmten

Verursacher oder Kostenträger zugeordnet werden. Die Summe aus Gemein- und Einzelkosten ergibt die Gesamtkosten.

Gemeinkosten werden häufig als einfacher prozentualer Zuschlag (z. B. auf Personalkosten) gerechnet.

General Cargo engl. für *allgemeine Stückgüter*, → *Stückgut*; vgl. → *Bulk Cargo*.

General Packet Radio Service (abgek. GPRS) ist ein Mobilfunkstandard, mit dem sich Daten(pakete) mit einer Geschwindigkeit von bis zu 115 Kilobit pro Sekunde (kBd) übertragen lassen und der sich dadurch auch für den mobilen Zugriff auf das → *Internet* eignet. GPRS basiert auf GSM-Technik (→ *Global System for Mobile Communication*), benutzt aber bei der Übertragung das Internet-Protokoll.

GPRS wird durch günstige, auf Datenmengen beruhende Tarife zunehmend auch für → *Terminals* der innerbetrieblichen Kommissionierung interessant, da die übertragene Netto-Informationsmenge häufig relativ gering ist.

Genetischer Algorithmus ist eine Heuristik (Optimierungsverfahren) für nicht analytisch berechenbare Problemstellungen. G. A. zählen zu den → *Evolutionären Algorithmen*. In der Logistik werden G. A. z. B. zur → *Wegoptimierung* (Travelling-Salesman-Problem) eingesetzt. Hierbei werden, ähnlich wie in der Evolution, (meist zufällig) Generationen von Individuen (Chromosomen, Wegfolgen) erzeugt, deren Fitness (Weglänge) bewertet wird. Es wird ein Abbruchkriterium bestimmt, das nach endlich vielen Generationen eine Lösung (nicht zwingend ein Optimum) ergibt.

Geofencing bezeichnet Verfahren, die auf Basis einer (geographischen) Position eine Aktion auslösen oder einen Dienst anbieten. G. wird z. B. zur Positionsüberwachung von Fahrzeugen verwendet.

Geoinformationssystem (abgek. GIS; engl. *Geographical information system*) ist ein System zur Verwaltung, Analyse und Darstellung raumbezogener Informationen.

Geordnete Strategie ist eine Strategie zur Tourenoptimierung in der Regalgasse, bei der die Entnahmeorte nacheinander, nach aufsteigender Position in Gassenrichtung (X-Richtung) angelaufen werden. Am Ende der Gasse angekommen, endet die Tour mit der Rückfahrt zum E/A-Punkt (Ein-/Auslagerpunkt). Vgl. → *Streifenstrategie*.

Gestapelter Barcode (engl. *Stacked barcode*) → *Stapelcode*

114

Gewichtskontrolle (abgek. GK; engl. *Weight check, weight control*) 1. bezeichnet die Überprüfung auf Maximalgewichte, z. B. zur Einhaltung von → *Fachlasten* und → *Feldlasten* bei der → *Einlagerung*. — 2. bezeichnet die Ermittlung der Summe von Einzelgewichten z. B. zur Kommissionierkontrolle oder zur → *Konsolidierung* einer Warensendung.
Die Messung erfolgt typisch über eine Lastmessdose oder über eine Waage mit Digitalanzeige und Rechnerschnittstelle (ggf. integriert in die Fördertechnik).

GGVBinSch Abk. für Gefahrgutverordnung Binnenschifffahrt

GGVSE Abk. für Gefahrgutverordnung Straße/Eisenbahn

GGVSee Abk. für Gefahrgutverordnung See(-Schifffahrt)

GIAI Abk. für Global individual asset identification

Gigaliner (auch „Großlaster" oder „Monstertruck") ist ein neuartiger Lkw mit einer Gesamtlänge von 25,25 Meter (Euro-Sattelzug max. Länge 13,62 Meter) und einem Gesamtgewicht von 40 bis max. 60 Tonnen.
Die Gegner dieses neuen Lkw befürchten u. a. ein erhöhtes Unfallrisiko auf den Straßen und zusätzliche Kosten für Anpassung und Instandhaltung der Verkehrsinfrastruktur; die Befürworter argumentieren z. B. mit Klimaschutz und Reduzierung der Lkw-Menge auf den Straßen.

GIS Abk. für → *Geoinformationssystem*

Gitterboxpalette (engl. *Box pallet, wire mesh pallet*) ist eine Stahlrahmenkonstruktion mit Holzfußboden und vier Füßen. Die Aufnahme mit Gabeln eines → *Flurförderzeugs* ist von allen vier Seiten möglich. G. sind Tauschpaletten im Europäischen → *Palettenpool*.

GK Abk. für → *Gewichtskontrolle*

Gleitschuhsorter (engl. *Sliding sorter*) → *Schuhsorter*

Gliederbandförderer (engl. *Apron conveyor*) ist ein → *Plattenförderer*, der aus einer Kette als Zugorgan und an der Kette befestigten, stumpf verbundenen oder sich überdeckenden Platten, Trögen oder Kästen als Tragorganen besteht.

GLN Abk. für Global Location Number (→ *EAN 128*)

Global Available to Promise (abgek. GATP) bezeichnet die Prüfung und Kontrolle der → *Lieferbereitschaft* mittels mehrstufiger und regelbasierter Verfügbarkeitsprüfung. → *Available to Promise*

Gitterboxpalette

Global Commerce Initiative (abgek. GCI) ist eine Initiative mit dem Ziel der Entwicklung und Förderung empfohlener Standards und Kernprozesse zur Verbesserung der internationalen Versorgungskette in der Konsum- und Gebrauchsgüterwirtschaft. In der GCI sind mehr als 45 international tätige Industrie- und Handelsunternehmen vertreten.

Global Data Synchronization Network (abgel. GDSN): Zertifizierte Artikelstammdatenpools wie z. B. → *SINFOS* sind über das GDSN als länderübergreifendes Verzeichnis verbunden. Einmal eingegebene Daten sind für alle Mitglieder verfügbar.

Global Positioning System (abgek. GPS) ist ein Navigationssystem für Fahrzeuge, das auf dem weltweiten GPS des US-Verteidigungssystems basiert. → *Galileo*

Global Sourcing (engl. für *globale Beschaffung*) bezeichnet die Beschaffung von Waren auf dem Weltmarkt – meist nach der Strategie des günstigsten Preises – von stark variierenden Quellen. Siehe im Gegensatz dazu → *Multiple Sourcing* und → *Single Sourcing*.

Gliederbandförderer [Quelle: TGW]

Global Standards 1 (abgek. GS1) ist die Nachfolgeorganisation von EAN.UCC (→ *Uniform Code Council*), die sich der Weiterentwicklung globaler Standards widmet. → *Global Standards 1 Europe*

Global Standards 1 Europe (abgek. GS1 Europe) wurde 2004 von 25 EU-Ländern und der Schweiz als Unterorganisation der GS1 (→ *Global Standards 1*) in Amsterdam gegründet.
Vier Themenschwerpunkte werden verfolgt:
- RFID-Technologie und deren Standardisierung im Sinne des EPC (→ *Radio Frequency Identification,* → *Electronic Product Code*)
- → *Rückverfolgbarkeit*
- Harmonisierung der EDI-Implementierung (→ *Electronic Data Interchange*)
- Entwicklung von Standard-Datenformaten im Pharmabereich

Global Supply Chain Efficiency bezeichnet ein effizientes, weltweites Geschäftssystem, das auf den Grundsätzen des → *Supply Chain Management* (SCM) beruht.

Global System for Mobile Communication ist ein Mobilfunk-Standard, der in den meisten Ländern der Erde verwendet wird. Die derzeitige Datenrate liegt bei 9,6 Kilobit pro Sekunde (kBd). Vgl. DSL (→ *Digital Subscriber Line*), GPRS (→ *General Packet Radio System*).

Global TAG (abgek. GTAG) bezeichnet weltweite Bemühungen, innerhalb des EAN.UCC-Projekts zu weltweiten Normen und Standards für Protokolle des Datenaustausches bei RFID (→ *Radio Frequency Identification*) zu kommen. Hierbei hat sich eine Präferenz für das in ISO/IEC-Norm 18000-6 beschriebene Protokoll herausgeschält.

Global Trade Item Number (abgek. GTIN) ist die global verfügbare Identifikationsnummer, unter der ein → *Artikel* oder ein → *Packstück* identifiziert werden kann. Das GTIN-Schema wird von EAN (→ *Europäische Artikelnummer*) und UCC (→ *Uniform Code Council*) genutzt (z. B. für → *EAN 13* oder EPC (→ *Electronic Product Code*)).

Global Unique Identifier (abgek. GUID) ist ein eindeutiger 128-Bit-Identifier.

GMP Abk. für → *Good Manufacturing Practice*

GNU ist eine von Richard Stallmann begründete Entwicklung eines offenen, freien (Open-Source-)Betriebssystems (GNU is not Unix). Die GNU General Public License (GPL) umfasst „die Freiheit, ein Programm für jeden Zweck zu nutzen, Kopien kostenlos zu verteilen, die Arbeitsweise des Programms zu studieren und das Programm eigenen Bedürfnissen anzupassen".

GoB Abk. für → *Grundsätze ordnungsgemäßer Buchführung*

Good Manufacturing Practice (abgek. GMP) ist ein Regelwerk der Weltgesundheitsorganisation WHO. Ursprünglich auf die Herstellung von Arzneimitteln bezogen, ist es auf Nahrungsmittel und kosmetische Produkte ausgeweitet worden und bezieht sich auch auf logistische Aspekte.

Goods Distribution engl. für *Warendistribution* (→ *Distributionslogistik*)

Goods Distribution Center engl. für → *Warenverteilzentrum, Güterverkehrszentrum*

GPL Abk. für General public license (→ *GNU*)

GPO Abk. für Geschäftsprozessoptimierung (engl. *Optimization of the business process*)

GPRS Abk. für → *General Packet Radio Service*

GPS Abk. für → *Global Positioning System*

GRAI Abk. für Global returnable asset identification

Graphical User Interface engl. für → *Bedieneroberfläche*

Greedy-Verfahren ist eine Heuristik, die z. B. zur Tripoptimierung verwendet wird. Das G.-V. führt im Gegensatz zu → *Branch and Bound* nicht zur bestmöglichen Lösung. → *Wegoptimierung*

Greifeinheit (engl. *Picking unit*) umfasst diejenige Menge an → *Artikeleinheiten* bzw. → *Verpackungseinheiten*, die ein → *Kommissionierer* im Mittel mit einem → *Zugriff* aus dem Kommissionierregal entnimmt. Eine G. ist somit keine feststehende Größe, sondern personenbedingt.

Greifzeit → *Kommissionier-Greifzeit*

Greifzone (engl. *Picking zone*) bezeichnet einen in der → *Kommissionierzone* nach ergonomischen und organisatorischen Gesichtspunkten gestalteten bzw. definierten Abschnitt für das manuelle → *Kommissionieren*.

Grenzleistung (engl. *Breakeven performance*) bezeichnet die theoretische maximale → *Förderleistung* eines → *Stetigförderers* bzw. seiner Förderknoten in Form von Verzweigungen oder Zusammenführungen.

Grenzleistungsberechnung (engl. *Breakeven analysis*) ermöglicht die Berechnung der Auslastung eines Knotens in einem → *Materialflusssystem* über das allgemeine Materialflussgesetz.

Grenzüberschreitender Verkehr (engl. *Crossborder traffic*) bezeichnet Warenverkehr über Landesgrenzen hinweg unter Beachtung der Zollbestimmungen.

Grobverteilung (engl. *Rough distribution*), auch Streckenverteilung, bezeichnet die Warenverteilung von einem Zentrallager zu → *Umschlagpunkten* oder Regionallagern. Gegensatz: → *Feinverteilung* oder Flächenverteilung.

Großlaster → *Gigaliner*

Gross Register Tonnage engl. für *Bruttoregistertonne* (→ *Registertonne*)

Gross Tonnage engl. für → *Bruttoraumzahl*

Ground Bulk Warehouse engl. für *Bodenblocklager* (→ *Blocklager*)

Groupware ist eine Bezeichnung für Software-Produkte zur gemeinsamen Nutzung und Organisation von Informationen in einer Mehrbenutzerumgebung.

Grundsätze ordnungsgemäßer Buchführung (abgek. GoB) besitzen keine Gesetzeskraft, aber beinhalten allgemein anerkannte Regeln zur Buchführung und Bilanzerstellung:
- Übersichtlichkeit: die Buchführung muss klar und übersichtlich sein;
- Vollständigkeit und Ordnung: z. B. im Sinne ordnungsmäßiger Erfassung aller Geschäftsvorfälle;
- Richtigkeit: z. B. im Sinne der Erfassung und Nachverfolgbarkeit von Fehlbuchungen;
- u. v. a. m.

GS1 Abk. für → *Global Standards 1*

GS1 Europe Abk. für → *Global Standards 1 Europe*

GSDN Abk. für → *Global Data Synchronization Network*

GSM Abk. für → *Global System for Mobile Communication*

GTAG Abk. für → *Global TAG*, siehe auch → *Tag*.

GTIN Abk. für → *Global Trade Item Number*

GTL Abk. für Global transport label

GU Abk. für Generalunternehmer (engl. *General contractor, prime contractor*)

GUI Abk. für Graphical User Interface (engl. für → *Bedieneroberfläche*)

GUID Abk. für → *Global Unique Identifier*

GüKG Abk. für Güterkraftverkehrsgesetz (engl. *Freight transportation rules*)

Gurtförderer (engl. *Conveying belt*): Ein endloser, vorgespannter und über eine Rolle angetriebener Gurt wird auf Tragrollen oder gleitend auf einer Unterkonstruktion geführt und fördert auf der Oberseite (Obertrum) → *Behälter*, Boxen oder sonstige → *Verpackungseinheiten* und → *Artikeleinheiten* von der Aufgabe- zur Abgabestelle. Das Fördergut liegt während des Transportes fest auf dem Gurt; somit können unterschiedliche, auch instabile oder → *biegeschlaffe* Formen sicher transportiert werden.

Gurtmaß (engl. *Circumference of the girth plus the length*) ist eine Maßeinheit von Paketdienstleistern zur Frachtfestlegung. Das G. umfasst den Umfang auf der Schmalseite plus die Länge eines Paketes.

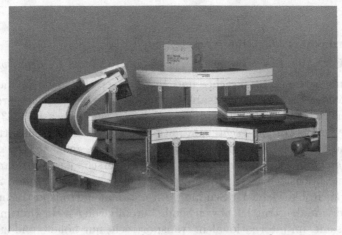

Gurtförderer [Quelle: TRANSNORM]

Gurttransfer (engl. *Belt transfer*) ist ein → *Transfer*, bei dem Schräggurte als → *Transferförderer* ein tragendes Fördermittel (typischerweise → *Rollenbahn*) im entsprechenden Ausschleuswinkel durchschneiden.

GU-Tarif bezeichnet den Tarif für den Überlandverkehr.

Güter (engl. *Goods, products*) ist der Oberbegriff für Waren, Produkte und Teile.

Gutstrom → *Fördergutstrom*

GVZ Abk. für Güterverkehrszentrum (engl. *Goods distribution center*)

H

Haberdashery engl. für → *Kurzware*

HACCP Abk. für → *Hazard Analysis (and) Critical Control Points*

Haftungsgrenze Im Fracht- und Speditionsrecht sowie in internationalen Transportrechtsabkommen werden gesetzliche Grenzen der Haftung des → *Logistikdienstleisters* geregelt, z. B. 8,33 SZR (→ *Sonderziehungsrechte*) im nationalen deutschen Transportrecht und im internationalen Straßengüterverkehr gem. → *Convention Marchandise Routière* (CMR) für Güterschäden. Standardhaftungshöchstbetrag für Güterschäden bei Seetransporten sind 2 SZR je kg Rohgewicht der Sendung. Im nationalen Transportrecht sind individualvertraglich abweichende Vereinbarungen zur Haftung insgesamt, im internationalen Transportrecht nur höhere und zusätzliche Haftung in der Regelung möglich, vgl. z. B. Artikel 24 und 26 CMR. Für Verspätungsschäden wird, je nach gesetzlicher Grundlage, zwischen dem Ein- und Vierfachen der Fracht gehaftet, im nationalen deutschen Frachtrecht z. B. bis zum Dreifachen der Fracht.

Haftungshöchstbetrag → *Haftungsgrenze*

Haftungsversicherung ist die Versicherung der gesetzlichen bzw. vertraglichen Haftung des → *Logistikdienstleisters* für Güterschäden und bestimmte sonstige Schäden, in der Regel limitiert, in Deutschland auf der Grundlage der DTV/VHV-Empfehlungsbedingungen geregelt.

HAL (Abk. für Hardware abstraction layer) ist ein Teil eines Rechnerbetriebssystems.

Halbzeuge (engl. *Semi-finished products*) sind Halbfertigprodukte, vorgefertigte Rohmaterialien.

Hallenbauweise (engl. *Hall type of construction*): Bei der H. für ein → *Lager* sind → *Regale* und umhüllende Halle statisch nicht miteinander verbunden. Gegensatz: → *Silobauweise*

Handelspanel (engl. *Commercial panel*) ist eine über einen längeren Zeitraum durchgeführte Marktuntersuchung bei Handelsbetrieben. Es wird zwischen Einzelhandels- und Großhandelspanel unterschieden. Das gebräuchlichere Einzelhandelspanel erfasst in regelmäßigen Abständen alle Einkäufe in einer gleichbleibenden Stichprobe von Einzelhandelsgeschäften. Hieraus werden u. a. Regalproduktivität und Regalsplit ermittelt.

Handgabelhubwagen (engl. *Hand pallet truck, manually-operated pallet truck*) ist ein von Hand gezogenes oder geführtes → *Flurförderzeug* für den Transport von → *Paletten*.

Handgabelhubwagen [Quelle: JUNGHEINRICH]

Handhabungssystem (engl. *Handling system*), auch Handhabungsgerät, bezeichnet eine nicht fördernde Maschine der Materialflusstechnik. Unterschieden werden Einzweckgeräte wie Speicher, Spannvorrichtungen, Kontrollsysteme etc. und Universalgeräte wie Manipulatoren oder → *Roboter*.

Handhabungstechnik (engl. *Handling technology*) wird etwa seit den 70er Jahren zunehmend als → *Betriebsmittel* in Produktion und Montage verwendet. Sie wird insbesondere zur Entlastung des Menschen von schwerer, monotoner oder gefährlicher Arbeit eingesetzt.

Handling Device engl. für → *Umschlaggerät*

Handling Technology engl. für → *Handhabungstechnik*

Handling Unit bezeichnet eine physische Einheit aus → *Ladehilfsmittel*, → *Packmittel*, → *Verpackung* und Ware.

Hand-vor-Ort-Terminal (kurz: HVO-Terminal) ist ein bewegliches oder auch stationäres → *Terminal* (oder auch Pult) zur manuellen Eingabe von Steuerbefehlen, um einzelne Anlagenteile „vor Ort" auf Funktion testen oder prüfen zu können.

Hängekran (engl. *Suspension crane*): Beim H. sind Laufschienen (im Gegensatz zum → *Brückenkran*) unterhalb der Hallendecke montiert, so dass der → *Kran* vollständig unterhalb der Schienen hängt. Dadurch wird der Arbeitsbereich vergrößert, da die → *Laufkatze* auch unterhalb der Schiene operieren kann. Zudem ist ein Überwechseln der Laufkatze in andere Hallenbereiche möglich.

Hängeware (engl. *Hanging goods*) ist Ware, die wegen Beschädigungsgefahr oder aus Qualitätsgründen nur hängend transportiert oder gelagert werden darf, z. B. Oberbekleidung.

Hauler engl. für → *Schlepper*

Hauptentnahmebereich (engl. *Main picking area*) ist ein → *Lagerbereich* oder eine→ *Kommissionierzone*, aus denen bestimmte → *Materialien* oder → *Artikel* vorrangig entnommen werden. → *Entnahmen* aus einem Nebenbereich erfolgen nur dann, wenn das Gewünschte im H. nicht verfügbar ist.

Hauptlauf (engl. *Main run*) bezeichnet einen wesentlichen Vorgang in der → *Distributionslogistik.* Im Vorlauf (engl. *Forerun*) werden Güter vom → *Logistikdienstleister* (meist per → *Lkw*) von den → *Verladern* abgeholt und in einem → *Warenverteilzentrum* gesammelt. Im H. werden die Güter von dort aus auf weitere Warenverteilzentren oder → *Verteilläger* distribuiert. Im folgenden Nachlauf (engl. *Oncarriage*) erfolgt die Verteilung und der → *Transport* an die Empfänger.

Haus-Haus-Verkehr (engl. *Door-to-door transport*) bezeichnet ein Konzept, bei dem → *Güter* vom Absender bis zum Empfänger transportiert werden, wobei es nicht darauf ankommt, ob dies durch Direkttransporte oder kombinierte Transporte erfolgt.

Havarei (engl. *Average*) bezeichnet die versicherungstechnische oder vermögensrechtliche Abwicklung einer → *Havarie.*

Havarie (engl. *Average*) bezeichnet einen durch Unfall verursachten Schaden an Schiffen oder Flugzeugen oder deren Ladung. Vgl. → *Havarei.*

Hazard Analysis (and) Critical Control Points (abgek. HACCP) ist eine Risikoanalyse, die auf der Festlegung kritischer Punkte im gesamten Herstellungs- und Vertriebsprozess (und damit auch in der → *Logistik*) basiert. An diesen „kritischen Kontroll-Punkten" muss der Inverkehrbringer von Lebensmitteln bestimmte Maßnahmen ergreifen, um gesundheitliche Risiken für den Verbraucher zu vermeiden.

Hazardous Goods engl. für → *Gefahrgut*

HBS 1. Abk. für → *Hold Baggage (Screening) System* — 2. Abk. für Harvard Business School

HDE Abk. für Hauptverband des Deutschen Einzelhandels (Spitzenorganisation des Einzelhandels mit Sitz in Berlin)

Healthcare Logistics bezeichnet die Belieferung eines Krankenhauses mit Gebrauchs- und Verbrauchsgütern aller Art, ggf. gekoppelt mit Entsorgungsaufgaben durch einen externen Dienstleister.

Heckbeladung (engl. *Rear-end loading*) bezeichnet die Be- und Entladung eines Lkw über die Rückseite, meist in Verbindung mit einer → *Verladerampe* (→ *Anpassrampe*).

HF Abk. für High frequency (engl. für *Hochfrequenz(-Bereich)*); vgl. → *Radio Frequency Identification*.

Hieve bezeichnet die zum Hieven bereitgestellte Ladung. Typische H. sind mit Zurrgurten oder Netzen zusammengehaltene Ladungsmengen zum Hieven an Bord eines Schiffes.

HIFO Abk. für → *Highest In – First Out*

High-bay Storage Facility engl. für → *Hochregallager*

High-bay Warehouse engl. für → *Hochregallager*

Highest In – First Out (abgek. HIFO) ist eine Zugangs-/Ausgangsvorschrift für ein → *Lager* zur Erzielung eines (kurzfristig) hohen Umsatzes bzw. zur Reduzierung des gebundenen Kapitals: Die teuersten → *Artikel* (oder → *Lagereinheiten* eines Artikels) sollen das Lager zuerst wieder verlassen. Siehe auch → *First In – First Out* und → *Last In – First Out*.

High-shelf Stacker engl. für → *Hochregalstapler*

HMI Abk. für Human machine interface (engl. für *Mensch-Maschine-Schnittstelle*)

HOAI Abk. für Honorarordnung für Architekten und Ingenieure. Siehe http://bundesrecht.juris.de/bundesrecht/aihono (Veröffentlichung des Bundesjustizministeriums).

Hobbock bezeichnet einen geschlossenen metallischen Behälter zum Transport von Flüssigkeiten oder Stäuben.

Hochflachlager (engl. *High shed storage system*) ist ein → *Lager* mit einer → *Regalhöhe* zwischen sieben und zwölf Meter, häufig mit Schmalgangstaplerbedienung (→ *Schmalgangstapler*).

Hochregallager (abgek. HRL; engl. *High bay warehouse, high-bay storage facility*) ist ein Lagertyp (→ *Lagerart*) mit i. Allg. folgenden Merkmalen:
- Regalhöhe ab etwa zwölf Meter
- schienengebundene → *Regalbediengeräte*
- → *Silobauweise*
- meist Automatikbetrieb

Beim HRL werden große Bauhöhen erreicht, somit können viele → *Paletten* auf geringer Fläche untergebracht werden. Damit wird eine hohe → *Flächenintensität* als Wert für die Anzahl Paletten pro Quadratmeter erreicht.

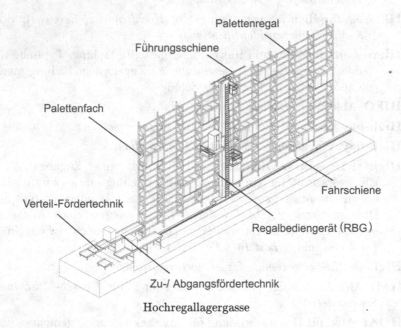

Hochregallagergasse

Hochregallager-Raumnutzungsgrad (engl. *Utilization of high-bay warehouse space*) ist der Quotient aus Summe Volumen der → *La-*

Hochregal

gereinheiten (bei 100 % → *Füllgrad*) und Raumvolumen (Bauvolumen) des Lagers einschließlich fördertechnisch bedingter Vorzone. *Beispiel:* Bei einem → *Hochregallager* mit 6.000 Poolpalettenplätzen (→ *Europoolpalette*), vier Gassen, zwei Meter hohen Fächern und zehn Ebenen ergeben sich z. B. folgende Raumanteile:

• Volumen der Lagereinheiten: 34 %
• Freiraum innerhalb der Regale: 13 %
• Volumen → *Regalgänge*: 36 %
• Volumen Quergang: 10 %
• oberes und unteres → *Freimaß* der Regale: 7 %

Der Raumnutzungsgrad des Lagers beträgt somit 0,34.

Hochregalstapler (engl. *High-shelf stacker*) sind Stapler mit nicht neigbarem, teleskopierbarem → *Hubmast*, an den verschiedene → *Lastaufnahmemittel* angebracht sein können. Durch ihre konstruktive Gestaltung sind H. in der Lage, → *Regale* bis zu einer Höhe von ca. zwölf Metern zu bedienen. Kennzeichnendes Merkmal ist die seitliche → *Lastaufnahme* (→ *Zweiseitenstapler*), wodurch nur schmale → *Lagergassen* erforderlich sind, da der H. zur Last-aufnahme keine Drehung vollziehen muss (vgl. VDI 3577). H. sind im Regalgang zwangsgeführt oder -gelenkt (mechanische oder induktive Seitenführung).

Hochregalstapler [Quelle: JUNGHEINRICH]

Hochregaltechnik (engl. *High-bay storage technology*) → *Hochregallager*

Hochregalvorzone → *Lagervorzone*

Hofmanagement (engl. *Yard management*) ist meist Teil der → *Warenannahme* und beinhaltet z. B. die Zuordnung von Wareneingangsbereichen, Stellplätzen usw. → *Wareneingang,* → *Stellplatzverwaltung*

Höhenvorwahl (engl. *Preselection of height*): Durch Tasteneingabe kann der Fahrer eines → *Hochregalstaplers* die geforderte Regalebene vorwählen. Anschließend fährt das Bediengerät die vorgewählte Höhe selbsttätig an. Gegenüber der manuellen Positionierung wird hierdurch eine Zeitersparnis erzielt.

Hoist Unit engl. für → *Hubwerk*

HoKa Abk. für Horizontal-Karusselllager (engl. *Horizontal carousel storage*) → *Horizontalumlauflager*

Holarchie ist ein von Arthur Koestler eingeführter Begriff, der eine Anordnung von → *Holonen* bezeichnet, die hierarchisch miteinander verbunden sind, wobei jedes Holon an sich eine andere interne Struktur aufweisen kann. Die hierarchischen Schichten sind – im Gegensatz zu klassischen Hierarchien – bei der Holarchie nicht unmittelbar miteinander verbunden.

Hold Baggage Screening System (auch Hold Baggage System, abgek. HBS) bezeichnet ein System zur Gepäcküberprüfung, z. B. mittels Röntgenstrahlung, z. B. an Flughäfen.

Holon Der von Arthur Koestler entwickelte Begriff des H. findet in der Logistik zumeist Anwendung in → *Multiagentensystemen.* Ein H. ist ein Ganzes, das wiederum Teil eines anderen Ganzen ist. So ist der einzelne → *Agent* = H. Bestandteil des Multiagentensystems, der einzelne Agent wiederum kann aus mehreren Agenten bestehen. Vgl. → *Holarchie.*

Holprinzip (engl. *Collect principle*) → *Bringprinzip*

Horizontal Rotary Rack engl. für → *Horizontalumlauflager*

Horizontalumlauflager (engl. *Horizontal rotary rack*), auch Horizontal-Karussell, arbeitet nach dem Prinzip → *Ware-zum-Mann,* indem 1. → *Regale* abgehängt oder durch Fahrwerke getragen vollständig umlaufen oder 2. die einzelnen Ebenen eines Umlaufregals unabhängig voneinander bewegt werden können. Bei 1 erfolgt die Bedienung häufig manuell per Taster oder mit einfacher Vorwahl, bei 2 erfolgt die Bedienung des Regals über einen → *Paternoster* mit automatischer Lastübernahme. Diese Bauform wird i. Allg. als vollautomatisiertes System betrieben (z. B. als Puffer hoher Leistung im → *Warenausgang*).

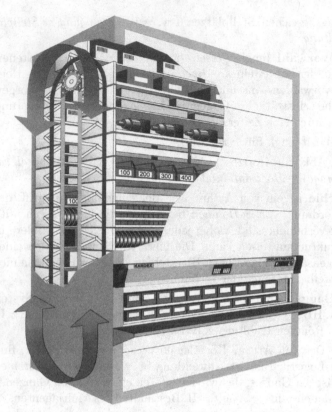

Horizontalumlauflager

Horizontalumlaufregallager (engl. *Carousel, horizontal rotary rack*) → *Horizontalumlauflager*

Host ist die Bezeichnung für einen Computer, der als übergeordnetes System in einer Rechnerhierarchie eingeordnet ist. Meist handelt es sich dabei um Rechner für überwiegend kaufmännisch orientierte Aufgaben, aus denen z. B. Lieferaufträge an das Lager übertragen werden. H. wird auch als allgemeine Bezeichnung für einen zentralen Rechner verwendet, dessen Bedienung über → *Terminals* erfolgt (hostbasierte Rechnerarchitektur, Hostsystem im Gegensatz zu Client/Server-Architektur oder → *Client/Server-System*).

HR Abk. für Human Resources

HRL Abk. für → *Hochregallager*

HSDPA (Abk. für High Speed Downlink Packet Access) ist ein Übertragungsverfahren hoher Geschwindigkeit für den UMTS-Telekommunikationsstandard (→ *Universal Mobile Telecommunications System*) mit Datenraten oberhalb von 1,8 Mbit/s.

HSUPA (Abk. für High Speed Uplink Packet Access) ist ein Übertragungsverfahren hoher Geschwindigkeit für den UMTS-Telekommunikationsstandard (→ *Universal Mobile Telecommunications System*).

HTML Abk. für → *HyperText Markup Language*

HTTP (Abk. für Hypertext Transfer Protocol) ist das meistverwendete Protokoll zur Übertragung von Daten (z. B. Internetseiten) im → *World Wide Web* (→ *Internet*).

Hub 1. bezeichnet einen Umschlagplatz an Hauptverkehrswegen zur Warenübergabe an regionale Verteiler. — 2. bezeichnet ein Netzwerkgerät, das die zentrale Vermittlungsstelle für ein sternförmig verkabeltes Netzwerk (z. B. 100Base-T) bildet. H. sind zumeist auch → *Repeater* (Verstärker).

Hub and Spoke System 1. bezeichnet allgemein ein System von zentralen Knoten (→ *Hubs*) und Endstellen, die über Spokes (engl. für *Speichen*) miteinander verbunden sind. Bei einem Hub and Spoke System erfolgt der Transport immer über einen Hub (z. B. ein → *Distributionszentrum*), von dem aus die Waren über die Spokes an die Endstellen (z. B. Regionalläger oder Filialen) verteilt werden. Auch wenn der Transport von Endstelle zu Endstelle kürzer wäre, werden hierdurch Kommissionierkosten-Degression, bessere Laderaumnutzung usw. erzielt. — 2. ist in der Informatik die Bezeichnung für sternförmige Vernetzung.

Hubbalkenförderer (engl. *Walking beam conveyor*) bezeichnet ein altes Förderkonzept mit einem sich periodisch bewegenden Balken, der das Fördergut aufnimmt, in Förderrichtung bewegt und wieder absetzt.

Hubbalkenlager (engl. *Warehouse operated by a walking beam conveyor*) ist ein → *Lagersystem*, bei dem das Bediengerät als vertikal verfahrbarer Hubbalken mit einem horizontal – auf dem Hubbalken – verfahrbaren Schlitten mit einem oder mehreren → *Lastaufnahmemitteln* ausgeführt ist. Durch die im Vergleich zu einem gewöhnlichen → *Regalbediengerät* (RBG) geringere bewegte Masse in horizontaler Richtung werden bei entsprechender Auslegung relativ kurze Spielzeiten und damit hohe → *Leistungen* erreicht.

Hubbalken-RBG werden i. Allg. als → *automatische Kleinteilelager* für → *Behälter* eingesetzt. Die Balkenlänge beträgt weniger als zehn Meter.

Hubbalkenlager [Quelle: VANDERLANDE]

Hubgerüst (engl. *Lifting frame*; auch *Hubmast*) dient zur vertikalen Bewegung der Hublast und ist wesentlicher Bestandteil aller Flurförderzeuge mit Hochhubeinrichtung. Es bildet mit dem → *Lastaufnahmemittel* und dem Antrieb das Hubwerk.

Hubmast (engl. *Lifting mast*) → *Hubgerüst*

Hubwerk (engl. *Hoist unit*) bezeichnet allgemein eine Einrichtung zum Heben und Senken von Lasten. Vgl. → *Windwerk* und → *Hubgerüst*.

Huckepackpalette (engl. *Piggy-back pallet*) ist eine beladene → *Palette* (→ *Ladeeinheit*), die zum besseren und automatisierungsgerechteren Transportieren und → *Lagern* auf eine spezielle Unterpalette gesetzt wird. In automatischen → *Lagersystemen* ist es eine Behelfslösung in Fällen, in denen Paletten unzureichender Ausführung (z. B. → *Einwegpalette*) oder schlechter Qualität angeliefert und auch nicht ausgetauscht werden können, bspw. über einen → *Palettenwender*.

Huckepackverkehr (engl. *Piggy-back service*) ist eine besondere Form des → *Kombinierten Verkehrs*, bei der beladene Straßenfahr-

132

zeuge auf Waggons verladen werden und so weit wie möglich zur Zielstelle gebracht werden.

Hulk bezeichnet ein antriebsloses Lagerschiff. Vgl. → *Leichter.*

Human Resource Management meint Personalführung und Personalentwicklung.

HVO-Terminal ist die Kurzform für → *Hand-vor-Ort-Terminal.*

HW Abk. für Hardware

Hybrid-Antrieb (engl. *Hybrid drive*) ist eine Kombination aus Elektro- und Verbrennungsmotor. Während des Verbrennungsmotor-Betriebs wird eine Batterie über einen Generator geladen. Im Stau oder im Stand wird der dann uneffiziente Verbrennungsmotor abgeschaltet. Bei langen Fahrten über Land wird wiederum der Verbrennungsmotor eingeschaltet. Beim Bremsvorgang wird eine den Wirkungsgraden entsprechende Rückgewinnung der Energie in elektrischen Strom erreicht. Nachteile sind die Komplexität des Antriebs und der Steuerung sowie die Erhöhung des Fahrzeuggewichts.

Hyperlink (kurz Link) verweist auf ein anderes Dokument, eine andere Adresse oder Textmarke in einem Hypertext z. B. einer Internetseite.

HyperText Markup Language (abgek. HTML oder HTM): Die Darstellung von HTML erfolgt in → *Browsern.* Wichtige Sprachelemente von HTML sind Hyperlinks (Links zur Adressierung von Textstellen und Dokumenten), Tags zur Strukturierung und Auszeichnung von Text (z. B. einer Überschrift), Metatags zur (unsichtbaren) Informationsübermittlung (z. B. an Suchmaschinen usw).
XML (→ *Extensible Markup Language*) ist eine auf HTML basierende Metasprache.

HZA Abk. für Hauptzollamt

I

IATA Abk. für International Air Transport Association

IC 1. Abk. für Integrated circuit (engl. für *integrierter Schaltkreis*) — 2. Abk. für InterCity (engl. für *städteverbindende, relativ schnelle Züge*)

ICC 1. Abk. für International Chamber of Commerce, Paris — 2. Abk. für Interstate Commerce Commission, USA — 3. Abk. für Institute Cargo Clauses (engl. für *Allgemeine Vertragsbedingungen für den Gütertransport*)

ICS Abk. für → *International Classification for Standards*

Identifikationspunkt (kurz I-Punkt; engl. *Identification point*) fasst eine Reihe materialflusstechnischer Funktionen zusammen. Der I-Punkt befindet sich am Eingang zum eigentlichen → *Lager* (im Anschluss an den → *Wareneingang*). Neben der datentechnischen Überprüfung der Ware (→ *Artikelnummer* usw.) geschieht dort bspw. die Ermittlung der → *Lagerplätze*. Zudem werden Maße und Gewichte der → *Ladeeinheiten* sowie – bei automatischen Systemen – die Ladeeinheitenkontur und der mechanische Zustand der → *Palette* kontrolliert. Im Negativfall ist die Einheit auszuschleusen und herzurichten.

IDOC (auch IDoc) Abk. für → *Intermediate Document*

IEA Abk. für Industrial Enterprise Applications

IEC Abk. für → *International Electrotechnical Commission*

IEEE Abk. für Institute of Electrical and Electronics Engineers

IETF Abk. für Internet Engineering Task Force

IFS Logistic Abk. für → *International Food Standard Logistic*

IFTMIN Abk. für → *International Forwarding and Transport Message Instruction*

Igloo engl. für → *Iglu*

Iglu (engl. *Igloo*) bezeichnet einen gängigen Luftfrachtcontainer (→ *ULD*) mit einem Bodenmaß von 88 x 125 Zoll.

IHK Abk. für Industrie- und Handelskammer

ILN Abk. für → *Internationale Lokations-Nummer* (→ *EAN 128*)

IM Abk. für → *Interconnectivity Manager*

Image engl. für → *Abbild*

134

IMEI Abk. für → *International Mobile Equipment Identity*

IML → *Fraunhofer IML*

IMO Abk. für → *International Maritime Organization*

IMP Abk. für → *Internet-Marktplatz*

IMS 1. Abk. für Integriertes Managementsystem — 2. Abk. für Interactive multimedia system — 3. Abk. für Fraunhofer-Institut für Mikroelektronische Schaltungen und Systeme — 4. Abk. für Intelligent manufacturing system — 5. Abk. für Insulated metal substrate (engl. für *metallischer Träger für elektronische Schaltungen*)

INCOTERMS Abk. für → *International Commercial Terms*

Individualisierung (engl. *Individualisation*) bezeichnet das Einschreiben bzw. die Speicherung individueller Daten eines logistischen Objektes, z. B. in einem RFID-Tag (→ *Tag*).

Individualvertrag ist ein Vertrag im Sinne der §§ 145 ff. BGB, der individuell zwischen den Vertragsparteien ausgehandelt und nicht von einer Seite gestellt wurde (im Gegensatz zu → *Allgemeinen Geschäftsbedingungen*). In der Logistik wird häufig irrtümlich ein Individualvertrag angenommen, obwohl tatsächlich Geschäftsbedingungen im Sinne der §§ 449 und 466 HGB vorliegen.

Induktive Führung (engl. *Inductive guiding*) bezeichnet die Wegführung von → *Fahrerlosen Transportfahrzeugen* mittels eines elektromagnetischen Wechselfelds, welches von einem im Fußboden verlegten Leitdraht erzeugt und über Induktionsspulen vom Fahrzeug erkannt wird.
Typische Frequenz ist 5–20 kHz bei Strömen bis 0,5 A und Leitdrahtlängen von bis zu einigen hundert Metern.

Induktive Kopplung (engl. *Inductive coupling*) bezeichnet in der Intralogistik zumeist die Energieübertragung über das magnetische Feld. I. K. mit hochfrequenter Erregung (KHz-/MHz-Bereich) wird zur kontaktlosen Energieübertragung großer Leistung für schienengeführte Fahrzeuge oder → *Elektrohängebahnen* genutzt.
I. K. wird auch zur Energieübertragung im → *Nahfeld* eines → *RFID-Lesegeräts* genutzt. Im Gegensatz hierzu spricht man beim → *Fernfeld* von der Strahlungskopplung über eine elektromagnetische Welle.
Die I. K. kann zur Informationsübertragung per → *Lastmodulation* genutzt werden.

Induktives Bodentransportsystem (engl. *Inductive floor-level transport system*): → *Flurförderzeuge* werden in einem Bodentransportsystem induktiv (berührungslos) mit Energie versorgt. Als Vorteile werden angegeben: kein Verschleiß an Stromabnehmern, keine Stillstandzeiten durch Batterieladen wie bei → *Fahrerlosen Transportsystemen* (FTS).

Industriepalette (engl. *Industrial pallet*) ist eine Holzflachpalette mit den Grundmaßen 1.000 x 1.200 mm, die vorrangig im Chemie- und Getränkebereich eingesetzt wird.

Information Flow (in Logistics) engl. für → *Informationsfluss (in der Logistik)*

Information Logistics engl. für → *Informationslogistik*

Informationsfluss (in der Logistik) (engl. *Information flow (in logistics)*) bezeichnet die Planung, Steuerung und Überwachung aller Informationen, die zur Erfüllung von Kundennachfragen über alle Stufen des Unternehmens notwendig sind.
Die Synchronizität von Informations- und Warenfluss ist eine der Voraussetzungen gut funktionierender → *Logistik*.

Informationslogistik (engl. *Information logistics*): In Analogie zur physischen → *Logistik* ist es das Ziel der I., die richtige Information zur richtigen Zeit am richtigen Ort verfügbar zu machen. Eine wesentliche Voraussetzung hierfür ist die Synchronisation von → *Materialfluss* und → *Informationsfluss*.

Informationssystem (engl. *Information system*) besteht aus Hardware (Rechner, Computer) und Software (Programm, Anwendung) und dient zur Datenverarbeitung.

Informationstechnologie (abgek. IT; engl. *Information technology*) ist der Oberbegriff für Informations- und Datenverarbeitung. In großen Unternehmen werden die Abteilungen, die für die Computersysteme und die Datenverarbeitung verantwortlich sind, als IT-Abteilungen bezeichnet.

Information System engl. für → *Informationssystem*

Infrared Data Transmission engl. für → *Infrarot-Datenübertragung*

Infrarot-Datenübertragung (abgek. IR; engl. *Infrared data transmission*) ist die Übertragung von digitalen Daten auf Infrarot-Basis zwischen stationären Rechnern und mobilen Einheiten, häufig nach IrDa-Standard (Infrared Data Association) oder IrLAN-Standard (Infrared Local Area Network).

Initialhub (engl. *Initial lift*) bezeichnet den → *Freihub* der Radarme von → *Radarmstaplern*. Er dient dem Niveauausgleich und größerer Bodenfreiheit beim Transportieren der Last.

Inkasso (engl. *Collection, encashment*) bedeutet Warenauslieferung nur gegen (Bar-)Bezahlung

Inlay (auch RFID-Inlay) besteht aus den vier Kernkomponenten Transponder-Chip, Antenne, Verbindungsschaltung zwischen Chip und Antenne und Trägermaterial/Substrat (z. B. Folie). Das RFID-Inlay lässt sich in Gehäuse/Ummantelungen unterschiedlicher Materialien (Glas/Plastik/Papier) integrieren.

Innerbetriebliche Logistik (engl. *In-plant logistics, in-house logistics*) umfasst alle Logistiktätigkeiten innerhalb eines Unternehmens oder Werkes. Vgl. → *Intralogistik*.

In-Plant-Logistiker (engl. *In-plant logistician*) ist ein → *Logistikdienstleister*, der die Logistik vom Werk des Kunden (Produzenten) aus organisiert und betreibt.

Input Check engl. für → *Eingabeprüfung*

Insourcing bezeichnet die Übernahme einer bisher fremden Leistung in die eigenen Geschäftsaktivitäten. Vgl. → *Outsourcing*.

Instandhaltung, vorbeugende → *Vorbeugende Instandhaltung*

Instruction List engl. für → *Anweisungsliste*

Insurance Policy engl. für *Versicherungspolice* (→ *Police*)

Integrated Services Digital Network (abgek. ISDN) ist ein digitales Telefonsystem, das seinen Teilnehmern eine durchgehende digitale Verbindung zwischen den Endgeräten bietet. Modems sind nicht mehr notwendig. Allerdings sind zwischen den Rechnern ISDN-Anschlüsse an den beteiligten Geräten erforderlich. ISDN ermöglicht zusätzliche Dienste und bietet den Teilnehmern neben einem Signalisierungskanal mit 16 kBit/s zwei Nutzkanäle mit je 64 kBit/s zur Übertragung von Gesprächen, Daten, Texten und Bildern.

Integrated Suppliers meint die Integration von Zulieferern in die Versorgungskette, die als Partner für einen großen Lieferanteil des Rohmaterials und der → *Verpackung* verantwortlich zeichnen. Basis hierfür ist der Zugriff auf Bestandsdaten und Verbrauchsdaten des Herstellers.

Integrierte Kommissionierung (engl. *Integrated order-picking*): Vorratshaltung und Kommissionierung sind in einem → *Lager* zusammengefasst. In einem Palettenlager z. B. beinhalten die unteren Ebenen die Kommissionierplätze, die oberen die Vorratsplätze.

Interactive Voice Response (abgek. IVR) bezeichnet den Dialog zwischen Mensch und Maschine mithilfe von Sprachcomputersystemen.

Interchangeable Open Body engl. für *Wechselpritsche* (→ *Wechselbrücke*)

Interconnectivity Manager (abgek. IM) ist eine Lösung für den direkten Datenaustausch zwischen verschiedenen Anwendungssystemen und für die Eingabe bzw. den Empfang von Nachrichten am Bildschirm.

Intermediate Arrival Time engl. für → *Zwischenankunftszeit*

Intermediate Document (abgek. IDOC) ist das Standardformat aus der SAP-Welt für den elektronischen Datenaustausch zwischen den Systemen. Es bestehen spezifische IDOC-Typen zum Austausch unterschiedlicher Nachrichten (wie z. B. → *Lieferscheine* oder Bestellungen).

Intermodaler Verkehr (engl. *Intermodal traffic*) bezeichnet die Nutzung unterschiedlicher Verkehrsmittel (Straße, Schiene, Luft, See) für die Durchführung von Gütertransporten in ein und derselben → *Ladeeinheit* (→ *Container*, → *Wechselbehälter* usw.) oder mit demselben Straßenfahrzeug. Im Unterschied zum → *Kombinierten Verkehr* wird mit vorliegendem Begriff die Verknüpfung unterschiedlicher Transportsysteme zum Ausdruck gebracht, ohne den Schwerpunkt auf ein Transport- bzw. Verkehrssystem zu legen.
Soll die Zahl der verbundenen Verkehrs- und Transportmittel zum Ausdruck kommen, wird auch von bi-, tri- oder multimodalem Verkehr gesprochen.

International Classification for Standards (abgek. ICS) ist ein internationales Klassifizierungssystem der „International Organization for Standardization".

International Commercial Terms (abgek. INCOTERMS) sind Regeln für die Auslegung handelsüblicher Vertragsformeln im internationalen Warenhandel. Die zurzeit gültige Fassung ist von 1990. Darin sind Rechte und Pflichten des Verkäufers und des Käufers festgelegt. Inbesondere folgende Punkte werden darin geregelt:
- Verteilung der Kosten auf Verkäufer und Käufer sowie der → *Gefahrübergang*
- Beschaffung der Dokumente

- Übergang der Sorgepflicht

Die 13 gültigen Lieferklauseln sind in vier Gruppen unterteilt:

- E-Klausel: Der Exporteur ist von jeglichen Kosten für Transport und Abfertigung der Ware befreit.
- F-Klauseln: Der Exporteur entledigt sich seiner Verantwortung mit der Übergabe der Ware an den Frachtführer. Die Kosten des Haupttransports trägt der Importeur.
- C-Klauseln: Der Exporteur trägt den Hauptteil der Transportkosten.
- D-Klauseln: Der Exporteur übernimmt Kosten und auch Gefahren bis zum Bestimmungsort der Ware.

International Electrotechnical Commission (abgek. IEC) ist ein internationales Normierungsgremium der Elektrotechnik.

Internationale Lokations-Nummer (abgek. ILN) dient zur Benennung der physischen Adressen von Unternehmen und Unternehmensteilen bzw. -abteilungen. Sie ist weltweit gültig. Eine ILN wird genau einmal verteilt und kann eindeutig zurückverfolgt werden. Die ersten sieben Ziffern der ILN sind Bestandteil des → *EAN 13*. Siehe auch → *EAN 128*.

Internationaler Logistikvertrag ist ein Logistikvertrag, der entweder Vertragspartner aus verschiedenen Ländern, internationale Sachverhalte oder transnationale Sachverhalte (internationale Transporte) aufweist oder durch bloße Rechtswahl zum Internationalen Logistikvertrag wird. Damit findet ggf. internationales Transport-Einheitsrecht und das IPR (Internationales Privatrecht) Anwendung, insbesondere die „ROM-I-Verordnung".

International Food Standard Logistic (abgek. IFS Logistic) ist ein gemeinsamer Standard von Industrie und Handel mit dem Ziel, Transparenz über die gesamte Lieferkette zu erreichen und dabei bestimmte Kriterien, insgesamt 98 an der Zahl, einzuhalten, die sowohl für Food- als auch Non-Food-Produkte zutreffen. Die Kriterien gliedern sich in folgende Gruppen:

- Basisanforderungen für alle Logistikbetriebe (46 Kriterien),
- Lagerung und Vertrieb (39 Kriterien),
- reine Transportbetriebe (13 Kriterien).

Der Nachweis über die Einhaltung der Kriterien erfolgt in Audits.

International Forwarding and Transport Message Instruction (abgek. IFTMIN) ist ein spezieller EDIFACT-Nachrichtentyp

($\rightarrow$ *Electronic Data Interchange for Administration, Commerce and Transport*) für das Speditions- und Transportgewerbe.

International Maritime Organization (abgek. IMO, früher IMCO) ist die Internationale Seeschifffahrtsorganisation der Vereinten Nationen mit Hauptsitz in London. Sie ist zuständig für die internationale Handelsschifffahrt, deren Sicherheit und Umweltverträglichkeit.

International Mobile Equipment Identity (abgek. IMEI) ist eine 15-stellige Seriennummer, mit deren Hilfe GSM- oder UMTS-Endgeräte identifiziert werden können ($\rightarrow$ *Global System for Mobile Communication*, $\rightarrow$ *Universal Mobile Telecommunications System*).

International Standards for Phytosanitary Measures (abgek. ISPM 15) ist eine für den internationalen Versand von Verpackungen aus Vollholz erlassene Vorschrift von der $\rightarrow$ *IPPC* zum Schutz von einheimischen Waldbeständen gegen Einschleppung von Holzschädlingen.

Die Vorschrift gilt nicht für Holzwerkstoffe oder Vollholz dünner als sechs Millimeter und legt erforderliche Behandlungsmethoden sowie Kennzeichnungsvorschriften fest, z. B.

- Hitzebehandlung bei einer Kerntemperatur von 56 °C über mindestens 30 Minuten,
- chemische Druckimprägnierung (nur dann anerkannt, wenn die Anforderungen der Hitzebehandlung erfüllt werden),
- Begasung mit Methylbromid in Abhängigkeit von Konzentration, Dauer und Temperatur.

Internet ist das weltweit größte Computernetz. Es stellt unter anderem die Dienste WWW ($\rightarrow$ *World Wide Web*), $\rightarrow$ *E-Mail* und Newsgroup zur Verfügung.

Internet der Dinge (engl. *Internet of Things*) 1. ist eine interdisziplinäre Entwicklung der Fraunhofer-Gesellschaft, angeregt durch eine Vision des $\rightarrow$ *Fraunhofer IML* (`http://www.material-internet.com`). „Das Internet der Dinge ist ein Logistiksystem, in dem das logistische Objekt (Paket, $\rightarrow$ *Behälter*, $\rightarrow$ *Palette* etc.) durch eingebettete Intelligenz auf Basis von RFID ($\rightarrow$ *Radio Frequency Identification*) seinen Weg selbstständig durch inner- und außerbetriebliche Netze findet und die dazu notwendigen Ressourcen anfordert." (`http://www.fraunhofer.de`). — 2. ist ein vom AutoID Lab des Massachusetts Institute of Technology (MIT) geprägter Begriff, der vom EPCglobal-Konsortium

($\rightarrow$ *EPCglobal*) aufgegriffen wurde und das globale, internetbasierte Management EPC-gekennzeichneter Waren ($\rightarrow$ *Electronic Product Code*) bezeichnet. Die hierzu bereitgestellten Dienste entsprechen namentlich und funktional den Internet-Diensten: ONS (Object Name Service) entspricht DNS (Dynamic Name Service), PML (Product Markup Language) entspricht XML ($\rightarrow$ *Extensible Markup Language*) usw. Diese Analogie gab dem Internet der Dinge den Namen.

Die etwa zeitgleich erfolgte Entwicklung der FhG erweitert diese Analogie durch autonome Steuerung (Selbststeuerung) der logistischen Objekte, selbstständige Ressourcen-Allokation (das Objekt fordert Ressourcen selbstständig an) und die resultierende Selbstorganisation.

Internet-Marktplatz (abgek. IMP; engl. *Internet market place*) ist ein virtueller Marktplatz für Kunden und E-Commerce-Versandhändler ($\rightarrow$ *E-Commerce*).

Internet Service Provider (abgek. ISP) bezeichnet einen Internetdienstanbieter, $\rightarrow$ *Provider*.

Interrupt (engl. für *Unterbrechung*; lat. *Interruptus*) ist ein Ereignis, das ein laufendes Programm kurzfristig unterbricht und den Ablauf einer sog. Interrupt Service Routine (abgek. ISR) auslöst. Nach dem Ablauf der ISR wird die Ausführung des unterbrochenen Programms an der Unterbrechungsstelle fortgesetzt.

Ein Interrupt ermöglicht die sichere und schnelle Bearbeitung einer Anforderung. Typische Anforderungen sind Ein-/Ausgangssignale von Sensoren, Scanner, Tastatur, Maus, Netzwerkcontroller etc.

Betriebssysteme nutzen z. B. den Interrupt eines internen Zeitgebers zum Umschalten zwischen mehreren, quasi parallel laufenden Prozessen/Programmen ($\rightarrow$ *Multitasking*).

Intralogistik (in Anlehnung an die Definition des $\rightarrow$ *VDMA*)
- umfasst als Branchenname Organisation, Durchführung und Optimierung innerbetrieblicher Materialflüsse in Unternehmen der Industrie, des Handels und in öffentlichen Einrichtungen mittels technischer Systeme und Dienstleistungen,
- steuert im Rahmen des $\rightarrow$ *Supply Chain Management* den $\rightarrow$ *Materialfluss* entlang der Wertschöpfungskette,
- beschreibt den innerbetrieblichen Materialfluss, der zwischen den unterschiedlichsten „Logistikknoten" stattfindet (vom Materialfluss in der Produktion, in $\rightarrow$ *Warenverteilzentren* und in Flug-

und Seehäfen) sowie den dazugehörigen Informationsfluss (→ *Informationsfluss (in der Logistik)*).

Intranet bezeichnet ein firmeninternes Kommunikationsnetzwerk, das auf den Mechanismen des → *Internet* beruht.

Inventar (engl. *Inventory, stocks*) ist die Gesamtheit der zu einem Betrieb gehörenden Einrichtungsgegenstände und Vermögenswerte.

Inventory Management engl. für → *Bestandsverwaltung* (→ *Lagerwirtschaft*)

Inventur (engl. *Inventory, stock-taking*) ist die Erfassung aller Vermögenswerte, insbes. aller → *Lagerbestände* (körperliche Bestandsaufnahme durch Zählen, Messen, Wiegen), zur korrekten Bestimmung des Umlaufvermögens eines Unternehmens zu einem bestimmten Zeitpunkt (Bilanzstichtag). Es gibt verschiedene Verfahren der Inventurdurchführung:

- → *Stichtagsinventur*
- → *Periodische Inventur*
- → *Permanente Inventur*
- → *Vollinventur*
- → *Stichprobeninventur*
- → *Artikelinventur*
- → *Platzinventur*
- → *Sequenzialtest*

Bei allen Verfahren, die nicht ein stichtagbezogenes Vollinventurergebnis beinhalten, müssen die Werte durch Fortschreibung und Hochrechnung ermittelt werden.

Inventur, Artikel- → *Artikelinventur*

Inventur, Nulldurchgangs- → *Nulldurchgangsinventur*

Inventur, periodische → *Periodische Inventur*

Inventur, permanente → *Permanente Inventur*

Inventur, Platz- → *Platzinventur*

Inventur, Stichproben- → *Stichprobeninventur*

Inventur, Stichtags- → *Stichtagsinventur*

Inventur, Voll- → *Vollinventur*

Inverse Kommissionierung (engl. *Inverse order picking*) ist ein Person-zur-Ware-Kommissionierprinzip (→ *Mann-zur-Ware*), bei dem Auftragsbehälter in einem Regal bereitgestellt und die zu kommissionierenden Artikel nach dem Prinzip → *Ware-zum-Mann* angedient werden.

IO Abk. für Input output (engl. für *Ein- und Ausgang*)

IOS Abk. für Interorganisationssysteme

IP Abk. für Internet Protocol (→ *TCP/IP*)

IPC 1. Abk. für Internet Pricing and Configuration Tool — 2. Abk. für Industrie-PC

IPPC (Abk. für International Plant Protection Convention) ist eine untergeordnete Einheit der Food and Agriculture Organisation (abgek. FAO) der Vereinten Nationen.

IPsec (Abk. für Internet Protocol Security) ist eine Sicherheitsarchitektur für IP-Netze (→ *IP*).

I-Punkt Kurzform für → *Identifikationspunkt*

IPv6 Abk. für Internet Protocol Version 6

IR Abk. für Infrarot (→ *Infrarot-Datenübertragung*)

IrDa Abk. für Infrared Data Association (→ *Infrarot-Datenübertragung*)

IrLAN Abk. für Infrared Local Area Network (→ *Infrarot-Datenübertragung*)

IRTF Abk. für Internet Research Task Force

ISDN Abk. für → *Integrated Services Digital Network*

Ishikawa-Diagramm (auch Ursache-Wirkungs- oder Fischgräten-Diagramm) ist eine Methode, die der Analyse und vor allem der Verdeutlichung von Problemursachen dient. Ergebnis ist die vollständige Zuordnung von Schwachstellen zu Ursachengruppen. Die Darstellung erfolgt in Ursache-Wirkungs-Diagrammen, die die Form von Fischgräten aufweisen.

ISM-Frequenzen sind bestimmte Funk-Frequenzbereiche, die für industrielle, wissenschaftliche (scientifical) und medizinische Anwendungen freigegeben sind. Die Bereiche sind u. a. wichtig für die Zuordnung von RFID-(Transponder-)Frequenzen (→ *Radio Frequency Identification*, → *Transponder*).

ISO Abk. für International Organization for Standardization

ISO/OSI-Referenzmodell (auch 7-Schichtenmodell) ist ein → *Schichtenmodell* zur einheitlichen, weitgehend transparenten Beschreibung rechnerbasierter Kommunikationssysteme. Es besteht aus sieben hierarchisch organisierten Schichten:

- 7: Anwendungsschicht (engl. *Application layer*)
- 6: Darstellungsschicht (engl. *Presentation layer*)
- 5: Sitzungsschicht (engl. *Session layer*)
- 4: Transportschicht (engl. *Transport layer*)
- 3: Verbindungsschicht (engl. *Network layer*)
- 2: Sicherungsschicht (engl. *Link layer*)
- 1: Physikalische Schicht (engl. *Physical layer*)

ISP Abk. für → *Internet Service Provider*

ISPM 15 Abk. für → *International Standards for Phytosanitary Measures*

ISR Abk. für Interrupt service routine (→ *Interrupt*)

ISUP Abk. für ISDN User Part

IT 1. Abk. für → *Informationstechnologie* — 2. Abk. für Informationstechnik

ITU-T Abk. für International Telecommunication Union – Telecommunication Standardization Sector

IuK Abk. für Information und Kommunikation

IVR Abk. für → *Interactive Voice Response*

J

J2EE Abk. für Java 2 Platform, Enterprise Edition

Jack engl. für → *Winde*

JADE Abk. für Java Agents Development Framework

Java ist eine betriebssystemunabhängige, objektorientierte Programmiersprache der Firma Sun Microsystems, Inc. Java Virtual Machines zum Interpretieren von Java-Programmen sind z.B. Bestandteil aller gängigen → *Browser*.

JDK Abk. für Java Developers Kit

JIS Abk. für → *Just-in-Sequence*

JIT Abk. für → *Just-in-Time*

Joint Venture bezeichnet eine Kooperation von Unternehmen zur besseren Nutzung der unterschiedlichen Ressourcen bei den Partnern.

Jumbo-Fahrzeug ist ein Spezialtransportfahrzeug für großvolumige → *Güter* bei geringem Gewicht und niedriger Ladehöhe (bis max. 800 mm).

Just-in-Sequence bezeichnet die zeit-, art- und mengengenaue Anlieferung von Bedarfsteilen an die Montagelinie entsprechend dem Fertigungstakt.

Just-in-Time (abgek. JIT) bezeichnet die zeitgenaue Anlieferung von Bedarfsmaterial, um am Bedarfsort eine Lagerhaltung ganz oder teilweise zu vermeiden

JXTA ist ein offener Standard für dezentrale und offene Netzwerke ohne feste Hierarchien. 2001 durch Sun Microsystems ins Leben gerufen, finden die entsprechenden Referenzbibliotheken für → *Java* und → *C* Anwendung in der Gestaltung von P2P-Netzen (→ *Peer-to-Peer*).

K

Kabelkran (engl. *Cable crane*) ist ein häufig stationärer Kran, bei dem anstelle der Kranbrücke Drahtseile, die über zwei oder mehr Masten gespannt werden, eine oder mehrere → *Laufkatzen* tragen. K. werden häufig zur Montage großer Gewerke eingesetzt.

Kabotage (engl., frz. → *Cabotage*) beinhaltet das Recht, innerhalb eines fremden Landes, z. B. innerhalb der EU, Güter befördern zu dürfen (einschl. Be- und Entladevorgänge).

KAEP Abk. für → *Kundenauftragsentkopplungspunkt*

Kaizen ist ein japanisches Management-Prinzip, bei dem nicht die Gewinnmaximierung, sondern das intensive Streben der Mitarbeiter nach höherer Qualität von Produkt und Produktion im Mittelpunkt steht. Vgl. → *Kontinuierlicher Verbesserungsprozess* (KVP).

Kalo bezeichnet den natürlichen Gewichtsverlust einer Ware, z. B. durch Trocknung.

Kammsorter Verkettete Fahrwagen, raumgängig auf Schienen geführt, tragen gabelförmige Schalen. An den Ausschleusstationen werden Kämme aufgestellt, deren Zinken in die betreffenden Gabeln eingreifen und das auf den Gabeln liegende Sortiergut abstreifen. Die Sortierung erfolgt häufig direkt in → *Behälter* oder Versandkartons. K. können ein breites Spektrum von → *Gütern* inkl. → *biegeschlaffer* Teile sortieren.

Kanallager (engl. *Channel storage system*) bezeichnet eine Untergruppe der → *Kompaktlager*, bei der in einem Regalkanal zwei und mehr → *Lagereinheiten*, z. B. → *Paletten*, hintereinander stehen (längs oder quer).

Kanalsorter (engl. *Channel sorter*) basiert auf U-förmigen Kanälen, bestehend aus einem horizontalen und zwei vertikalen → *Gurtförderern* zur Aufnahme und Bewegung des Sortiergutes. Mehrere kurze hintereinandergeschaltete Einheiten können schnell geschwenkt werden und das im Kanal befindliche Sortiergut im spitzen Winkel zur Hauptförderrichtung ausschleusen. Durch eine entsprechende Wahl von Kanalbreite und Segmentlänge können nahezu beliebige Güter sortiert werden. Das jeweilige Spektrum ist allerdings sehr gering. Verbreitet ist der K. in der Briefsortierung, seltener in der Paketsortierung.

Kanban-Prinzip Steuerungsimpulse zur Eigenfertigung und zum Fremdbezug werden von der letzten Stufe des Verbrauchs mit einem speziellen Informationsträger – der Kanban-Karte – in Form von vermaschten Regelkreisen weitergegeben (Holprinzip (→ *Bringprinzip*)).

Ziel des K.-P. ist es, auf allen Fertigungsstufen eine Produktion auf Abruf zu erreichen, um Materialbestände zu reduzieren und hohe Termineinhaltung sicherzustellen.

Aus informatorischer und steuerungstechnischer Sicht ist das K.-P. ereignis-, d. h. verbrauchsgesteuert und nicht bedarfs-, d. h. prognosegesteuert.

Kapazität (engl. *Capacity*) ist ein Ausdruck für die Aufnahmefähigkeit von → *Lagereinheiten* oder → *Transporteinheiten*, beim → *Lager* z. B. in Anzahl → *Lagerplätze*. In diesem Sinne ist die K. eine statische Größe und sollte, um Missverständnisse zu vermeiden, nicht als Leistungsgröße (z. B. Durchsatzkapazität) verwendet werden.

Karusselllager (engl. *Carousel storage system*) ist Fachjargon für → *Horizontalumlauflager* (Drehachse vertikal).

Kassettenlager (engl. *Storage system for long articles*) ist ein Langgutlager, bei dem als Lagerhilfsmittel Kassetten eingesetzt werden.

Kaufmännisches Bestätigungsschreiben ist eine in der Logistik häufig genutzte Vertragstechnik, vertragliche Regelungen oder insbesondere Änderungen von Verträgen durch Bestätigung einer mündlich oder telefonisch vorher getroffenen Abrede zustande zu bringen.

k.d. Abk. für Knocked down (→ *Completely knocked down*)

Kennzahlen (engl. *Basic numbers, characteristic numbers, parameters*) sind vielfach zum Management und Controlling von Logistiksystemen (→ *Controlling in der Logistik*) verwendete Zahlen, die einen signifikanten Sachverhalt repräsentieren. K. beruhen auf der Aggregation von Messwerten, einer mathematisch beschreibbaren Eigenschaft (vgl. → *Leistung*) oder einer vergleichenden Bewertung (vgl. → *Benchmarking*). Sie dienen zur Visualisierung und Objektivierung von Ergebnissen und Sachverhalten. K. werden in der → *Logistik* wiederum häufig in K.systemen aggregiert.

Nach J. Schulte können K. in der Logistik wie folgt kategorisiert werden:

- Produktivitätskennzahlen, welche die Produktivität der Mitarbeiter und der technischen Betriebseinrichtungen messen sollen

- Wirtschaftlichkeitskennzahlen, bei denen genau definierte → *Logistikkosten* zu bestimmten Leistungseinheiten ins Verhältnis gesetzt werden
- Qualitätskennzahlen, die jeweils der Beurteilung des Grades der Zielerreichung dienen

Will ein Unternehmen eine effiziente Arbeit mit Logistik-K. erreichen, so muss es diese an seinen Bedürfnissen ausrichten und zu individuellen, häufig auch applikationsspezifischen Systemen zusammenfassen.

KEP 1. Abk. für → *Kurier-, Express-, Paketdienste* — 2. Abk. für → *Kundenauftragsentkopplungspunkt*

Kernkompetenz (engl. *Core competence*) ist die Beschränkung der Unternehmensaktivitäten auf das wesentliche Geschäft, in der Regel verbunden mit dem Herauslösen gewinnreduzierender Aktivitäten, die auf spezialisierte Unternehmen übertragen werden (z. B. die Übertragung der Logistikfunktionen auf einen Outsourcing-Dienstleister (→ *Ousourcing*)).

Umgekehrt wird die → *Logistik* in vielen Fällen als K. eines Unternehmens erkannt.

Kettentransfer (engl. *Chain transfer*) ist ein → *Transfer*, bei dem Kettenförderer als → *Transferförderer* ein tragendes Fördermittel (typischerweise → *Rollenbahn*) im entsprechenden Ausschleuswinkel durchschneiden.

Key Account Management meint die Ausrichtung des Marketings auf die Schlüsselkunden des Unternehmens.

Key Performance Indicator (abgek. KPI) 1. sind Schlüsselkennzahlen auf einer hohen Aggregationsebene, mit deren Hilfe unmittelbar die aktuelle Leistungsfähigkeit und Funktionalität eines Systems beurteilt werden kann. Siehe auch → *Benchmarking* und → *Supply Chain Operations Reference Schema*. — 2. ist ein vereinbarter Qualitätsparameter im Rahmen eines Logistikvertrags, dessen Grad der Erfüllung Maßstab für die Qualitätserreichung ist; meist verbunden mit → *Bonus-Malus-System*.

KF Abk. für Kettenförderer (engl. *Chain conveyor*) (→ *Tragkettenförderer*)

KFA Abk. für → *Kleingutförderanlage*

KI Abk. für Künstliche Intelligenz

Kill-Funktion ist der Befehl eines → *RFID-Scanners*, durch den die Funktion eines → *Tags* unumkehrbar ausgeschaltet wird. Der betreffende RFID-Tag kann anschließend nicht mehr ausgelesen oder beschrieben werden.

Kippschalensorter (engl. *Tilt-tray sorter*): Das Sortiergut wird durch Schrägstellung der Transportschale über Schwerkraft in die Zielrutsche befördert. Die Kippschalen sind auf gelenkig miteinander verbundenen Wagen montiert. Der Antrieb der Kippschalen erfolgt über ein umlaufendes Zugmittel (z. B. Kette) oder durch Antrieb der Wagen (z. B. über Linearmotoren).

Durch Belegung mehrerer Schalen können auch → *Güter* größerer Länge sortiert werden. K. ermöglichen die Sortierung eines breiten Artikelspektrums (z. B. auch Gepäck).

Es werden Umlaufgeschwindigkeiten bis etwa 2,5 m/s und Sortierleistungen bis etwa 15.000 Stck/h erreicht.

Kippschalensorter [Quelle: BEUMER]

Klappdurchgang (engl. *Hinged conveyor*) ist ein meist manuell hochklappbares Element stetiger Fördertechnik, um einen kurzzeitigen Durchgang z. B. bei → *Rollenförderern*, Ketten- oder Bandförderern zu ermöglichen.

Klarschrifterkennung (engl. *Optical Character Recognition*, abgek. OCR) → *Bildanalyse*

149

Kleingutförderanlage (abgek. KFA; engl. *Small parts conveying system*) ist ein zusammenfassender Begriff für Förderanlagen kleiner und leichter → *Güter*, z. B. → *Rohrpost*, → *Aktenförderanlagen*.

Kleinteilelager (engl. *Small parts storage system, miniload system*): Es werden kleinvolumige Einheiten mit geringem bis mittlerem Gewicht gelagert. Typische → *Ladehilfsmittel* sind → *Behälter*, Kästen oder Tablare.
Beispiele für K. sind Fachbodenregallager, Behälterdurchlauflager, → *Karussellllager*, → *Paternoster* oder auch das → *Automatische Kleinteilelager* (AKL).
K. werden häufig im Kommissionierlager zur Artikelbereitstellung eingesetzt.

KLT Abk. für Kleinladungsträger (engl. *Small load carrier*); → *Behälter*, siehe auch → *VDA-KLT-Behältersystem*.

KLV Abk. für Kombinierter Ladungsverkehr (→ *Kombinierter Verkehr*)

KMU Abk. für kleine und mittlere Unternehmen (engl. *Small and Medium-sized Enterprises*, abgek. SME)

Kollektive Intelligenz bezeichnet eine Web-2.0-Technologie im Sinne kollektiver Entwicklung von Inhalten, Software und Entscheidungen, die häufig auf Open-Source-Entwicklungen basiert. → *myWMS* ist ein Beispiel kollektiver Entwicklung eines Warehouse-Management-Systems.

Kolli (engl. *Packages, parcels*) ist der Plural von Kollo. Der Begriff kommt aus dem Italienischen und bedeutet Frachtstück, Frachteinheit (Kiste, → *Behälter* usw.), → *Packstück*. Weiterhin bezeichnet er eine Zusammenfassung von → *Artikeleinheiten* (verkaufsbezogen im Sinne von → *Verkaufseinheit*).

Kölner Palettentausch → *Palettenklausel*

Kombinierter Durchsatz (engl. *Combined throughput*): → *Einlagerung* und → *Auslagerung* werden innerhalb desselben Zyklus kombiniert durchgeführt. Wie dies im Einzelnen erfolgt, wird durch die eingesetzte Technik bestimmt bzw. ist frei wählbar. Siehe auch → *VDI 4480*.

Kombinierter Verkehr (engl. *Combined traffic*): Beim K. V. werden, ähnlich wie beim → *Intermodalen Verkehr*, unterschiedliche Transportsysteme miteinander verknüpft; der Schwerpunkt liegt jedoch (bezogen auf die Länge der Transportstrecke) auf einem → *Ver-*

kehrsträger, während ein anderer lediglich den Vor- und Nachlauf durchführt (z. B. Kombination Straße und Schiene).
Unterschieden wird noch zwischen begleitetem und unbegleitetem K. V. Bei ersterem begleiten die Fahrer ihre Fahrzeuge in einem Liegewagen, im zweiten Fall dagegen nicht. Bahnintern wird der begleitete Verkehr auch als „Rollende Landstraße" bezeichnet.

Kombiniertes Spiel ist eine andere Bezeichnung für → *Doppelspiel*.

Kommissionierautomat (engl. *Order-picking automaton*) ist ein vollautomatisches System für die kleinteilige Kommissionierung, siehe auch → *Schachtkommissionierer*.

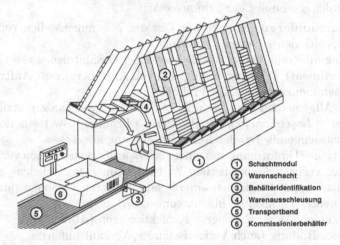

1. Schachtmodul
2. Warenschacht
3. Behälteridentifikation
4. Warenausschleusung
5. Transportband
6. Kommissionierbehälter

Automatische Kommissionierung, Schachtkommissionierer

Kommissionier-Basiszeit und Übergabezeit (engl. *Basic time*) ist ein Zeitanteil beim manuellen → *Kommissionieren*. Die anteilige (mittlere) K. wird ermittelt, indem die an der Basis verbrachte Gesamtzeit durch die Anzahl der → *Auftragspositionen* dividiert wird. Die K. umfasst Vorgänge wie z. B.
- Übernahme des Auftrags,
- Sortieren von Belegen,
- Aufnahme von Kommissionierbehältern,
- Abgabe von Ware und Kommissionierbehältern,
- Weitergabe bzw. abschließende Belegbearbeitung.

Vgl. → *Kommissionier-Totzeit,* → *Kommissionier-Wegzeit,* → *Kommissionier-Greifzeit.*

Kommissionierbehälter (engl. *Order-picking container*) ist ein → *Behälter,* in den die → *Artikeleinheiten* gemäß Kommissionierauftrag und -prinzip abgelegt werden. Siehe auch → *Kommissioniereinheit.*

Kommissionierbereich (engl. *Order-picking area*) → *Kommissionierzone*

Kommissioniereinheit (engl. *Picking unit*) 1. bezeichnet eine → *Greifeinheit* oder Entnahmeeinheit in der Kommissionierung. — 2. bezeichnet → *Behälter,* in die die Entnahmeeinheiten abgelegt werden. Siehe auch → *Sammeleinheit.*

Kommissionieren (engl. *to pick*) ist das Zusammenstellen von Einzelpositionen zu einem → *Auftrag.*

„Kommissionieren hat das Ziel, aus einer Gesamtmenge von Gütern (Sortiment) Teilmengen aufgrund von Anforderungen (Aufträgen) zusammenzustellen." (→ *VDI 3590*)

Im Allgemeinen wird auch die → *Entnahme* von ganzen, artikelreinen → *Lagereinheiten* (→ *Paletten,* → *Behälter* usw.) aus der Gesamtmenge als Teil der Kommissionierung angesehen.

Bei einer Umformung von einem lagerspezifischen in einen verkaufs- oder verbrauchsspezifischen Zustand können verschiedene ergänzende, vom → *Kommissionierer* oder weiteren Personen durchzuführende Tätigkeiten hinzukommen, z. B.

• Zählen, Messen, Wiegen, Konfektionieren (Ablängen),

• Set-Bildung (auch Verkaufsständer, Verkaufshilfen),

• Etikettieren und Preisauszeichnen,

• einfache Verschraubungs- oder Verbindungsarbeiten.

Siehe auch → *Negativ-Kommissionierung.*

Kommissionieren, belegloses → *Belegloses Kommissionieren*

Kommissionieren, Durch- → *Durch-Kommissionieren*

Kommissionieren, lagenweises → *Lagenweises Kommissionieren*

Kommissionierer (engl. *Order-picker, picker*) ist eine Person, die den Kommissioniervorgang ausführt. Je nach Kommissioniersystem und → *Kommissionierleistung* erfolgt eine personen- und arbeitsplatzbezogene Ausstattung mit technischen Hilfsmitteln wie z. B. Kommissionierstaplern, → *Kommissionierwagen,* Display-Anzeigen (→ *Belegloses Kommissionieren*), → *Fördertechnik* usw.

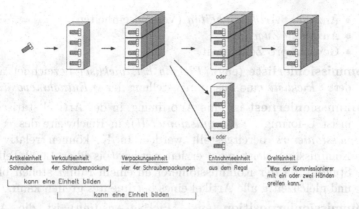

Artikeleinheit	Verkaufseinheit	Verpackungseinheit	Entnahmeeinheit	Greifeinheit
Schraube	4er Schraubenpackung	vier 4er Schraubenpackungen	aus dem Regal	"Was der Kommissionierer mit ein oder zwei Händen greifen kann."

kann eine Einheit bilden

kann eine Einheit bilden

Kommissionierung

Bei automatischen Systemen spricht man auch von → *Kommissionierrobotern.*

Kommissionierer, Schacht- → *Schachtkommissionierer*

Kommissionier-Greifzeit (engl. *Picking time*) ist die Zeit von der → *Entnahme* bis zum Ablegen der entsprechenden Artikelmengen an den Bereitstellplätzen beim → *Kommissionieren* je → *Auftragsposition.*

Die K.-G. beinhaltet die Vorgänge Hinlangen, Aufnehmen, Befördern und Ablegen.

Im Wesentlichen hängt die K.-G. ab von
- der Anzahl der Entnahmeeinheiten pro Position,
- der Greifhöhe und Greiftiefe,
- der Ablagehöhe,
- dem Gewicht und Volumen pro Entnahme.

Folgende Tätigkeiten werden nicht für die Ermittlung der K.-G. einbezogen:
- Öffnen von Verpackungen,
- Beschriften,
- Etikettieren,
- Zurücklegen überzähliger Ware.

Vgl. → *Kommissionier-Totzeit,* → *Kommissionier-Wegzeit,* → *Kommissionier-Basiszeit und Übergabezeit.*

Kommissionierleistung (engl. *Order-picking performance*) ist die → *Leistung* eines → *Kommissionierers,* gemessen z. B. in
- Anzahl → *Positionen,*

- Anzahl → *Artikeleinheiten* (Verkaufseinheiten),
- Anzahl → *Zugriffe*,
- Gewicht pro Zeiteinheit.

Kommissionierliste (engl. *Picking list, picklist*) bezeichnet analog der → *Pickliste* eine Zusammenstellung der → *Entnahmepositionen*.

Kommissioniernest ist eine Anordnung, in der Artikel statisch, zumeist U-förmig (→ *Kommissionier-U*), in Reichweite des → *Kommissionierers* bereitgestellt werden. In K. können relativ hohe Kommissionierleistungen erzielt werden (bis über 1.000 Teile pro Stunde), da der Kommissionierer an einem Punkt stehen bleiben und gleichzeitig alle Artikel eines Sortimentes greifen kann.

Kommissionierposition (engl. *Picking position*) ist die Anzahl (Stück) der von oder aus einer → *Bereitstelleinheit* zu kommissionierenden → *Artikeleinheiten* einer (artikelreinen) → *Auftragsposition*. Eine Auftragsposition kann mehrere K. von unterschiedlichen Bereitstelleinheiten enthalten, während eine K. immer einer Bereitstelleinheit zugeordnet ist.

Kommissionierqualität (engl. *Order-picking quality*) ist ein Ausdruck dafür, wie fehlerfrei die Kundenbestellungen kommissioniert werden.

Kommissionierroboter (engl. *Order-picking robot*) ist ein Roboter zum → *Kommissionieren* auf der Entnahmeseite.

Kommissionierrollwagen (engl. *Order-picking wagon*) wird benutzt für das gleichzeitige → *Kommissionieren* von mehreren → *Aufträgen* (→ *Verkürzte zweistufige Kommissionierung*), ggf. einschließlich Pick-to-light-Ausrüstung (→ *Pick to Light*) oder Pick-by-Voice-Ausrüstung (→ *Kommissionierung mit Spracherkennung*).

Kommissionierstapler (engl. *Order-picking lift truck*) besitzen einen Bedienstand, der gemeinsam mit dem → *Lastaufnahmemittel* an einem → *Hubgerüst* vertikal verfahrbar ist (→ *Primärhub*). Oftmals ist das Lastaufnahmemittel relativ zur Fahrerkabine zusätzlich verfahrbar (→ *Sekundärhub*), um so dem → *Kommissionierer* das Ablegen der Ware bzw. das Aufbauen einer palettierten → *Ladeeinheit* zu erleichtern. Wenn bei der Kommissionierung sowohl Teilmengen als auch ganze Ladeeinheiten entnommen werden, kommen Geräte mit einer seitlichen Lastaufnahme zum Einsatz, vgl. → *Zweiseitenstapler* oder → *Dreiseitenstapler*. Wie die → *Hochregalstapler* werden auch K. im Regalgang zwangsgeführt oder -gelenkt (mechanische oder induktive Spurführung).

Kommissionierrollwagen [Quelle: PROLOGISTIK]

Kommissionierstrategie (engl. *Order-picking strategy*) ist eine Festlegung zur zeitlich-räumlichen Abarbeitung von Kommissionieraufträgen, im Wesentlichen bedingt durch die technisch-organisatorische Ausstattung, z. B. → *Mann-zur-Ware* oder → *Ware-zum-Mann*, einstufig (→ *Einstufige Kommissionierung*) oder zweistufig (→ *Zweistufige Kommissionierung*), seriell oder parallel, → *Pick to Box* oder → *Pick to Belt*.

Kommissionier-Totzeit (engl. *Dead time, down time*) ist unproduktive, aber nicht zu vermeidende Zeit beim manuellen → *Kommissionieren*. K.-T. entstehen an den Entnahmeorten durch

• Lesen,
• Suchen und Identifizieren,
• Kontrollieren,
• Reagieren.

Wesentliche Einflussfaktoren sind

• Personal (Ausbildung, Bildungsstand, Sprache usw.),
• Information (Aufbereitung und Darstellung),
• Ergonomie am Arbeitsplatz.

Kommissionierstapler [Quelle: LINDE]

Vgl. → *Kommissionier-Basiszeit und Übergabezeit*, → *Kommissionier-Wegzeit*, → *Kommissionier-Greifzeit*.

Kommissioniertunnel ist eine platzsparende Variante der Kommissionierung nach dem Prinzip → *Mann -zur-Ware*. Die Bereitstellung erfolgt ebenerdig über statisch bereitgestellte Paletten in einem → *Tunnellager*, in dem der Nachschub für den K. gelagert wird.

Kommissionier-U (engl. *Order-picking U*) 1. bezeichnet eine U-förmige Ausbildung der fördertechnischen Anbindung an ein automatisches → *Lager*, Paletten- oder Behälterlager. Vor Kopf des

Kommissionier-U ist i. Allg. der Kommissionierplatz angeordnet. —
2. bezeichnet U-förmig angeordnete → *Regale*, in deren Mitte sich
ein Kommissionierplatz befindet, häufig ausgestattet mit Pick-by-
Light-Systemen (→ *Pick by Light*).

Kommissionier-U [Quelle: VANDERLANDE]

Kommissionierung, Artikel- → *Artikelkommissionierung*

Kommissionierung, artikelorientierte → *Artikelkommissionierung*

Kommissionierung, artikelweise → *Artikelweise   Kommissionierung*

Kommissionierung, Auftrags- → *Auftragskommissionierung*

Kommissionierung, auftragsparallele → *Auftragsparallele Kommissionierung*

Kommissionierung, Batch- → *Batch-Kommissionierung*

Kommissionierung, Beleg- → *Belegkommissionierung*

Kommissionierung, Crashklassen- → *Crashklassenkommissionie-
rung*

Kommissionierung, eindimensionale → *Eindimensionale Kommissionierung*

Kommissionierung, einstufige → *Einstufige Kommissionierung*

Kommissionierung, Fach- → *Fachkommissionierung*

Kommissionierung, integrierte → *Integrierte Kommissionierung*

Kommissionierung, inverse → *Inverse Kommissionierung*

Kommissionierung, Negativ- → *Negativ-Kommissionierung*

Kommissionierung, Nullfehler- → *Nullfehler-Kommissionierung*

Kommissionierung, Set- → *Set-Kommissionierung*

Kommissionierung, verkürzte zweistufige → *Verkürzte zweistufige Kommissionierung*

Kommissionierung, zweidimensionale → *Zweidimensionale Kommissionierung*

Kommissionierung, zweistufige → *Zweistufige Kommissionierung*

Kommissionierung mit Spracherkennung (engl. *Pick by voice*): Picklistenübermittlung und Quittierung erfolgen über Sprache. Hierbei wird zumeist ein zentrales Rechnersystem verwendet, das über Funk mit tragbaren → *Terminals* verbunden ist und akustische Anweisungen über einen Sprachgenerator erzeugt. Verfahren der Sprachanalyse ermöglichen die stimmliche Eingabe einfacher Befehle oder die Quittierung einer Operation durch das Kommissionierpersonal.

Pick by Voice [Quelle: SIEMENS]

Kommissionierwagen (engl. *Order-picking trolley*) ist ein per Hand bewegter Rollwagen. Häufig ist er mit mehreren Stellplätzen für → *Behälter* o. Ä. ausgestattet (zur Sortierung von → *Auftragspositionen* in Auftragsbehälter beim → *Kommissionieren*, d. h. → *Verkürzte zweistufige Kommissionierung*).
Zunehmend werden K. auch mit → *Funkterminals*, → *Mobilen Datenterminals*, Pick-to-Light-Anzeigen (→ *Pick to Light*) und auch Verwiegeeinrichtungen zur Kontrolle versehen.

Kommissionier-Wegzeit (engl. *Order-picking way time*) ist die Summe der Zeiten für die Fortbewegung eines → *Kommissionierers* mit oder ohne Kommissionierfahrzeug oder -gerät von der Annahmestelle des Kommissionierauftrags über die Entnahmeorte bis zur Abgabe.
Der Weg gliedert sich in die Teilstrecken
• Basisweg,
• Gassenweg,
• Gassenwechselweg.
Vgl. → *Kommissionier-Totzeit*, → *Kommissionier-Basiszeit und Übergabezeit*, → *Kommissionier-Greifzeit*.

Kommissionier-Zeit (engl. *Order-picking time*): Die K. zur Abarbeitung eines → *Auftrags* oder einer → *Pickliste* setzt sich i. Allg. aus folgenden Zeitanteilen zusammen:
• → *Kommissionier-Wegzeiten*
• → *Kommissionier-Greifzeiten*
• → *Kommissionier-Basiszeiten und Übergabezeiten* der Aufträge
• → *Kommissionier-Totzeiten*
Bei einfacher Unterteilung wird zwischen Weg- und Verweilzeiten unterschieden.

Kommissionierzone (engl. *Order-picking zone (area)*) ist die Unterteilung des Kommissioniersystems nach verschiedenen Kriterien, z. B. Größe oder besondere Handhabungsmerkmale der → *Artikel*, klimatische oder sicherheitstechnische Anforderungen, Leistungsbereiche der → *Kommissionierer*.

Kompaktlager (engl. *Compact warehouse, high density storage*) bilden eine Gruppe von → *Lagersystemen*, bei denen mehrere → *Lagereinheiten* hintereinander (gangseitig gesehen) stehen, z. B. → *Blocklager* oder → *Kanallager*.

Komplettmenge (engl. *Complete load*) ist die Bezeichnung für die Vollständigkeit einer Lieferung hinsichtlich Art und Anzahl Teile der angesprochenen Artikel, z. B. auch bei Kauf von Sonderposten.

Konfektionierung (engl. *Packaging, packing*) 1. bezeichnet das Zusammensetzen von Einheiten verschiedener → *Artikel* zu einem Endprodukt nach bestellspezifischen Anforderungen einschließlich Etikettierung (z. B. die K. verschiedener Schokoladen-Tafeln zu einer Display-Verkaufsverpackung). — 2. bezeichnet einen Vorgang, um Ware kunden- und auftragsbezogen fertigzustellen (z. B. Ablängen von Meterware).

Konformitätserklärung (engl. *Declaration of conformity, self-declaration*) → *CE-Kennzeichnung*

Konnossement (engl. *Bill of lading*) ist ein vom Verfrachter ausgestelltes Traditionspapier im Seeschifftransport und Binnenschifftransport, das die Rechtsbeziehung zwischen → *Verlader*, Verfrachter und Empfänger der beförderten Ware regelt. Es beinhaltet auch die Verpflichtung des Verfrachters, die Waren zum Bestimmungshafen zu befördern und gegen Rückgabe des K. an den legitimierten Inhaber auszuliefern.

Konsignationslager (engl. *Consignment warehouse*) ist ein → *Lager*, welches ein → *Lieferant* oder dessen Dienstleister beim Kunden unterhält. Die Ware bleibt bis zur Bezahlung Eigentum des Lieferanten. Ein K. ist ein häufig angewandtes Prinzip zur Sicherstellung von Just-in-Time-Lieferungen (→ *Just-in-Time*). Für die vorgehaltenen Sachnummern erhält der Lieferant ein Aufgeld vom Kunden. Siehe auch → *Vendor-managed Inventory*.

Konsolidierung (engl. *Consolidation*) ist ein Vorgang, um Teile einer → *Lieferung*, die aus verschiedenen → *Lagerbereichen* und Kommissionierbereichen (→ *Kommissionierzone*) kommen, physisch zusammenzustellen. Häufig ist die K. mit einer summarischen Prüfung (Gewicht oder Mengen) verbunden.

Konsolkran (engl. *Bracket crane*) wird längs einer senkrechten Wand verfahren und ragt in den Arbeitsbereich hinein. Die Laufschienen sind übereinander angeordnet. K. sind nur für vergleichsweise kleine Lasten und Kragweiten geeignet. Vgl. → *Brückenkran*, → *Portalkran*.

Kontaktplan (engl. *Ladder diagram*) ist ein zyklisch ablaufendes Programm (IEC DIN EN 6113) für → *Speicherprogrammierbare Steue-*

rungen. Die Programmerstellung erfolgt grafisch gestützt, ähnlich wie bei der Erstellung eines Stromlaufplans.

Kontingentierung (engl. *Quota fixing*) bezeichnet eine geplante, numerische Beschränkung.

Kontinuierlicher Verbesserungsprozess (abgek. KVP; engl. *Continuous improvement*) ist ein Verfahren des → *Kaizen.* KVP beinhaltet insbes. die kontinuierliche Einbeziehung der Mitarbeiter und ihrer Verbesserungsvorschläge in das Unternehmensmanagement.

Kontraktlogistik (engl. *Contract logistics*) bezeichnet die Vergabe von Logistiktätigkeiten an einen → *Logistikdienstleister* in längerfristigen Kontrakten (Dienstleistungsverträgen).

Kontrollpunkt (kurz K-Punkt; engl. *Control point, check point*) ist, nach früherer Definition, der → *Warenausgang* eines automatischen → *Lagers.*

Konturenkontrolle (engl. *Contour check*) → *Profilkontrolle*

Konvertersoftware übersetzt unterschiedliche Daten in standardisiertes Format, z. B. EDIFACT (→ *Electronic Data Interchange for Administration, Commerce and Transport*), → *Odette.*

Koppelnavigation (engl. *Coupled navigation*) ist ein relatives Messverfahren zur Positionsbestimmung. Dabei wird die Position aus einer bekannten Startposition und der gemessenen Bewegung ermittelt. Bei Fahrzeugen kann der zurückgelegte Weg durch Messung der Umdrehungen eines Rades und die Fahrtrichtung durch Messung des/der Lenkwinkel bestimmt werden.

KoSt Abk. für Kostenstelle (engl. *Cost center*)

KP Abk. für Kommissionierplatz (engl. *Order-picking place*)

KPI Abk. für → *Key Performance Indicator*

K-Punkt Kurzform für → *Kontrollpunkt*

KQML Abk. für Knowledge Query and Manipulation Language

Kragarmregal (engl. *Cantilever rack*) ist eine Regalkonstruktion (vorwiegend für Langgut), bei der die Lasten über Arme und Steher auf der der Beschickung und Entnahme entgegengesetzten Seite abgefangen werden.

Kran (engl. *Crane*) (Definition in Anlehnung an DIN 1500): Krane sind Hebezeuge für den vertikalen und horizontalen Transport von Stück- oder Schüttgütern innerhalb eines abgegrenzten Arbeitsbereichs, bei denen die Last an einem Tragmittel (z. B. Seil) hängt, gehoben, gesenkt und in mehreren Achsen verfahren werden kann.

Beispiele von Hallenkranen [Quelle: DEMAG]

Krantraverse (engl. *Lifting beam*): Um zwischen dem Kranaufbau (ein oder zwei → *Laufkatzen*) und den Anforderungen der Lastaufnahme z. B. bei Langgut einen Ausgleich zu erreichen, werden K. als Verbindungselement eingesetzt.

Kreisförderer (engl. *Circular conveyor system*) ist ein → *flurfreies* Fördersystem, bei dem über eine endlose Kette angetrieben Gehänge kontinuierlich umlaufen, bspw. Transport von Blechteilen einer Lackiererei in der Automobilindustrie. Vgl. → *Power-and-Free-Förderer*.

Kriechgeschwindigkeit (engl. *Creep rate*): Aus den Gängen eines Schmalganglagers dürfen die Bediengeräte nur mit Kriechgeschwindigkeit herausfahren und nur dann, wenn das Lastaufnahmemittel sowie der Fahrer- oder Bedienplatz nicht höher als bodenfrei angehoben sind. Eine Kriechgeschwindigkeit darf einen Wert von 2,5 km/h nicht überschreiten (BGV D27).

KSR Abk. für Koordinations- und Steuerrechner

Kugelbahn (auch Kugelrollentisch; engl. *Ball transfer table*) besteht aus vielen hinter- und nebeneinander angeordneten, auf einem Blech zwischen zwei Stahlprofilen gelagerten, beliebig verdrehbaren Kugeln. K. erlauben beliebige Förderrichtungen und werden

z. B. für den manuellen → *Transport* während der Kommissionierung eingesetzt.

Kugelrollentisch (engl. *Ball table*) → *Kugelbahn*

Kundenauftragsentkopplungspunkt (abgek. KAEP oder KEP; engl. *Customer order decoupling point*) bezeichnet den Punkt innerhalb einer → *Supply Chain*, an dem eine auftragsneutrale Serienfertigung (Push) in eine auftragsbezogene Produktion (Pull) übergeht. Ein bekanntes Beispiel beschreibt die Produktion von Pullovern, die zunächst ungefärbt produziert und gelagert werden (Push), um anschließend entsprechend den eingehenden Kundenaufträgen gefärbt zu werden (Pull).

Kundenstamm (engl. *Customer base, regular clientele*) ist Teil der Stammdaten z. B. in Warenwirtschaftssystemen. Der K. enthält alle Daten, die langfristig den Kunden zugeordnet werden können (Adresse, besondere Bedingungen bei der Anlieferung, Vorgaben für Versandweg und Verpackung, Etikettierung und Begleitpapiere usw.).

Kurier-, Express-, Paketdienste (abgek. KEP; engl. *Courier, express, parcel services*): Schwerpunkte der Dienste sind

- beim Kurierdienst: die individuelle Abholung und Zustellung (Desk to Desk) sowie der „begleitete" Transport von Sendungen im niedrigen Gewichtsbereich bei sehr schneller Zustellung (regional orientiert).
- beim Expressdienst: ebenfalls Einzelsendungen, die jedoch nicht im Direktverkehr, sondern im Sammelverkehr transportiert werden. Das Gewichtsspektrum reicht von Kleinsendungen bis hin zu Stückgut-Größenordnungen. Schnelle Zustellung (über Nacht).
- beim Paketdienst: nicht die Einzelsendungen, sondern die Mengenorientierung; vorwiegend Kleingut im Gewichtsbereich bis 31,5 kg. Regellaufzeit ein Tag.

Kurzware (engl. *Haberdashery*) bezeichnet kleinteilige Waren, häufig aus dem textilen Bereich, z. B. Knöpfe, Garne, Nadeln etc.

KV Abk. für → *Kombinierter Verkehr* (engl. *Combined traffic*)

KVO Abk. für Kraftverkehrsordnung für den Güterfernverkehr mit Kraftfahrzeugen (engl. *Road traffic regulation*)

KVP Abk. für → *Kontinuierlicher Verbesserungsprozess*

L

Ladder Diagram engl. für → *Kontaktplan*

Ladeeinheit (auch Ladungseinheit; abgek. LE; engl. *Unit load*) ist nach VDI 3968 ein aus einem einzelnen oder mehreren → *Packstücken* bestehendes Transportgut, das bei Durchlaufen der Lieferkette als Ganzes transportiert, umgeschlagen oder gelagert wird. Sofern erforderlich, zählen neben den Packstücken auch der → *Ladungsträger* und Sicherungsmittel zur LE. Eine LE ist artikelrein oder artikelgemischt beladen. Bei der Bildung einer LE handelt es sich um einen zusätzlichen Prozess in der Lieferkette, jedoch stehen dem damit verbundenen Aufwand erhebliche Vorteile gegenüber. Diese resultieren daraus, dass sämtliche in der Lieferkette anfallenden Transport-, Umschlag- und Lagervorgänge optimiert erbracht werden können.

Um die Handhabungsvorgänge dieser Einheiten zu reduzieren und somit einen logistikgerechten → *Materialfluss* zu ermöglichen, ist folgender Idealzustand anzustreben: Ladeeinheit = Produktionseinheit = → *Lagereinheit* = → *Transporteinheit* = → *Verkaufseinheit*. Die – aus logistischer Sicht sinnvolle – Gleichsetzung der genannten Einheiten ist vorrangig für den innerbetrieblichen und innerwerklichen Bereich zu sehen.

Im außerbetrieblichen Verkehrsbereich werden unter „Transporteinheiten" → *Container*, → *Wechselbrücken*, → *Auflieger*, → *Anhänger*, Waggons usw. eingeordnet, die durch Transport- und Verkehrsmittel wie Lkw, Zug usw. bewegt werden. Hier gilt die Gleichsetzung von Transporteinheit = Lagereinheit nur in wenigen Fällen.

Ladegeschirr (engl. *Loading gear*) dient zum Transport von → *Ladeeinheiten* mit einem Kran. Beispiele sind Containergeschirr, → *Spreader*, Palettengeschirr. L. werden auch für die Handhabung kleinerer → *Behälter* verwendet, die im innerbetrieblichen → *Materialfluss* eingetzt werden.

Ladegutsicherung (engl. *Load securing*) ist die zweckmäßige Fixierung auf dem → *Ladungsträger*, um Beeinträchtigungen der Produkte beim Transport auszuschließen und sie vor qualitätsmindernden Umwelteinflüssen zu schützen.

Ladehilfsmittel (abgek. LHM; engl. *Load support, load carrier*) werden zur Lade- bzw. zur Lagereinheitenbildung eingesetzt (→ *Ladeeinheit*, → *Lagereinheit*). Hierbei unterscheidet man – abhängig von ihrer Funktion – LHM mit tragender Funktion (z. B. → *Palette*,

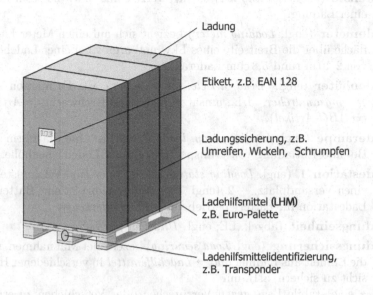

Ladung

Etikett, z.B. EAN 128

Ladungssicherung, z.B.
Umreifen, Wickeln, Schrumpfen

Ladehilfsmittel (LHM)
z.B. Euro-Palette

Ladehilfsmittelidentifizierung,
z.B. Transponder

Ladeeinheit

Werkstückträger), tragender und umschließender Funktion (z. B.
→ *Gitterboxpalette*) sowie tragender, umschließender und abschlie-
ßender Funktion (z. B. → *Container*, Tankpalette).

LHM besitzen entweder eine eindeutige Identifizierung (→ *Barcode* oder auch → *Transponder*) oder sie werden am → *Wareneingang*
gesondert gekennzeichnet. → *Artikelreine Ladehilfsmittel* enthalten
nur einen → *Artikel* (→ *artikelreine Lagerung*), → *auftragsreine Ladehilfsmittel* enthalten einen oder mehrere Artikel eines → *Auftrags*
(auftragsreine Lagerung).

Ladehilfsmittel, artikelreines → *Artikelreines Ladehilfsmittel*

Ladehilfsmittel, auftragsreines → *Auftragsreines Ladehilfsmittel*

Ladehilfsmittelstamm (engl. *Regular load supports*): Innerhalb des
L. werden alle möglichen Typen von Ladehilfsmitteln (LHM) wie
→ *Paletten*, → *Behälter*, Kartons usw. sowie deren physikalische und
logische Parameter innerhalb eines Systems erfasst. Die → *Lagerplatzdatei*, die u. a. die möglichen LHM je → *Lagerplatz* beinhaltet,
verweist unter anderem auf den L. (auch Ladehilfsmitteldatei).

Ladeliste (engl. *Loading list*) ist das Verzeichnis bzw. die Auflistung einer Ladung.

Lademeter (engl. *Loading meter*) bezieht sich auf einen Meter Ladefläche über die Breitseite eines Lkw und ergibt bei einer Ladehöhe von 2,40 m rund 5,8 cbm Laderaum.

Ladenhüter (engl. *Dead article, slow seller*) ist Fachjargon für → *Langsamdreher*, d. h. umsatz- und zugriffsschwache → *Artikel* (→ *ABC-Artikel*).

Laderampe (engl. *Loading ramp, loading rack*) ist eine Plattform zur Be- und Entladung von Transportmitteln auf Ladeflächenhöhe.

Ladestation 1. (engl. *Loading station*) bezeichnet eine Versandstelle, einen Versandplatz. — 2. (engl. *Charging station*) ist eine Batterie-Ladestation für batteriebetriebene → *Flurförderzeuge*.

Ladungseinheit (abgek. LE; engl. *Unit load*) → *Ladeeinheit*

Ladungssicherung (engl. *Load securing*) bezeichnet Maßnahmen, um die Einheit aus Ladung und → *Ladehilfsmittel* in verschiedener Hinsicht zu sichern, z. B. um

- eine stabile Lage gegen Verrutschen oder Verschieben zu erreichen,
- das Ladegut vor Witterungseinflüssen zu schützen,
- das Ladegut vor unbefugtem Zugriff zu sichern.

Ladungsträger (engl. *Load carrier*) ist nach DIN 30781 ein tragendes Mittel zur Zusammenfassung von → *Gütern* zu einer → *Ladeeinheit*. Synonym zum Begriff des L. wird häufig der Begriff des → *Ladehilfsmittels* verwendet. Dieser ist jedoch weiter gefasst als der des L. Streng genommen ist ein L. lediglich ein tragendes Ladehilfsmittel, welches das Ladegut ausschließlich von unten unterstützt. Bekanntestes Beispiel ist die Flachpalette, bspw. in Form der → *Europoolpalette*.

Lagenweises Kommissionieren (engl. *Order-picking in layers*): Es werden nicht einzelne → *Artikeleinheiten* von der → *Bereitstelleinheit* entnommen, sondern ganze Lagen. Dies kann in aller Regel nur mechanisch unterstützt oder automatisch durch entsprechende → *Lastaufnahmemittel* erfolgen. Voraussetzung sind mechanisch manipulierbare Artikeleinheiten und entsprechende Nachfragemengen der Kunden.

Lager (engl. *Warehouse, store*) sind Räume oder Flächen zum Aufbewahren von → *Materialien* und → *Gütern* zwecks Bevorratung,

Pufferns und Verteilens sowie zum Schutz vor äußeren, ungewollten Einflüssen (z. B. Witterung) und Eingriffen (z. B. unberechtigte → *Entnahme*). Je nach → *Lagertyp* dient ein L. vorrangig zur Überbrückung einer Zeitdauer, zum Ausgleich von Ein- und Ausgangsströmen oder zur Strukturveränderung zwischen Zu- und Abgang. Neben logistischen Zielen kann ein L. auch nach prozesstechnischen und wirtschaftlichen Zielen ausgerichtet sein, beispielsweise Reifelager oder Spekulationslager.

Vgl. → *Pufferlager*, → *Sammel- und Verteillager*, → *Vorratslager*.

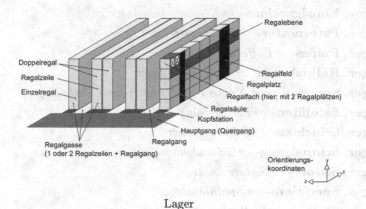

Lager

Lager, automatisches Kleinteile- → *Automatisches Kleinteilelager*

Lager, Block- → *Blocklager*

Lager, Bodenblock- → *Blocklager*

Lager, Bypass- → *Bypass-Lager*

Lager, Direktzugriffs- → *Direktzugriffslager*

Lager, dynamisches → *Dynamisches Lager*

Lager, Dynastore- → *Dynastore-Lager*

Lager, Einheiten- → *Einheitenlager*

Lager, Elektrohängebahn- → *Elektrohängebahnlager*

Lager, Flach- → *Flachlager*

Lager, Fließ- → *Fließlager*

Lager, Hochflach- → *Hochflachlager*

Lager, Hochregal- → *Hochregallager*

Lager, Horizontalumlauf- → *Horizontalumlauflager*

Lager, Horizontalumlaufregal- → *Horizontalumlauflager*

Lager, Hubbalken- → *Hubbalkenlager*

Lager, Kanal- → *Kanallager*

Lager, Karussell- → *Karusselllager*

Lager, Kassetten- → *Kassettenlager*

Lager, Kleinteile- → *Kleinteilelager*

Lager, Kompakt- → *Kompaktlager*

Lager, Konsignations- → *Konsignationslager*

Lager, Paternoster- → *Paternosterlager*

Lager, Puffer- → *Pufferlager*

Lager, Rollpaletten- → *Rollpalettenlager*

Lager, Sammel- und Verteil- → *Sammel- und Verteillager*

Lager, Satelliten- → *Satellitenlager*

Lager, Schichten- → *Schichtenlager*

Lager, Schmalgang- → *Schmalganglager*

Lager, Sistore- → *Sistore-Lager*

Lager, Speditions- → *Speditionslager*

Lager, Stollen- → *Stollenlager*

Lager, Tablar- → *Tablarlager*

Lager, Tunnel- → *Tunnellager*

Lager, Verteil- → *Sammel- und Verteillager*

Lager, Vertikalumlauf- → *Vertikalumlauflager*

Lager, Vertikalumlaufregal- → *Vertikalumlauflager*

Lager, virtuelles → *Virtuelles Lager*

Lager, Vorrats- → *Vorratslager*

Lager, Waben- → *Wabenlager*

Lager, Zeilen- → *Zeilenlagerung*

Lager, Zoll- → *Zolllager*

Lagerart → *Lagertyp*

Lagerartikel (engl. *Article in stock*) ist ein → *Artikel*, der „kundenanonym" am → *Lager* bestandsmäßig geführt wird.

Lagerbereich (engl. *Storage area*) ist (analog einer → *Lagerzone*) die Untereinheit eines → *Lagerorts*. Eine Lagerzone ist in aller Regel kleiner als ein Lagerbereich.

Lagerbestand (engl. *Stock in store, warehouse inventory*) sind die Artikelmengen, die zum betreffenden Zeitpunkt im → *Lager* physisch vorhanden sind. Vgl. → *Buchbestand*.

Lagerbewegungen (engl. *Stock movement, inventory movement*) sind Ein-, Um- und Auslagervorgänge (→ *Einlagerung*, → *Auslagerung*, → *Umlagerung*) von → *Lagereinheiten*.

Lagerdimensionierung (engl. *Warehouse dimensioning*) wird im Wesentlichen durch drei Aspekte bestimmt:

- → *Kapazität*, d. h. Anzahl Stellplätze zur sicheren Aufnahme der → *Lagereinheiten*
- → *Leistung*, d. h. Anzahl Spiele pro Zeiteinheit für die geforderte Ein- und Auslagermenge
- Kubatur, d. h. maßliche Proportionen des → *Lagers*

Weitere wesentliche (z. T. abhängige) Faktoren zur Dimensionierung eines Lagers sind

- → *Lagerumschlag* einschl. Berücksichtigung saisonaler Schwankungen und Spitzenlasten,
- Art und Anzahl Lagereinheiten,
- Anzahl Lagereinheiten je → *Artikel*,
- vorgegebene → *Einlagerstrategien*/→ *Auslagerstrategien* (z. B. FIFO für verfallbare Artikel),
- Lagerplatzprinzip: → *Festplatzprinzip* oder → *Freiplatzprinzip*,
- verfügbare Fläche und zulässige Bauhöhe,
- Lagertechnik,
- optimales Höhen-/Längenverhältnis.

Lagerdurchsatz (engl. *Warehouse throughput*) ist die Menge pro Zeiteinheit, die ein- und wieder ausgelagert wird, siehe auch → *Lagerleistung*.

Lagerebene (engl. *Storage level*) ist die sich aus der Lager- und Regaltechnik ableitende horizontale Anordnung der → *Lagereinheiten*.

Lagereinheit (engl. *Storage unit*) ist diejenige Handhabungseinheit (→ *Palette*, → *Behälter* usw.), die im → *Lagerbereich* eingesetzt ist. Eine L. ist typischerweise artikelrein, kann aber auch artikelgemischt sein. Die L. umfasst Lagerhilfsmittel und Beladung.

Lagerentnahme (engl. *Retrieval*) ist die → *Auslagerung* einer vollständigen → *Lagereinheit* oder einer Teilmenge (→ *Kommissionieren*).

Lagerfach (engl. *Storage compartment, bin*): Aufgrund der Regaltechnik werden mehrere → *Lagerplätze* zu einem L. zusammengefasst. Bei Einplatz-Lagersystemen sind Fach und Platz identisch. → *Lagerfeld*

Lagerfähiges Gebinde (engl. *Storable packaging*) ist eine für die spezifischen Lageranforderungen (Lagerfachgröße, Beschleunigung der → *Regalbediengeräte*, Gewichte usw.) geeignete → *Lagereinheit*.

Lagerfeld (engl. *Storage field*) bezeichnet die übereinanderliegenden → *Lagerfächer* zwischen zwei senkrechten Regalrahmen. Dementsprechend besteht ein Feld aus einem oder mehreren Fächern, die wiederum aus einem oder mehreren Plätzen bestehen. Siehe auch → *Lagerfach* und → *Feldlast*.

Lagerfertigung (engl. *Make-to-stock production*) → *Built-to-Stock*

Lagerfüllgrad (engl. *Storage ratio*) bezeichnet das Verhältnis belegter → *Lagerplätze* zur → *Lagerkapazität* (→ *Füllgrad*).

Lagergang (engl. *Storage aisle*) ist ein Bediengang für ein → *Regalbediengerät*, Staplerfahrer, → *Kommissionierer* usw., um die → *Palette* oder den → *Behälter* erreichen zu können. Ist der L. im Regal, spricht man auch von → *Regalgang*.

Lagergasse (engl. *Warehouse aisle*) ist die Zusammenfassung von ein oder zwei Regalzeilen mit einem Mittelgang (→ *Regalgang*).

Lagerhaltung (engl. *Warehousing, stockkeeping, storage*) → *Lager*

Lagerhaltungsmodelle (engl. *Warehousing models*) sind mathematische Verfahren zur Beschreibung und Bestimmung des Bestandverlaufs in → *Lagersystemen*. Im Wesentlichen wird unterschieden zwischen deterministischen und stochastischen sowie Einprodukt- und Mehrprodukt-Modellen. Unter Berücksichtigung der mit der Lagerhaltung verbundenen Kosten wird versucht, die optimale → *Lagerhaltungsstrategie* zu finden.

Lagerhaltungsstrategie (engl. *Warehousing strategy*): Unter Berücksichtigung unternehmensexterner und -interner Faktoren wie bspw. Kundenverhalten und -erwartung, Marktsituation beschaffungs- und vertriebsseitig sowie interner Kostensituation wird die für das Unternehmen günstigste Bestandsführungs-

und Lagersystem-Festlegung getroffen (→ *Bestandsführung*, → *Lagersystem*).

Lagerkapazität (engl. *Storage capacity*) ist die Anzahl Stellplätze im → *Lager*.
Die Ermittlung einer erforderlichen L. hängt von verschiedenen Faktoren ab, z. B.

- mittlerer Bestand und → *Umschlagrate*,
- → *Festplatzprinzip* und → *Freiplatzprinzip*,
- saisonale und sonstige Einflüsse auf Bedarfsspitzen,
- Zweck des Lagers wie Bevorratung, Pufferung, Kommissionierung usw.,
- Artikelanzahl und → *Artikelstruktur*.

Siehe auch → *Lagerdimensionierung*.

Lagerleistung (engl. *Warehouse output*) bezeichnet die maximal mögliche Anzahl an → *Einlagerungen* und → *Auslagerungen* je Zeiteinheit.

Lagern (engl. *to store, to warehouse*) ist der Vorgang des Lagerns, geplantes Verweilen des Lagerguts in einem → *Lager*.

Lagerort (engl. *Storage location*) bezeichnet örtlich, organisatorisch und räumlich zusammengefasste → *Lagerplätze* zu einem → *Lager*.
Lager und L. sind als synonym anzusehen, sofern in einem Unternehmen nur ein Lager besteht.
L. und Lagerplatz werden vielfach fälschlicherweise synonym verwendet. Dies sollte im Hinblick auf eine eindeutige Abgrenzung vermieden werden.

Lagerparameter (engl. *Storage parameter*) kennzeichnen technische Merkmale eines → *Lagers*. Je nach Aufgabenstellung und örtlicher Einbindung ist die günstigste Parameterkonstellation zu finden oder festzulegen. Wichtige L. sind beispielsweise

- Fachabmessungen,
- Anzahl → *Lagerplätze*,
- einfach- oder mehrfachtiefe Lagerung,
- Anzahl Ebenen und Gassen,
- optimales Höhen-/Längenverhältnis,
- manuelle oder automatische Bedienung,
- Anordnung von Zu- und Abgang.

Lagerplatz (engl. *Bin location, storage bin, storage compartment, stockyard*) ist diejenige räumliche Einheit im → *Lager*, auf der eine → *Lagereinheit* untergebracht wird (Stellplatz), z. B. Palettenlagerplatz. Im → *Durchlaufregal* ist der Stellplatz einer Lagereinheit damit als L. zu bezeichnen (und nicht der gesamte Kanal).

Ein oder mehrere L. bilden ein → *Lagerfach*. Vgl. → *Einplatz-Lagersystem*, → *Mehrplatz-Lagersystem*.

Lagerplatzdatei (engl. *Bin location file, bin location record*) beschreibt die mechanischen, organisatorischen und ggf. klimatischen Parameter aller → *Lagerplätze* eines oder mehrerer → *Lagerorte*, Art und Anzahl der → *Ladehilfsmittel*, die auf die Plätze gestellt werden können, sowie die Qualität der Plätze usw. In manchen Verwaltungssystemen sind pro Lagerplatz auch Art und Menge der möglichen → *Artikel* hinterlegt. Mit diesen Parametern werden verschiedene Lagerplatztypen definiert.

Lagerplatzreservierung (engl. *Bin reservation*) 1. bezeichnet die Reservierung des leeren → *Lagerplatzes*, z. B. für eine spätere → *Einlagerung*. — 2. bezeichnet die Reservierung des → *verfügbaren Bestandes* eines Lagerplatzes für einen vorbestimmten (reservierten) Zweck.

Lagerplatztyp (engl. *Bin type*) → *Lagerplatzdatei*

Lagerplatzvergabe (engl. *Bin assignment*) ist eine Funktion der → *Lagerverwaltung* (auch → *Warehouse Management*). Sie wird i. Allg. am → *Identifikationspunkt* ausgeführt und erfolgt gemäß der → *Einlagerstrategie* und den im → *Artikelstamm* hinterlegten Artikelortskennzeichen (Zuordnung von → *Artikelnummer* zu → *Lagerbereich*).

Lagerreichweite (engl. *Range of storage*) → *Reichweite*

Lagerschein (engl. *Warehouse receipt*) ist ein Papier zur Bestätigung der Übernahme von Lagergut. Der L. bestätigt den rechtsverbindlichen → *Gefahrübergang* und bestätigt Mengen und Besitzverhältnisse.

Lagersichtkasten (engl. *Storage bin*) ist ein Metall- oder Kunststoffbehälter, der durch seine Formgebung leichten Einblick bzw. Zugriff auf die darin befindlichen → *Artikel* ermöglicht.

Lagerspiegel (engl. *Storage slot status database, storage survey*) gibt an, welche → *Lagerplätze* eines → *Lagerorts* belegt oder gesperrt sind. In manchen Anwendungen werden auch Art und Menge der → *Artikel* je Lagerplatz im L. angegeben.

Lagerspiel (engl. *Storage cycle*) bezeichnet den vollständigen Zyklus einer → *Einlagerung* oder → *Auslagerung* von der Aufnahme einer

→ *Lagereinheit* vom Übernahmeplatz bis zur Abgabe im → *Lagerfach* einschließlich Anschlussfahrt des → *Regalbediengeräts*. Ein L. dient als Grundlage zur Ermittlung der Spielzeit. Zu unterscheiden sind im Wesentlichen

- Einfachspiel (→ *Einzelspiel*) und → *Doppelspiel*,
- Spiele bei einfach- und mehrfachtiefer Lagerung,
- Spiele entsprechend → *Lagersystem* und → *Lagereinheiten*.

Die Berechnung mittlerer Spielzeiten häufiger Lagersysteme sind in VDI- und FEM-Richtlinien dokumentiert (→ *FEM 9.851*, → *VDI 3561*).

Lagerstammdaten (engl. *Storage master data*) → *Lagerplatzdatei*

Lagersystem (engl. *Warehouse system, storage system*) besteht in aller Regel aus folgenden Systemelementen:

- → *Regale*, sofern nicht Blocklagerung (→ *Blocklager*) oder → *Bodenlagerung* vorliegt
- → *Regalbediengeräte*
- → *Lagereinheiten*
- → *Fördertechnik*
- ergänzende Handhabungs- und Manipulationstechnik
- Organisations- und Rechnertechnik
- Bauhülle
- Sicherheitstechnik, z. B. Sprinkleranlage

Alle Systemelemente haben im Laufe der Zeit die unterschiedlichsten Entwicklungen erfahren, immer mit dem Ziel, die Leistungsfähigkeit und Wirtschaftlichkeit des Gesamtsystems zu erhöhen.

Lagersystem, statisches → *Statisches Lagersystem*

Lagersystem-Auswahl (engl. *Selection of a storage system*) ist ein komplexer Vorgang, der mehrere unterschiedliche, miteinander schwer vergleichbare, teilweise widerstrebende Parameter umfasst. Häufig wird die → *Nutzwertanalyse* als Instrument zur Auswahl verwendet.

Lagertyp (engl. *Warehouse type*): Je nach Wahl eines Kriteriums (wichtiges Merkmal) lassen sich die verschiedensten Gruppen bilden, wie beispielsweise

- → *Lagereinheit*: Palettenlager, Behälterlager, → *Kassettenlager*,
- Automatisierungsgrad: manuell bedientes Lager, automatisches Lager,
- Regalbedienung: Staplerlager, RBG-Lager,
- Zweck: → *Pufferlager*, → *Vorratslager*, Reifelager,

- Bauart: Hallenlager, Silolager, Etagenlager,
- Bauhöhe: → *Flachlager*, → *Hochflachlager*, → *Hochregallager*,
- Branche: Chemielager, Handelslager,
- usw.

Lagerumschlag (engl. *Rate of inventory turnover*) gibt an, wie oft der mittlere → *Lagerbestand* in einem → *Lager* pro Jahr umgeschlagen wird, d. h. Umschlagrate (UR) = Jahresabsatzmenge/mittlerer Bestand (wert- oder mengenmäßig). Siehe auch → *Umschlag*. Vgl. dagegen → *Mengenumschlag*.

Lagerumschlagrate → *Lagerumschlag*

Lagerung, artikelreine → *Artikelreine Lagerung*

Lagerung, chaotische → *Chaotische Lagerung*

Lagerung, redundante → *Redundante Lagerung*

Lagerverwaltung (engl. *Warehouse management*) dient der Verwaltung von Mengen (Beständen) und → *Lagerorten*. Die L. kann grundsätzlich auch manuell erfolgen (z. B. per Karteikarten), wird heutzutage jedoch i. Allg. mit einem → *Lagerverwaltungssystem* (LVS) ausgeführt. Ein LVS in diesem Sinne ist ein bestandsführendes System, das die unterschiedlichsten Interdependenzen zwischen den Beständen (→ *Artikel*, → *Sortiment*, → *Charge* usw.) und deren physischen Aufenthaltsorten (Lagerort, → *Lagerfach*, → *Lagerplatz*, → *Lagereinheit*, → *Ladehilfsmittel* usw.) beschreibt und verwaltet. Zunehmend wird auch die Verwaltung der Ressourcen (Arbeitskraft, Fördertechnik, Lagertechnik) als integraler Bestandteil der L. angesehen.

Für komplexere Systeme, die neben der L. auch die Steuerung und Optimierung der Systeme beinhalten, hat sich zunehmend die englische Bezeichnung → *Warehouse Management* (WM) durchgesetzt. Warehouse-Management-Systeme (WMS) bieten, neben der Möglichkeit zur → *Disposition*, umfangreiche Mittel zur Kontrolle der Systemzustände und eine Auswahl an Betriebs- und Optimierungsstrategien.

Eine erste Vorauswahl und Sichtung des WMS-Marktes kann auch online vorgenommen werden (`http://www.warehouse-logistics.com`).

Lagerverwaltungsrechner (abgek. LVR; engl. *Warehouse management computer*) bildet im klassischen, hierarchisch organisierten Modell die Ebene zwischen unterlagertem Materialflussrechner und überlagertem → *Host* (ERP-System, → *Enterprise Resource Plan-*

ning System). Er dient zur Bearbeitung (logistischer) Aufträge, die durch das überlagerte System vorgegeben werden, und organisiert die → *Bestandsführung* und den unterlagerten → *Materialfluss.*

Die Bezeichnung Lagerverwaltungssystem ist zunehmend gebräuchlicher und trifft zur Bezeichnung der allgemein verwendeten → *Client/Server-Systeme* mit komplexer Funktionalität besser zu. → *Lagerverwaltung*

Lagerverwaltungssystem (abgek. LVS; engl. *Warehouse management system,* abgek. WMS) → *Lagerverwaltungsrechner,* → *Lagerverwaltung*

Lagervorzone (engl. *Pre-storage area*) ist der Bereich vor den Regalgassen. Er dient als Umsetzbereich bzw. auch Abstellbereich für ein- und auszulagernde → *Lagereinheiten,* insbes. bei automatischen → *Lägern* mit Fördertechnikausrüstung.

Lagervorzone [Quelle: VIASTORE]

Lagerwesen (engl. *Warehousing*) ist der zusammenfassende Oberbegriff für die technisch-organisatorischen Strukturen der in einem Unternehmen vorhandenen → *Läger* und die darin ablaufenden Prozesse.

Lagerwirtschaft (engl. *Inventory management*): Eingebunden in das → *Lagerwesen* ergibt die Gesamtheit aller → *Lagerbestände* die Lagerwirtschaft. Sie ist Teil der → *Materialwirtschaft* eines Unternehmens.

175

Lagerzeit (engl. *Dwell time, storage time*) bezeichnet die Verweildauer einer → *Lagereinheit* oder → *Artikeleinheit* im → *Lager*. Allgemein soll die L. kurz sein, um damit eine hohe → *Umschlagrate* zu erzielen. Vielfach hängt die Dauer aber auch von den Anforderungen der Lagergüter ab, z. B. Verderblichkeit, Reifeprozess, Kühl- oder Abkühldauer.

Lagerzone (engl. *Storage zone*) bezeichnet eine innerhalb eines Regalbereichs nach bestimmten Kriterien vorgenommene Zonung. Diese Zonung kann konstant oder auch variabel sein. Eine L. ist somit eine Untereinheit des → *Lagerorts*. Vgl. → *ABC-Zonen*.

LAM Abk. für → *Lastaufnahmemittel*

LAN Abk. für → *Local Area Network*

Land Container engl. für → *Binnencontainer*

Landlocked Developing Countries (abgek. LLDC; engl. für *Entwicklungsländer ohne Meereszugang*) ist ein durch die UN definierter Status von Entwicklungsländern.

Lane Strategy engl. für → *Streifenstrategie*

Langsamdreher (engl. *Slow mover*) ist Fachjargon für einen C-Artikel, d. h. einen → *Artikel* mit geringer Umschlaghäufigkeit (→ *ABC-Artikel*, → *Umschlagrate*). Das Gegenteil wird als → *Schnelldreher* bezeichnet. Schnell- und Langsamdreher werden im Fachjargon auch als „Renner und Penner" bezeichnet.

Langsamläufer (engl. *Slow mover, slow-moving item*) → *Langsamdreher*

Längsaufnahme (engl. *Lengthwise pick-up*): Eine → *Palette* wird mittels eines → *Lastaufnahmemittels* von der Schmalseite her aufgenommen.

Längseinlagerung (engl. *Lengthwise storage*) bezeichnet die Lagerung einer → *Palette* im → *Regal* mit der Schmalseite zum Gang. In Palettenlägern mit Mehrplatzlagerung (mehrere Paletten pro Fach, → *Mehrplatz-Lagersystem*) wird die Längseinrichtung aufgrund des geringeren Durchhangs gegenüber der → *Quereinlagerung* bevorzugt.

Längstraverse (engl. *Longitudinal crossbeam*) → *Traverse*

Largest-Gap-Heuristik ist eine Heuristik zur → *Wegoptimierung* beim → *Kommissionieren*. Jeder Gang wird hier bis zum Largest Gap (bis zur *größten Lücke*) durchlaufen. Eine Lücke ist die Entfernung zweier benachbarter Fächer eines Ganges, die anzulaufen sind, bzw. der Weg vom Gang zum nächsten Fach. Die größte Lücke ist der Teil des Ganges, der nicht durchlaufen wird. Vgl. → *Mittelpunkt-Heuristik* und → *Mäander-Heuristik.*

Laserscanner → *Scanner*

LASH Abk. für → *Lighter Aboard Ship*

Lastaufnahmemittel (abgek. LAM; engl. *Load suspension device, load handling attachment*) ist der Teil des → *Regalbediengeräts,* welcher die → *Lagereinheit* aufnimmt und abgibt. Typisches LAM für → *Paletten* ist bspw. die Hubgabel. Bei Krananlagen sind typische L. → *Krantraversen,* Vakuum-Greifer, → *C-Haken* oder Zangen.

Lastaufnahmemittel – Teleskopgabel [Quelle: VIASTORE]

Lastberuhigung Beim Verfahren von Lasten durch Krananlagen können durch die Seilaufhängung Pendelbewegungen der aufgenommenen Last in Kranfahrtrichtung und in Katzfahrtrichtung entstehen. Da hierdurch die Zielanfahrten erschwert und verzögert werden, wird durch eine Lastberuhigung die Pendelbewegung unterdrückt oder reduziert. Vgl. → *Pendeldämpfung.*

Lastenheft (engl. *Requirement specifications*): Innerhalb der Ausschreibung definiert der Auftraggeber die Erfordernisse und Funktionen, welche durch die Anlagen und Gewerke des Auftragnehmers zu erfüllen sind. Das L. dient als Ausschreibungs-, Angebots- oder Vertragsgrundlage (VDI/VDE 3694, → *Pflichtenheft*).

Last In – First Out (abgek. LIFO) ist eine Zugangs-/Ausgangsvorschrift für ein → *Lager* unter Berücksichtigung zeitlicher Restriktionen: Die zuletzt zugegangene → *Ladeeinheit* eines → *Artikels* verlässt das Lager zuerst (vgl. First In – First Out).
LIFO ist gelegentlich (z. B. beim → *Blocklager*) durch das Lagerprinzip vorgegeben.

Last Mile engl. für → *Letzte Meile*

Lastmodulation (engl. *Load modulation*): Befindet sich die Antennenspule eines RFID-Tags (z. B. 13,5 Mhz-Tag, → *Tag*) im → *Nahfeld* eines → *RFID-Scanners*, so entzieht der → *Transponder* dem magnetischen Feld Energie. Durch Veränderung der Antennenimpedanz des RFID-Tags können durch L. Informationen an den RFID-Scanner übertragen werden.

Lastpendeldämpfung (engl. *Swing damping system*) → *Pendeldämpfung*

Lastschwerpunktabstand (engl. *Load center distance*) ist der horizontale Abstand zwischen Gabelrücken (Berührfläche Gabel/Hubeinrichtung) und dem Schwerpunkt der Last. Hierbei wird die Last als homogen angenommen. Die Nennlast eines Staplers bezieht sich i. Allg. auf einen definierten Schwerpunktabstand.

Lasttrum (engl. *Pull strand*) → *Trum*

Laufkatze (engl. *Trolley, crane carriage*) ist ein Teil eines → *Krans*, der zur Bewegung der Hubeinrichtung (des Hubseils) dient.

Layout beschreibt die Anordnung und Zuordnung von Einrichtungen, Verkehrswegen und Versorgungsleitungen in zeichnerischer Darstellung.

LBE Abk. für Lagerbestandseinheit (engl. *Inventory unit*)

LBT 1. Abk. für → *Listen Before Talk* — 2. Abk. für Landesverband Bayerischer Transport- und Logistikunternehmen e. V., München

L/C Abk. für Letter of Credit (engl. für *Kreditbrief*), → *Akkreditiv*

LCL Abk. für → *Less than Container Load*

LDC Abk. für → *Least Developed Countries*

LDL Abk. für → *Logistikdienstleister*

LE Abk. für → *Ladeeinheit* und für Ladungseinheit

178

Lead Logistic Provider (abgek. LLP) bezeichnet einen → *Fourth Party Logistics Provider* mit eigenen operativen Kapazitäten.

Lead Time (abgek. LT) engl. für → *Lieferfrist*, → *Durchlaufzeit*

Lean Production bezeichnet eine Unternehmensstrategie aus einem System von Grundsätzen, Zielen und Maßnahmen, das in der Gesamtheit zum „schlanken" und somit besonders wettbewerbsfähigen Zustand eines Unternehmens führt. Ziel ist auch die Komplexitätsreduktion durch „flache" Hierarchien. Die Bezeichnung wurde durch die Analyse der Produktionsmethoden japanischer Automobilhersteller durch Womack (1991) geprägt.

Least Developed Countries (engl. für „*am wenigsten entwickelte Länder*") ist ein von der UN definierter Status für 50 besonders wenig entwickelte (arme) Länder.

LED Abk. für Light emitting diode (engl. für *Leuchtdiode*)

Leergut (engl. *Empties*) bezeichnet → *Verkaufsverpackungen* eines Produktes, die der Pfandpflicht unterliegen (z. B. Pfandflasche).

Leertrum (engl. *Return strand*) → *Trum*

LEH Abk. für Lebensmitteleinzelhandel (engl. *Food retail trade*)

Leichter (engl. *Lighter*) ist ein antriebsloses Lagerschiff, häufig Teil eines Schubverbands. Seine typische Länge beträgt bis 80 Meter, seine Zuladung bis 1.500 Tonnen. Vgl. → *Lighter Aboard Ship*.

Leistung (engl. *Performance*) 1. ist in der Physik der Quotient aus Arbeit und Zeit. — 2. ist in der Logistik zumeist der Quotient aus der Anzahl von Bewegungseinheiten und der Zeit, z. B. → *Paletten* pro Stunde, auch → *Durchsatz* oder Spiele pro Zeiteinheit, z. B. RBG-Spiele oder Umsetzvorgänge pro Stunde.
Zu unterscheiden sind Komponentenleistungen, Grenzleistungen von Komponenten oder Systemelementen und Systemleistungen. Nach dem Ort der Leistungsdurchführung sind beispielsweise → *Lagerleistung*, Transportleistung, Verkehrsleistung, → *Umschlagleistung* usw. gegeben. Missverständlich ist, wenn im Sinne der so definierten L. von → *Kapazität* gesprochen wird, z. B. Umschlagkapazität.

Leistungsgrad (engl. *Efficiency, performance rate*) bezeichnet die Ist-Leistung im Verhältnis zur Soll-Leistung in Prozent.

Leithammel heißt im Fachjargon die erste Transporteinheit (z. B. → *Behälter*) von zusammengehörenden Stückgut-Transportketten (→ *Lokomotivenprinzip*).

179

Lesegerät (engl. *Reader*) ist ein Gerät, mit dem in einem Datenerfassungssystem die Daten eines Datenträgers (z. B. → *Transponder*, Barcode-Label (→ *Barcode*)) erfasst werden. Dies kann z. B. ein → *Scanner* sein.

RFID-Lesetor [Quelle: TBN]

Leserate (engl. *Recognition rate*) bezeichnet die Geschwindigkeit in → *Baud*, mit der ein → *RFID-Scanner* Informationen eines RFID-Tags (→ *Tag*) einlesen kann. Die L. ist neben der technischen Ausführungsform von RFID-Scanner und RFID-Tag abhängig von der Übertragungsfrequenz.

Lesereichweite (engl. *Reading range, scanning range*) ist der maximale Abstand zwischen Informationsmarke (→ *Tag*, → *Barcode* etc.) und → *Scanner*.

Less than Container Load (abgek. LCL) bedeutet, dass der → *Container* vom → *Versender* nicht komplett beladen wird. Gegenteil: → *Full Container Load*.

Letter of Credit engl. für → *Akkreditiv*

Letter of Intent (abgek. LOI) ist im Gegensatz zum allgemeinen Sprachgebrauch (sog. „Absichtserklärung") ein Vertrag im Rahmen von Vertragsverhandlungen, der einen weiten Spielraum von Regelungsgehalten bis hin zu einer vollständigen vertraglichen Regelung beinhalten kann. Meist ist eine genaue Auslegung notwendig.

Letzte Meile (engl. *Last mile*) ist ein Ausdruck für das Problem, die Auslieferung von immer kleiner werdenden Aufträgen und Sendungen (→ *Lieferung*) – insbes. bedingt durch den Internethandel (→ *E-Commerce*) – zu verträglichen Kosten an den Endkunden (Konsument) durchzuführen. → *Pick-up-Station*

LF Abk. für Low frequency (engl. für *tiefe Frequenz* bzw. *tiefer Frequenzbereich* oder *induktives Wechselfeld*), → *Radio Frequency Identification*

LFS Abk. für Lagerführungssystem (engl. *Warehouse control system*), → *Lagerverwaltungsrechner*

LHM 1. Abk. für → *Ladehilfsmittel* — 2. Abk. für Lagerhilfsmittel

Licence Plate (engl. für *Nummernschild*) ist die eindeutige Bezeichnung eines → *Packstücks* oder eines Gutes mit → *Barcode* oder → *Radio Frequency Identification*.

Lieferabruf (engl. *Delivery schedule, delivery order*) wird in regelmäßigen Zeitabständen, z. B. alle zwei Wochen, zum Zwecke der physischen Materialflusssteuerung übermittelt. Er enthält, tageweise aufgeschlüsselt, die verbindliche Bestellung von → *Material*.

Lieferant (engl. *Supplier*) ist ein Geschäftspartner, der → *Material* oder Dienstleistung an einen Kunden liefert bzw. erfüllt (intern oder extern).

Lieferart (engl. *Type of delivery*) bezeichnet die Art und Weise, in der eine → *Lieferung* ausgeführt wird.

Lieferavis (engl. *Dispatch notification*) → *Avis*

Lieferbedingungen (engl. *Terms of delivery*) regeln die Modalitäten für Liefervorgänge zwischen → *Lieferanten* und Kunden, wie z. B. Verteilung der Transport- und Versicherungskosten, Lieferort usw.

Lieferbereitschaft (engl. *Readiness to deliver*) ist eine allgemeine Aussage, inwieweit ein Unternehmen seinen Lieferanforderungen zeitlich und inhaltlich nachkommt.

Lieferbereitschaftsgrad → *Liefergrad*

Lieferbeschaffenheit (engl. *Delivery quality*) bezeichnet Zustand und Qualität des vom → *Lieferanten* gelieferten → *Gutes* zum Zeitpunkt der Übergabe beim Kunden.

Liefereinheit (engl. *Delivery unit*) ist eine physische Einheit, die für einen Liefervorgang gebildet wird und während des Liefervorgangs nicht aufgelöst werden darf (VDA/BSL-Empfehlung 5002). Eine L. kann z. B. eine Gitterbox, ein Kleinladungsträger (→ *KLT*) oder ein anderer → *Behälter* mit Ware und ggf. Hilfspackmittel sein.

Lieferfähigkeit (engl. *Ability to deliver*) bezeichnet die Fähigkeit eines → *Lieferanten*, bestimmte → *Artikel* liefern zu können.

Lieferflexibilität (engl. *Delivery flexibility*) bezeichnet die Fähigkeit eines → *Lieferanten*, kurzfristige Bestellungen von Kunden erfüllen zu können.

Lieferfrist (engl. *Delivery deadline*) ist die Zeitspanne zwischen Bestellungseingang und Ausführung der → *Lieferung*.

Liefergrad (engl. *Customer service level*) ist der Quotient aus der Anzahl zeit- und sachgerechter Auslieferungen und der Anzahl Bestellungen. Ein hoher L. nahe 100 % erzeugt hohe → *Sicherheitsbestände* und damit hohe Lagerhaltungskosten. Vgl. → *Servicegrad der Lagerhaltung*.

Liefergruppe (engl. *Delivery group*) bezeichnet die Gruppierung von mehreren → *Positionen* eines → *Auftrags* zu einem gemeinsamen → *Liefertermin*.

Liefermenge (engl. *Delivered quantity*) ist die Menge an → *Material*, Zulieferteilen usw., die mit einer → *Lieferung* beim Kunden eintrifft. Sie muss nicht identisch mit der → *Bestellmenge* sein, wenn → *Nachlieferungen* aus verschiedenen Gründen nicht zu vermeiden sind.

Lieferqualität (engl. *Delivered quality*) → *Logistikqualität*

Lieferschein (engl. *Delivery order, custom advice note*) zeigt dem Kunden den Lieferumfang an. Er bildet die Grundlage für die Rechnungsstellung.
In einem → *Lager* sind zwei Arten von L. zu verwalten: Zum einen sind bei der → *Warenannahme* die L. mit der eintreffenden Ware abzugleichen, zum anderen werden L., die vom → *Lagerverwaltungssystem* ausgedruckt werden, den Warenauslieferungen mitgegeben. L. sind Urkunden, die gemäß §§ 257 HGB aufzubewahren sind.

Lieferservice (engl. *Delivery service*) umfasst alle Handlungen (Dienstleistungen), die im Zusammenhang mit → *Lieferungen* zum Vorteil des Kunden ausgeführt werden.
Zur Beurteilung des L. werden i. Allg. folgende Punkte gewertet: Einhaltung der → *Lieferzeit*, → *Lieferzuverlässigkeit*, Lieferqualität (→ *Logistikqualität*), → *Lieferflexibilität*.

Liefertermin (engl. *Delivery date*) ist der Zeitpunkt, zu dem eine → *Lieferung* oder eine Dienstleistung tatsächlich vorgenommen wird.

Liefertreue (engl. *Delivery reliability*) ist eine qualitative Aussage über die Konstanz von → *Lieferungen* über einen längeren Zeitraum.

Lieferung (engl. *Consignment*): Eine Lieferung oder Sendung besteht aus einem oder mehreren → *Packstücken* und bezeichnet die Gesamtheit aller Packstücke, die in einem Anliefervorgang an einen Empfänger überstellt werden.

Liefervorrat (engl. *Delivery stocks*) ist die Menge eines → *Artikels*, die üblicherweise ausreicht, um die → *Lieferungen* eines bestimmten Zeitintervalls zu erfüllen.

Lieferzeit (engl. *Delivery time*) ist die Zeit, die üblicherweise vergeht, bis die bestellte Ware beim Kunden eintrifft.

Lieferzuverlässigkeit (engl. *Delivery reliability*) ist das zusammenfassende Maß für die richtige Erfüllung von Art, Menge, Qualität, Pünktlichkeit usw. in Verbindung mit → *Lieferungen*.

Liegeware (engl. *Lying goods*) bezeichnet Ware aus dem Bekleidungsbereich, die im Gegensatz zur → *Hängeware* ohne Qualitätseinbuße oder Beschädigungsgefahr liegend transportiert und gelagert werden kann.

Life Cycle Management → *Produktlebenszyklus*

LIFO Abk. für → *Last In – First Out*

Lifting Frame engl. für → *Hubgerüst*

Lifting Jack engl. für → *Windwerk*

Lifting Mast engl. für *Hubmast*, → *Hubgerüst*

Liftsystem → *Turmregal*

Lighter engl. für → *Schute, Leichter*

Lighter Aboard Ship (abgek. LASH) ist ein Schiff zum Transport von → *Leichtern* und → *Schuten*, die im Löschhafen zu Wasser gelassen und dort z. B. zu Schubverbänden zusammengestellt werden.

Liner Trade engl. für → *Linienschifffahrt*

Line Storage engl. für → *Zeilenlagerung*

Linienschifffahrt (engl. *Liner trade*) bezeichnet die regelmäßige Schifffahrt gemäß fester Fahrpläne entlang bestimmter Routen.

Link ist die Kurzform von → *Hyperlink*.

Linux ist ein Multiuser-/→ *Multitasking*-Betriebssystem. L. ist das klassische Beispiel für eine → *Open Source Software*. Es wurde von Linus Torvalds und anderen freien Entwicklern ins Leben gerufen. Vgl. → *GNU*.

Listen Before Talk (abgek. LBT) bezeichnet ein Hochfrequenz-Zugriffsverfahren. LBT findet z. B. in Europa Anwendung bei der Pulklesung von RFID-Tags (→ *Tag*).

Lkw (auch LKW) Abk. für Lastkraftwagen

LLDC Abk. für → *Landlocked Developing Countries*

LLP Abk. für → *Lead Logistic Provider*

LLR Abk. für Lagerleitrechner (engl. *Warehouse master computer*)

LLRP Abk. für → *Lower Level Reader Protocol*

LMIS Abk. für Logistisches Management-Informationssystem

Load Carrier engl. für → *Ladungsträger*

Loading Gear engl. für → *Ladegeschirr*

Load Securing engl. für → *Ladungssicherung*

Local Area Network (abgek. LAN) ist ein Netzwerk von Rechnern innerhalb eines Unternehmens, einer Organisation usw.

Local Positioning System (abgek. LPS; engl. für *örtliches Positioniersystem*) bezieht sich im Gegensatz zum → *Global Positioning System* (GPS) lediglich auf einen lokalen Bereich.

Local Sourcing ist eine Strategie, bei der lokale Zulieferer bevorzugt in den Produktionsprozess einbezogen werden. L. S. dient u. a. der Minimierung von Transportkosten und Transportrisiken sowie einer Erhöhung der Flexibilität, insbes. bei → *Lean Production* und Just-in-Time-Prozessen (→ *Just-in-Time*).

loco lat. für *am Ort* (z. B. des Verkaufs)

LoD Abk. für → *Logistics on Demand*

LOFO Abk. für → *Lowest In - First Out*

LogiMat ist eine jährlich stattfindende internationale Fachmesse für Distribution, Material- und Informationsfluss für das Gebiet der → *Intralogistik*. Veranstaltungsort ist Stuttgart.

Logistic Service Provider engl. für → *Logistikdienstleister*

Logistics Execution System → *SAP LES*

Logistics Journal ist ein wissenschaftliches, nicht kommerzielles E-Journal der WGTL (→ *Wissenschaftliche Gesellschaft für Technische Logistik*) (http://www.logistics-journal.com).

Logistics on Demand (abgek. LoD) 1. bezeichnet → *logistische Leistungen*, die bedarfsgerecht und bei Bedarf, z. B. als ASP-Dienst (→ *Application Service Provider*), erbracht werden. — 2. bezeichnet intralogistische Leistungen sowohl im Sinne einer physisch erbrachten, z. B. fördertechnischen Leistung als auch im Sinne eines Dienstes.
Bedarfsgerecht im Sinne von LoD ist eine Leistung dann, wenn sie applikationsgerecht, betriebsgerecht, kundenkonform und instandhaltungsgerecht den Nutzen während des gesamten → *Produktlebenszyklus* maximiert.

Logistik 1. ist die wissenschaftliche Lehre von der Planung, Steuerung und Optimierung der Material-, Personen-, Energie- und Informationsflüsse in Systemen, Netzen und Prozessen. — 2. ist eine Branchenbezeichnung, die alle Unternehmen bzw. Unternehmensteile bezeichnet, die logistische Dienstleistungen erbringen. Zu den logistischen Dienstleistungen werden neben dem Transport, dem → *Umschlag* und der Lagerung zunehmend logistische Mehrwertdienste (→ *Value-added Services*) wie kundenspezifische → *Verpackung*, Assemblierung oder Datenhaltung und Informationsmanagement gezählt.
Vgl. → *Intralogistik*, → *Materialfluss*.

Logistik, innerbetriebliche → *Innerbetriebliche Logistik*

Logistik-AGB sind allgemeine Geschäftsbedingungen für diejenigen logistischen Leistungen, die nicht von den → *Allgemeinen Deutschen Spediteurbedingungen* erfasst werden, sog. originär nicht-logistische Leistungen. L.-AGB müssen vereinbart werden, sie gelten nicht als Handelsbrauch.

Logistikdienstleister (abgek. LDL; engl. *Logistic service provider*) bezeichnet die Weiterentwicklung des traditionellen Speditionsgeschäfts. Über Transport, → *Lager* und → *Umschlag* hinaus bietet der LDL weitere Leistungen und Lösungen an, z. B. kundenbezogene Lagerung, Kommissionierung, Assemblierung, Fakturierung usw.

LDL und 3PL (→ *Third Party Logistics Provider*) werden häufig synonym verwendet.

Logistikkosten (engl. *Logistic costs*) sind nicht nur für Einzelunternehmen interessant und seit längerem im Fokus möglicher Reduzierungsmaßnahmen, sondern auch die gesamtwirtschaftliche Entwicklung ist ein Orientierungspunkt für Vergleiche. Seit Jahren ist zu registrieren, dass L. insgesamt gesenkt werden konnten. Durch Übernahme weiterer wertschöpfender Tätigkeiten (→ *Value-added Services*) ist jedoch nach Experteneinschätzung davon auszugehen, dass die Kosten zukünfig wieder steigen werden.

Logistik-Outsourcingvertrag ist ein Vertrag auf dem Gebiet der Logistik, der die Übertragung einer bisher selbst durchgeführten logistischen Funktion an einen Outsourcing-Partner beinhaltet (→ *Outsourcing*). Er betrifft nicht notwendigerweise die → *Kontraktlogistik.*

Logistikqualität (engl. *Logistic quality*): Von einer hohen Qualität kann gesprochen werden, wenn die für eine → *logistische Leistung* bestimmenden Faktoren und Merkmale mehr als durchschnittlich, mindestens im branchentypischen Umfange erreicht werden.

Logistische Betriebskennlinie (engl. *Logistical operational characteristic*) gibt den Zusammenhang zwischen ein- und ausgehenden Beständen eines (logistischen oder produzierenden) Systems und der Reichweite im zeitlichen Verlauf wieder (auch „Wiendahl'sche Betriebskennlinie").

Logistische Leistung (engl. *Logistic performance*): Vielfach werden folgende Merkmale zur Charakterisierung einer L. L. genannt, unabhängig davon, ob sie von einem Unternehmen selbst oder durch einen Dienstleister erbracht wird:
- Lieferqualität (→ *Logistikqualität*)
- → *Lieferzeit*
- → *Lieferflexibilität*
- → *Lieferfähigkeit*
- → *Termintreue*
- Informationsbereitschaft

LOI Abk. für → *Letter of Intent*

Lokomotivenprinzip (engl. *Locomotive principle*): Wenn beim behälterbasierten → *Kommissionieren* nach dem Prinzip → *Ware-zum-Mann* die → *Bestellmenge* nicht aus einem → *Behälter* entnommen werden kann, bildet der erste Behälter datentechnisch die „Lokomotive" für die nachfolgenden Behälter.

LoLo (Abk. für Lift on/Lift off) bezeichnet Ladevorgänge bei Schiffen mit Ladekränen.

Long-Range-System bezeichnet im RFID-Bereich ein System aus → *Tags* und → *RFID-Scanner*, die im → *Fernfeld* (vgl. → *Backscatter*) bis zu einer Entfernung von mehreren Metern betrieben werden können. Vgl. → *Close-Coupling-System*, → *Remote-Coupling-System*.

Loose Fill ist die Bezeichnung für lose, kleine Formteile (Chips) aus Polyethylen, die zum Schutz des Gutes in die Verpackung gegeben werden.

Lore (engl. *Lorry*) → *Anhänger*

Lorenz-Kurve → *ABC-Artikel*

Lorry (engl. für *Lore*) → *Anhänger*

Löschen (engl. *Unload, discharge*) bezeichnet das Ausladen einer (Schiffs-)Fracht.

Lose Schüttung → Schüttung

Losgröße (engl. *Batch size, lot-size*) 1. ist die Anzahl einer Produktvariante, die ohne Umrüstung oder Unterbrechung des Produktionsprozesses hergestellt wird. — 2. ist die Anzahl der Warenstücke, die im Rahmen eines → *Auftrags* disponiert werden.

Lot (engl. für *Los, Partie*): Lotnummern werden gelegentlich synonym zur Chargen- oder Gebindenummer verwendet. → *Charge*

Lower Level Reader Protocol (abgek. LLRP) spezifiziert eine Schnittstelle zwischen einem → *Scanner* und einer Anwendung (einem verarbeitenden Programm).

Lowest In – First Out (abgek. LOFO) ist eine Zugangs-/Ausgangsvorschrift für ein → *Lager* mit der Maßgabe, die → *Artikel* oder → *Materialien* mit dem niedrigsten Wert auch zuerst wieder zu entnehmen.

LPS Abk. für → *Local Positioning System*

LT Abk. für Lead Time (engl. für → *Lieferfrist*)

Luftfrachtnetz (engl. *Air freight network*) ist ein weltweites Strecken-netz, das versucht, die Fracht- und Passagierflüge bestmöglich aus-zunutzen, um einen schnellstmöglichen Transport zu gewährleisten.

Luftschleier (engl. *Air curtain*) sorgt für eine klimatische Trennung zweier Bereiche, z. B. an einer → *Rampe* zwischen der Ladehalle und der Umwelt. Dabei wird ein Luftstrahl vertikal von oben nach unten ausgeblasen (typischerweise ca. 30 Zentimeter breit). L. verhindern thermische Strömung und schützen vor Einflüssen wie Zugerschei-nungen, die durch offene Übergänge klimatisch unterschiedlicher Räume entstehen können. Luftschleier können einen Temperatur-unterschied von ca. 25 K abschotten.

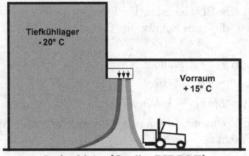

Luftschleier [Quelle: BIDDLE]

Luftvorhang → *Luftschleier*

LVR Abk. für → *Lagerverwaltungsrechner*

LVS Abk. für → *Lagerverwaltungssystem* (engl. *Warehouse Manage-ment System*, abgek. *WMS*)

LZ Abk. für Logistik-Zentrum (engl. *Logistic center*)

M

MA Abk. für Mitarbeiter (engl. *Employee, member of staff*)

Mäander-Heuristik (engl. *Meander heuristics*) ist ein Verfahren zur → *Wegoptimierung* beim → *Kommissionieren* nach dem Prinzip → *Mann-zur-Ware*, bei dem alle Gänge mäanderförmig (schleifenförmig) durchlaufen werden. Die M.-H. ist vorteilhaft bei einer relativ hohen Anzahl von → *Kommissionierpositionen* in jedem Gang.

MAC Abk. für Medium access control

Macro Logistics engl. für → *Makrologistik*

Mafo Abk. für Marktforschungsdaten

MagneTrak (Produktbezeichnung der Schierholz-Translift Schweiz AG) ist ein Transportsystem mit Linearmotorantrieb für leichtgewichtige Transporte. Hängender (→ *flurfreier*) oder stehender (aufgeständerter) Betrieb ist möglich. Wegen seiner geschlossenen Bauart ist M. besonders für den Lebensmittel- und Reinraumbereich geeignet.

Magnettraverse (engl. *Magnetical cross beam*): Bei der Handhabung von Langgut aus Eisen stellen Magnete ein wichtiges Handhabungsmittel für die Entnahme und Ablage von Bunden oder Einzelelementen dar. Hierzu sind einzelne Magnete an einer Traverse befestigt.

Mailbox ist ein „Elektronischer Briefkasten", der → *E-Mails* speichert, bis der Empfänger sie abholt.

Mail Sorter engl. für → *Briefsorter*

Main Run engl. für → *Hauptlauf*

Maintenance engl. für → *Wartung*

Make or Buy ist ein Begriff aus dem → *Outsourcing*. Er beschreibt die Entscheidung, eine Produktion oder Dienstleistung an Dritte zu vergeben oder vom eigenen Unternehmen ausführen zu lassen.

Make-to-Order (engl. für „*Auftragsfertigung*") → *Built-to-Order*

Make-to-Stock (engl. für „*Lagerfertigung*") → *Built-to-Stock*

Makrologistik (engl. *Macro logistics*) ist die Lehre von der übergeordneten, auf die nationale oder übernationale Ebene bezogene → *Logistik*, wobei verkehrstechnische und verkehrsharmonisierende Aspekte im Vordergrund stehen. Siehe auch → *Mikrologistik*.

Managementinformationssystem (abgek. MIS) hat als vorrangige Aufgabe die Aufbereitung und Verdichtung von Informationen zur Vorbereitung von Managemententscheidungen. MIS werden oftmals als Bestandteil eines Warenwirtschaftssystems geführt.

Seit Mitte der 90er Jahre werden zunehmend analytische Funktionen in MIS integriert. Trends, Prognosen und Analysen im echtzeitnahen Bereich sollen das Management unterstützen. Siehe → *Data Warehouse*, → *OLAP* (Online analytical processing).

Mandant (engl. *Client*) ist der Kunde eines Outsourcing-Dienstleisters (→ *Outsourcing*) mit eigenem Artikelsortiment, eigener → *Bestandsführung*, eigenen → *Aufträgen* und → *Lieferscheinen* und eigener Leistungsabrechnung. → *Mandantenfähigkeit*

Mandantenfähigkeit (engl. *Multi-client capability*) ist eine Funktion von Lagerverwaltungsprogrammen (→ *Bestandsführung*), die Bestände verschiedener Kunden in einem → *Lager* verwalten und führen zu können, z. B. bei → *Logistikdienstleistern*.

Es handelt sich hierbei um eine komplexe Funktion der → *Lagerverwaltung*, insbesondere dann, wenn keine mandantenreinen → *Lagerbereiche* eingerichtet werden und somit jede → *logistische Leistung* einzeln über das → *Lagerverwaltungssystem* gebucht und bewertet werden muss.

Man-down-Stapler (engl. *Man-down stacker*) ist die Bezeichnung für einen Schmalgangstapler, bei dem die Fahrerkabine fest an der unteren Position bleibt. Dieser Staplertyp ist nur für die → *Einlagerung* und → *Auslagerung* von → *Lagereinheiten* (vorrangig Paletteneinheiten) eingerichtet. Vgl. → *Man-up-Stapler*.

Manifest ist ein Ladungsverzeichnis mit stückgenauer Aufzeichnung.

Manko (engl. *Deficiency*) ist eine andere Bezeichnung für Fehlmenge oder Fehlgewicht.

Mannloser Betrieb eines Lagers ist die umgangssprachliche Bezeichnung für ein Automatiklager, → *Hochregallager* oder → *Automatisches Kleinteilelager*.

Mann-zur-Ware (abgek. MzW; engl. *Man to goods*) beschreibt innerhalb eines Kommissioniersystems den folgenden Bewegungsablauf: Die zu kommissionierende Ware verbleibt an ihrem → *Lagerplatz*; der → *Kommissionierer* bewegt sich nach den Anweisungen der → *Kommissionierliste* (→ *Pickliste*) von einem Lagerplatz zum anderen, entnimmt die Ware und sammelt so die Einzelpositionen ein. Vgl. → *Ware-zum-Mann* (WzM).

Man to Goods engl. für → *Mann-zur-Ware*

Manufacturing Automation Protocol (abgek. MAP) ist ein internationaler Standard zur Vereinheitlichung industrieller Kommunikation gemäß den sieben Schichten des → *ISO/OSI-Referenzmodells*. Ursprünglich in den 80er Jahren von General Motors ins Leben gerufen, hat MAP in der Logistik praktisch keine Bedeutung mehr.

Manufacturing Execution System (abgek. MES) ist ein Produktionsleitsystem mit informationstechnischer Einbindung der Produktion in die Gesamtheit eines Unternehmens.

Manufacturing Messaging Specification (abgek. MMS) ist ein Standard zur datentechnischen Kopplung von Automatisierungsgeräten gemäß ISO/IEC 9506.

Man-up-Stapler (engl. *Man-up stacker*) ist die Bezeichnung für einen Schmalgangstapler (→ *Regalbediengerät*), bei dem sich die Fahrerkabine (und damit auch der Fahrer selbst) bei Hub- und Fahrbewegungen innerhalb der Regalgasse immer auf Höhe der Last befindet. Neben der → *Einlagerung* und → *Auslagerung* von → *Lagereinheiten* ist dieser Staplertyp dafür eingerichtet, dass der Fahrer auch Kommissionieraufgaben nach dem Prinzip → *Mann-zur-Ware* erledigen kann. → *Zweidimensionale Kommissionierung*

MAP Abk. für → *Manufacturing Automation Protocol*

Marktabdeckung (engl. *Market coverage*) gibt an, welcher Anteil des → *Marktvolumens* mit einem ausgewählten → *Sortiment* abgedeckt werden kann.

Marktanteil (engl. *Market share*) gibt an, über welchen Anteil ein definierter Vertriebskanal, eine Vertriebslinie oder eine Marke an einem Gesamtmarkt verfügt. Er kann als Absatz oder Umsatz ausgedrückt werden und beschreibt somit die Beziehung zwischen Absatzvolumen/Umsatzvolumen und → *Marktvolumen*.

Marktpotenzial (engl. *Market potential*) ist die Nachfrage nach einer Leistung oder einem Gut zu einem bestimmten Preis. Vgl. → *Marktvolumen*.

Marktvolumen (seltener auch Marktgröße; engl. *Market volume*) ist die Summe der nachgefragten → *Güter* (abgesetzten Güter) eines Marktes in einem definierten Zeitraum. Die Bewertung erfolgt monetär (nicht in Volumen). Ein Ziel des Marketings ist es, die Lücke zwischen dem analysierten Bedarf und der realen Nachfrage (dem erzielten M.) zu schließen. Vgl. → *Marktpotenzial.*

Mashup ist eine Web-2.0-Technologie, die unterschiedliche Programme und Daten unter derselben Benutzeroberfläche integriert.

Mass Customizing bezeichnet die kundenspezifische Fertigung oder Assemblierung mit der → *Losgröße* eins in der Massenfertigung.

Master Data engl. für → *Stammdaten*

Master of a Ship engl. für → *Partikulier*

Master-Slave-Verfahren (engl. *Master-slave method*) ist ein Zuteilungsverfahren aus der Datentechnik, bei dem ein Master alleinig die Koordination eines Systems, bestehend aus einem Master-System und mehreren Slave-Systemen, übernimmt. *Beispiel:* Kommunikation einer USB-Schnittstelle (PC als Master).

Material umfasst sämtliche → *Güter*, die Gegenstand einer Geschäftstätigkeit sind. Zum einen wird es als Basis für die Produktion und Fertigung beschafft, verbraucht oder erzeugt. Zum anderen wird M. als Produkt gehandelt.

Materialbedarfsplanung (engl. *Material requirements planning*) ermittelt anhand von → *Stücklisten,* → *verfügbaren Beständen* und dem Produktionsprogramm Art, Menge und Bereitstellungstermin der benötigten → *Materialien.*

Materialbereitstellung (engl. *Material supply*) umfasst die → *Entnahme* und das Zusammenstellen von Komponenten für Fertigung und Montage. Die → *Bereitstellung* kann anhand von Transportaufträgen bzw. Bereitstelllisten ausgelöst und durchgeführt werden. Vgl. → *Kanban-Prinzip,* → *Just-in-Time,* → *Just-in-Sequence* usw.

Materialbewirtschaftung (engl. *Material control*) ist die → *Disposition* sämtlicher im Unternehmen vorhandener → *Materialien* unter Berücksichtigung spezifischer hinterlegter Regeln für Beschaffung und Bevorratung.

Material Control engl. für → *Materialbewirtschaftung*

Materialdisposition (engl. *Material planning*) ermittelt Zeitpunkt und Bedarf zur zeitgerechten Verfügbarkeit von → *Material* anhand von Fertigungsaufträgen oder → *Stücklisten* unter Berücksichtigung der aktuellen Bestandssituation und Wiederbeschaffungszeiten. Die M. kann sich auf Einzelteile oder Baugruppen beziehen.

Material Flow engl. für → *Materialfluss*

Materialfluss (engl. *Material flow*) ist die physische Bewältigung von Warenbewegungen aller Art als Teil einer logistischen Aufgabe.
Nach VDI 3300/DIN 30781 ist der M. die Verkettung aller Vorgänge beim Gewinnen, Be- und Verarbeiten sowie bei der Verteilung von → *Gütern* innerhalb fester Bereiche.

Materialflussmatrix (engl. *Material flow matrix*) zeigt den mengenmäßigen Zusammenhang von → *Quellen* und → *Senken* auf, d. h. welche Anzahl von Transport- oder Masseneinheiten pro Zeiteinheit bewegt wird. Über die Spalten- und Zeilensummierung ergeben sich die Gesamtmengen im Ausgang bzw. Eingang.
Sind überwiegend einzelne, feste Quellen-Senken-Beziehungen gegeben, so wird auch von unidirektionalen Transporten gesprochen; sind hingegen viele Quellen mit vielen Senken verbunden, spricht man von multidirektionalem Transport. Dies kann ein gewichtiges Merkmal – in Verbindung mit der → *Transportentfernungsmatrix* – für die Auswahl eines Transportsystems sein.

Materialflussrechner (abgek. MFR; engl. *Material flow computer*): Die Umsetzung teil- oder vollautomatischer Materialflussoperationen erfolgt im M., der die Reihenfolge von durchzuführenden Aufgaben koordiniert, ggf. auch optimiert, und die → *Quelle*-Ziel-Beziehungen kontrolliert, in der einzelne → *Aufträge*, Prozesse usw. abgearbeitet werden. Dazu werden unterlagerte Steuerungen angesprochen.

Materialflusssimulation (engl. *Material flow simulation*) ist eine häufig in der Planungsphase von Materialflusssystemen durchgeführte Analyse zum Nachweis der Leistungsfähigkeit einer geplanten Systemvariante. Die M. wird häufig vom Auftragnehmer mit realen und prognostizierten Auftragsdaten des Auftraggebers durchgeführt, um die Dynamik und Struktur von → *Artikeln*, → *Aufträgen*, → *Ladehilfsmitteln* usw. möglichst realitätsnah abzubilden. Gleichzeitig sollen → *Kapazität*, Leistungsfähigkeit und vorgesehene Steuerung der Untersuchungsvariante auf Optimierungsmöglichkeiten hin untersucht werden. Zunehmend werden M. auch im Realbetrieb der Anlagen, z. B. zur vorausschauenden Ressourcenplanung, eingesetzt. → *Simulation*

Materialflusssystem (engl. *Material flow system*) ist die Bezeichnung für ein technisches System zum → *Lagern*, Verteilen, Zusammenführen oder Bewegen von Waren und → *Gütern*. Es besteht aus → *Fördertechnik* und Lagertechnik und aus einem Informations- und Steuerungssystem.

Materialflusstechnik (engl. *Material flow technology*) bezeichnet allgemein die Technik zur Bewegung von Waren und → *Gütern*. Vgl. → *Fördertechnik*.

Material Management engl. für → *Materialwirtschaft*

Material Management System engl. für *Materialwirtschaftssystem*

Material Requirements Planning engl. für → *Materialbedarfsplanung*

Material Resource Planning I (abgek. MRP I) ist einer der ersten, in den 60er Jahren entwickelten Ansätze zur Produktionsplanung. Das Ziel von MRP I ist es, den Materialbedarf direkt aus dem Primärbedarf unter Vorgabe eines festen Produktionsprogramms abzuleiten.
Manufacturing Resource Planning wird als MRP II bezeichnet und ist eine Weiterentwicklung des MRP I.

Materialwirtschaft (engl. *Material management*) bezeichnet den Aufgabenbereich, in dem das → *Material* (Baugruppen, Einzelteile, Rohmaterial sowie Hilfs- und Betriebsstoffe) mit dem Ziel der Erhöhung der → *Lieferbereitschaft* disponiert wird.

Matrix Code ist ein nicht gestapelter 2-D-Barcode, der durch zweidimensionale Codierung eine hohe Lesedichte und Fehlertoleranz erlaubt. Bekannte Vertreter sind QR Code, MaxiCode oder Data Matrix Code. Lieferscheine, Routing Label oder auch Briefmarken werden als M. C. ausgeführt. Vgl. → *Stapelcode*.

Maut (engl. *Toll*): Im deutschen Mautsystem bedeutet Maut die Benutzungsgebühren für zurzeit schwere Nutzungfahrzeuge des Güterkraftverkehrs auf Autobahnen. Maßgebliche Fakten für die Mautfestsetzung des Mautpflichtigen sind
- amtliches Kennzeichen einschl. Nationalitätenkennzeichen,
- Autobahnstrecke einschl. Zwischenstationen,
- Datum und Uhrzeit des geplanten Fahrtbeginns,
- Anzahl Achsen des Fahrzeugs oder der Fahrzeugkombination,
- Emissionsklasse des Fahrzeugs.

MaxiCode ist ein → *Martix Code* (2-D-Barcode).

Maximum Stock bezeichnet den Maximalbestand eines → *Artikels*.

M-Commerce (Abk. für Mobile commerce) bezeichnet eine geschäftliche Transaktion über mobile Endgeräte wie Handy, → *Personal Digital Assistant* (PDA) usw.

MDE 1. Abk. für Mobile Datenerfassung (→ *Mobiles Datenterminal*) — 2. Abk. für Maschinendatenerfassung

MDS Abk. für → *Mobiler Datenspeicher*

MDT Abk. für → *Mobiles Datenterminal*

Mean Time between Failures (abgek. MTBF) engl. für *mittlere störungsfreie Zeit* (→ *Technische Verfügbarkeit*)

Mean Time to Repair (abgek. MTTR) engl. für *mittlere Reparaturdauer* (→ *Technische Verfügbarkeit*)

Mehrplatz-Lagersystem (engl. *Multi-bin storage system*): Je → *Lagerfach* sind mehrere → *Lagerplätze* neben- und/oder hintereinander angeordnet.

Mehrweg-Behälter (engl. *Reusable container*) bezeichnet im allgemeinen Sprachgebrauch einen mehrfach umlaufenden Kunststoffbehälter (→ *Mehrweg-Gebinde*, → *Mehrwegsystem*).

Mehrwegestapler (engl. *Multi directional trucks*) können durch Drehung der Räder vorwärts und seitlich fahren. Im Vergleich zum → *Vierwegestapler*, dessen Räder um 90 Grad drehbar sind, können die Räder einen beliebigen Drehwinkel einnehmen.

Mehrweg-Gebinde (abgek. MW-Gebinde; engl. *Reusable packaging*) bezeichnet ein Gebinde, das so ausgelegt ist, dass es – vorwiegend aus Kosten- und Umweltschutzüberlegungen – möglichst viele Gebrauchsumläufe übersteht, ohne dabei an Stabilität und Gebrauchsfähigkeit zu verlieren. Beispiele sind die → *Europoolpalette*, Mehrweg-Getränkeflaschen oder → *Mehrweg-Behälter*.

Mehrwegsystem (engl. *Reusable system*) ist ein Konzept

- zur Mehrfachnutzung von Einheiten, z. B. → *Verkaufsverpackungen* (Pfandflaschen), → *Transportverpackungen* (→ *Container*, → *Mehrweg-Behälter*), Transporthilfsmitteln (→ *Europoolpalette*) sowie Refill-Systemen (nachfüllbare Verbrauchseinheiten),
- zur Schonung von Ressourcen (z. B. Rohstoffe, Energie usw.) und
- zur Reduzierung des Abfalls.

Mehrwertdienst engl. → *Value-added Services*

Meldebestand (engl. *Reorder level*) ist der Bestand eines → *Artikels* oder einer Artikelgruppe in einem → *Lager*, bei dessen Unterschreiten eine Meldung an die → *Disposition* oder eine automatische Nachbestellung erfolgt.

MEMS Abk. für Micro-electro-mechanical system

Mengeneinheit (engl. *Quantity unit*) bezeichnet die physikalische Größe, in deren Einheit ein → *Artikel* gezählt oder gemessen werden kann. In vielen Fällen erfolgt die Mengenangabe in den M. „Stück" oder „Stück pro Verpackungseinheit". Bei kleinvolumigen Artikeln oder Schüttgut sind auch Gewichtsangaben oder „Stück/kg" üblich. Für die → *Bestandsführung* schwierige Fälle sind gegeben,

- wenn zwischen → *Wareneingang* und → *Warenausgang* ein Wechsel der M. stattfindet (bspw. bei der Konfektionierung von Schläuchen ein Wechsel von Meter zu Stück oder beim Wechsel von Flächeneinheit zu Stück oder Gewicht) oder
- wenn die Stückanzahl pro → *Verpackungseinheit* (→ *Verkaufseinheit*, Umverpackungseinheit usw.) wechselt.

Mengengerüst (engl. *Quantity framework*) trifft qualitative und quantitative Aussagen über Mengen, bezogen auf den notwendigen Bedarf für ein geplantes Produktionsprogramm oder als Basis für die Planung und Auslegung eines Logistiksystems.

Mengenstaffel (engl. *Quantity scale*) bezeichnet einen angezeigten Rabatt aufgrund der Menge.

Mengenumschlag (engl. *Quantity turnover*) ist der Quotient aus → *Auslagerungen* pro Jahr und → *Lagerkapazität*. Vgl. dagegen → *Lagerumschlag*.

Merchandising ist die Verkaufsförderung durch den Produzenten (für seine Vertriebspartner).

Merchant's Haulage (abgek. M. H.) bezeichnet den Vor- und Nachlauf von → *Containern* für die Seefracht. M. H. wird nicht von der Reederei, sondern von → *Verladern* oder → *Speditionen* abgewickelt. → *Hauptlauf*

MES Abk. für → *Manufacturing Execution System*

Methodendatenbank (engl. *Method database*) ist Teil von Informations- und Analysesystemen (→ *Managementinformationssystem*) und enthält einen Satz anwendbarer Methoden und Algorithmen für eine spezifische Aufgabe.

Methods-time Measurement (abgek. MTM): Bei einer MTM-Analyse werden (manuelle) Arbeitsabläufe in ihre Grundbewegungen zerlegt und vorbestimmten Zeiten zugeordnet. MTM dient auch der Planung zukünftiger Arbeitsabläufe. Vgl. → *Multimomentaufnahme*.

MF (Abk. für Medium Frequency, engl. für *Mittlere Frequenz*) bezeichnet den Frequenzbereich von 300 kHz bis 3 MHz.

MFC Abk. für Material flow control (engl. für → *Materialflussrechner*)

MFR Abk. für → *Materialflussrechner*

M. H. Abk. für → *Merchant's Haulage*

MHD Abk. für → *Mindesthaltbarkeitsdatum*

Microsoft Windows ist ein Betriebssystem der Firma Microsoft, zunächst (Mitte der 80er Jahre) als Erweiterung des Betriebssystems → *MS-DOS*, später als selbstständiges Betriebssystem sowohl für → *Server* als auch für Einzelrechner. Es existieren auch Versionen für mobile Geräte und → *PDA*, die in der Logistik z. B. als Kommissionierterminals Verwendung finden (Windows CE).

Migration bezeichnet einen Vorgang, um (ohne große Reibungsverluste oder Störungen) von einem Systemzustand in einen anderen zu gelangen, bspw. bei einer Veränderung der IT-/Rechnerstruktur, ggf. gekoppelt mit oder aus Anlass von Erweiterungen oder Verlagerungen von Logistiksystemen.

Mikrologistik (engl. *Micro logistics*) ist eine auf eigenständige Organisationseinheiten (z. B. im Unternehmen, Militär usw.) bezogene Form der → *Logistik* mit dem Ziel, spezifische Lösungs- und Optimierungsansätze zu liefern. Vgl. → *Makrologistik*.

Milk Run bezeichnet ein Optimierungsverfahren zur → *Wegoptimierung*, bei dem ein Lkw im Umlauf zwischen (mehreren) Lieferanten und Abnehmerwerk die Ware einsammelt. Das gegenteilige Verfahren ist bekannt unter der Bezeichnung „Travelling Salesman".

Mindermenge (engl. *Shortage*) → *Fehlmenge*

Mindestbestand (engl. *Minimum stock*) ist der minimale → *Lagerbestand*, der erforderlich ist, um die → *Lieferbereitschaft* aufrecht zu erhalten. Die Höhe des M. wird artikelbezogen festgelegt und ist dann rechnerische Steuergröße zur Auslösung von Nachschubaufträgen oder Bestellvorgängen. → *Nachschub*

Mindesthaltbarkeitsdatum (abgek. MHD; engl. *Minimum durability*) ist das Datum, bis zu dem ein Lebensmittel unter angemessenen Aufbewahrungsbedingungen seine spezifischen Eigenschaften behält (nähere Informationen hierzu findet man in der „Verordnung über die Kennzeichnung von Lebensmitteln"). Vgl. → *Verfalldatum* und → *Verbrauchsdatum*.

Mindestliefermenge (engl. *Minimum delivery quantity*) ist die untere Grenze für eine zu liefernde Menge.

Miniload Warehouse engl. für → *Automatisches Kleinteilelager*

MIS Abk. für → *Managementinformationssystem*

Mischbelegung (engl. *Mixed storage*) bezeichnet die gemeinsame Lagerung verschiedener → *Artikel* (→ *Materialien*) auf einem → *Lagerplatz*.

Mischpalette (engl. *Mixed pallet*) bezeichnet eine → *Ladeeinheit* bzw. → *Transporteinheit* mit unterschiedlichen → *Artikeln*, die zusammen bewegt werden sollen. Gebräuchlich ist dies auch bei Kommissionierpaletten. Siehe auch → *Sandwichpalette*.

MIT Abk. für Massachusetts Institute of Technology

Mitgänger-Flurförderzeug (engl. *Pedestrian-controlled truck*): Bei elektromotorisch angetriebenen → *Flurföderzeugen* fährt in diesen Fällen der Bediener nicht auf dem Gerät mit (sitzend oder stehend), sondern geht neben oder hinter dem Gerät her und gibt seine Befehle über eine bewegliche Bedienungsdeichsel ein.

Mittelpunkt-Heuristik (engl. *Center heuristics*) ist ein Verfahren zur → *Wegoptimierung* beim → *Kommissionieren* nach dem Prinzip → *Mann-zur-Ware*. Jeder Gang wird hälftig aufgeteilt. Die Fächer der oberen Hälfte werden von der oberen Gangseite erreicht, die der unteren von der gegenüberliegenden, unteren Gangseite. Der → *Kommissionierer* verlässt den aktuellen Gang auf der Seite, auf der er ihn betreten hat. So werden alle Gänge durchlaufen, in denen → *Artikel* liegen. Vgl. → *Largest-Gap-Heuristik*, → *Mäander-Heuristik*.

Mittel- und osteuropäische Staaten (abgek. MOES, MOE-Staaten) bezeichnet diejenigen Länder Mittel- und Osteuropas, die im Rahmen der EU-Erweiterung 2004 und 2007 in die Europäische Union aufgenommen wurden. Dies sind Estland, Lettland und Litauen, Ungarn, Tschechien, die Slowakei, Polen, Slowenien sowie Bulgarien und Rumänien (obwohl die beiden letztgenannten eigentlich zu Südosteuropa gehören). Kroatien ist kein EU-Mitglied, wird aber ebenfalls zu den MOES gezählt.

Mixed Mail (engl. für *gemischte Postsendung*) umfasst Sendungseinheiten unterschiedlicher Größe und Gewichte, z. B. von der Postkarte bis zu Sendungseinheiten mit 50 Millimeter Dicke und Einzelgewichten bis zu 5 Kilogramm.

Mixed Pallet engl. für → *Mischpalette*

Mixed Storage engl. für → *Mischbelegung*

MMA Abk. für → *Multimomentaufnahme*

MMS 1. Abk. für Multimedia messaging service — 2. Abk. für Machine monitoring system — 3. Abk. für Manufacturing messaging specification

Mobile Data Memory engl. für → *Mobiler Datenspeicher*

Mobile Rack engl. für → *Verschieberegal*

Mobiler Datenspeicher (abgek. MDS; engl. *Mobile data memory*) ist ein Gattungsbegriff für elektronische Speicher (häufig → *EEPROM*), die als aktive MDS mit einer Batterie ausgestattet oder als passive MDS durch das → *Lesegerät* mit Energie versorgt werden. MDS werden nach ihren Datenübertragungsmedien unterschieden (z. B. Kontakt, Licht, Hochfrequenz etc.). RFID-Tag (→ *Tag*) ist ein Synonym für Hochfrequenz-MDS.

Mobiles Datenterminal (abgek. MDT) ist ein Datenendgerät, das typischerweise mit einer einfachen Tastatur, Anzeige und einem → *Scanner* ausgestattet ist. Im MDT werden die erfassten Daten (z. B. → *Kommissionierpositionen*) lokal gespeichert und anschließend gesammelt auf eine Basisstation übertragen. Im Gegensatz zum → *Funkterminal* arbeitet das MDT nicht online, sondern offline.

Mobiles Datenterminal [Quelle: SIEMENS]

Mobiles Lesegerät (engl. *Mobile reading device*) ist ein tragbarer → *Scanner*.

Modal Split bezeichnet die Aufteilung des gesamten Güterverkehrsaufkommens auf die verschiedenen → *Verkehrsträger* wie Straße, Schiene, Luft, Binnen- und Seeschifffahrt.

Modularität (engl. *Modularity*) → *Modul-Maße*

Modular Sourcing ist eine Beschaffungsstrategie, bei der ganze Baugruppen und nicht einzelne Teile geliefert werden. Damit wird die Anzahl der → *Lieferanten* verringert.

Modul-Lieferant (engl. *Module supplier*) ist ein → *Lieferant* von funktionsfähigen Teil- oder Gesamteinheiten.

Modul-Maße (engl. *Module dimensions*) sind nach DIN 55510 vorgeschlagene Packstückabmessungen zur optimalen Beladung von → *Paletten*.

Modulo ist ein mathematisches Verfahren, das zur Prüfzifferberechnung beim (Bar-)Code eingesetzt wird. Beispiel Modulo 43 des Code 39: Die Zahlenwerte der Zeichen werden aufsummiert und die Summe durch 43 geteilt. Der Rest der Division wird im Code 39 codiert und als Prüfzeichen angehängt.

MOE-Staaten Abk. für → *Mittel- und osteuropäische Staaten*

Monitoring bezeichnet die datentechnische Aufzeichnung und Verarbeitung von System- und Prozesszuständen, z. B. die echtzeitnahe Überwachung logistischer Prozesse.

Monopackstoff (engl. *Mono packaging material*) ist die Bezeichnung für einen Packstoff aus nur einem Grundmaterial, z. B. Karton.

MOPRO Abk. für Molkereiprodukte

Morphologische Methode (engl. *Morphological method*) ist ein Verfahren zur systematischen Lösungsfindung. Eine Aufgabe wird bei dieser Methode in Komponenten zerlegt, welche die Lösung beeinflussen. Für diese werden dann verschiedene Gestaltungsvarianten gesucht und zusammen mit den Komponenten in einer Matrix (Morphologischer Kasten) angeordnet. Die Kombinationsmöglichkeiten ergeben alle grundsätzlich möglichen Kombinationen zur Problemlösung auf Basis der gewählten Komponenten und Gestaltungsvarianten. Ein typisches Einsatzgebiet ist die Auswahl geeigneter Technik für eine fördertechnische Aufgabe.

Morphologischer Kasten (engl. *Morphological box*) → *Morphologische Methode*

MRP I Abk. für → *Material Resource Planning I*

MS-DOS (Abk. für Microsoft Disk Operating System) ist ein Single-User-, Single-Tasking-Betriebssystem der Firma Microsoft. MS-DOS war Vorläufer und bis zum Jahr 2000 integrierter Bestandteil von → *Microsoft Windows* (ME). In der Materialflusssteuerung wird MS-DOS aufgrund seiner Kompaktheit gelegentlich für eingebettete Systeme verwendet.

MTBF Abk. für Mean time between failures (→ *Technische Verfügbarkeit*)

MTM Abk. für → *Methods-time Measurement*

MTO 1. Abk. für Make-to-Order, siehe → *Built-to-Order* — 2. Abk. für → *Multimodal Transport Operator*

MTS (Abk. für Make-to-Stock) → *Built-to-Stock*

MTTR Abk. für Mean time to repair (→ *Technische Verfügbarkeit*)

MTV Abk. für Mehrweg-Transportverpackung (→ *Mehrweg-Gebinde*, → *Mehrwegsystem*)

Muldenabsetzkipper (engl. *Tipping container vehicle*) bezeichnet einen Lkw, der seine Ladungseinheit (Mulde) über Schwenkarme aufnimmt oder absetzt.

Muldenabsetzroller bezeichnet einen Lkw, der seine Ladungseinheit (Mulde) über rückseitige Rollen auf die Ladefläche hochzieht und wieder abgibt.

Multiagentensystem Ein Agent ist ein Programm, das folgenden Kriterien gerecht wird (nach Jennings und Wooldridge):
- Autonomie: Agenten operieren autonom, ohne Manipulation von außen.
- soziales Interagieren: Agenten interagieren mit dem Anwender und mit anderen Agenten. Die Kommunikation erfolgt auf einer semantischen Ebene über die Ausführung eines Befehlsvorrats hinaus.
- Reaktivität (→ *Aware Objects*): Agenten nehmen ihre Umwelt wahr und reagieren rechtzeitig und angepasst auf Veränderungen.
- pro-aktives Handeln: Agenten reagieren nicht nur auf die Umwelt, sondern sind auch in der Lage, zielgerichtet und initiativ zu agieren.

Ein M. stellt die Umgebung, innerhalb derer Agenten initiiert und instanziert werden können, und ermöglicht die Kommunikation der Agenten untereinander usw.

Multi-Client Capability engl. für → *Mandantenfähigkeit*

Multi-directional Truck engl. für → *Dreiseitenstapler*

Multimedia bezeichnet die Nutzung von Medien (Musik, Grafik, Video, Sprachausgabe usw.) zur Präsentation von Informationen. Moderne Logistiksoftware nutzt Multimedia zunehmend (mittels Sprachausgabe, dreidimensionaler Darstellung, Bildinformation usw.).

Multimedia Messaging Service (abgek. MMS) ist ein Dienst zur Übertragung multimedialer Inhalte für Mobilfunk und Netzwerke (Handy, Mail-Server etc.). Vgl. → *Short Message Service.*

Multimodaler Transport (engl. *Multimodal transport*) 1. ist die technisch-organisatorische Verknüpfung mehrerer → *Verkehrsträger* (z. B. Lkw, Bahn, Flugzeug, Schiff) im Güterverkehr. Siehe auch → *Intermodaler Verkehr.* — 2. bezeichnet die Beförderung von Gütern mit verschiedenartigen Beförderungsmitteln (gebrochener Verkehr), für die unterschiedliche Rechtsvorschriften auf mindestens zwei Teilstrecken gelten, aufgrund eines einzigen, einheitlichen Frachtvertrags, der nur einen Übernahme- und Ablieferungsort vorsieht. Er wird geregelt in §§ 452 ff. HGB.

Multimodal Transport Operator engl. für → *Logistikdienstleister für Intermodalen Transport und Verkehr* (→ *Intermodaler Verkehr,* → *Logistikdienstleister*)

Multimomentanalyse (engl. *Multi-moment analysis*) bezeichnet die Auswertung von → *Multimomentaufnahmen* zur Produktivitätsberechnung und -analyse.

Multimomentaufnahme (abgek. MMA; engl. *Multi-moment recording*) bezeichnet die Aufnahme (Erfassung) der Häufigkeit zuvor definierter Arbeitsabläufe. Die MMA kann innerhalb eines Systems an einer oder mehreren Arbeitsstationen erfolgen. Bei der MMA wird in äquidistanten Zeitintervallen (Stichproben) erfasst, welche Tätigkeiten ausgeführt werden.

Multiple Sourcing (engl. für *„Mehrquellenbeschaffung"*) bezeichnet eine Beschaffungsstrategie, bei der Ware von mehreren Einkaufsquellen bezogen wird, um eine optimale Versorgung und Risikominderung durch eine Auftragsteilung auf zwei oder mehr → *Lieferanten* (Mehr-Quellen-Versorgung) zu erreichen (zu beachten ist, dass der Aufwand für Produktionsplanung und -steuerung mit der Lieferantenzahl wächst). Siehe im Gegensatz dazu → *Single Sourcing* und → *Global Sourcing.*

Multiplexing ist eine Technik zur besseren Nutzung eines Übertragungskanals. Dabei teilen sich mehrere Datenströme einen Kanal. Häufig ist M. verbunden mit → *Master-Slave-Verfahren*, z. B. das M. des HF-Signals beim Bluetooth-Verfahren (→ *Bluetooth*).

Multi-Point-Konfiguration ist eine Konfiguration, bei der mehrere ↪ *Scanner* einer Empfangsstation zugeordnet werden (Mehr-Punkt-Konfiguration).

Multishuttle (eine Entwicklung des → *Fraunhofer IML*) ist ein geschützter Produktname der Firma Dematic. → *Shuttle*

Autonomes Lagerfahrzeug „Multishuttle"

Multitasking ist eine Eigenschaft von Betriebssystemen, die durch schnelle Umschaltung den Ablauf mehrerer Prozesse oder Programme (Tasks) quasi gleichzeitig (nebenläufig) auf einem Rechner ermöglicht. Vgl. → *Interrupt*.

Mustererkennung (engl. *Pattern recognition, type recognition*) bezeichnet die optische Identifikation durch Vergleich mit einem vorliegenden Muster. M. ist ein Verfahren der → *Bildanalyse*, z. B. bei der Kommissionierkontrolle.

MW Abk. für Mehrweg (engl. *Reusable*), → *Mehrweg-Gebinde*

MWS Abk. für Materialwirtschaftssystem (engl. *Material management system*)

myWMS ist ein Open-Source-Projekt des → *Fraunhofer IML*, in dem eine internationale Entwicklergemeinschaft an einem Rahmenwerk für Warehouse-Management-Systeme arbeitet. Siehe `http://www.mywms.com`.

MzW Abk. für → *Mann-zur-Ware*

N

Nachbestellzeitpunkt (engl. *Repeat order time*) ist der Zeitpunkt, bei dem durch Unterschreitung eines vorab definierten Bestandsniveaus eine Nachbestellung ausgelöst wird.

Nachfragekommunikation und Nachfragemanagement (engl. *Demand communication and demand management*) 1. ist ein Schlüsselprozess im → *Supply Chain Management*, der die Sammlung, Interpretation und Weiterleitung von Nachfragen beinhaltet. Ein Hersteller gibt über diesen Prozess seinen aktuellen und zukünftigen Materialbedarf in Form von Bedarfsprognosen an Vorlieferanten bekannt. — 2. ist ein von Booz, Allen und Hamilton entwickeltes Modell, bei dem alle Unternehmensleistungen zu marktüblichen Preisen auf dem „internen Markt" angeboten werden. „Die einzelnen Geschäftsfelder entscheiden dann, in welchen Mengen sie diese beziehen wollen. Darüber hinaus kann die interne Nachfrage gezielt gesteuert werden, indem Management- und Finanzreporting vereinfacht und so beispielsweise die Anzahl der zu erstellenden Berichte reduziert wird."

Nachfrageseite (engl. *Demand side*): Im Rahmen des → *Efficient Consumer Response* (ECR) werden – ausgehend von der Wertschöpfungskette – Nachfrage- und Versorgungsseiten unterschieden. Die N. umfasst u. a. alle Maßnahmen und Instrumente, die Verbrauchernachfrage nach Produkten und Leistungen zu analysieren und zu steuern.

Nachlauf (engl. *On-carriage*) → *Hauptlauf*

Nachlaufachse (engl. *Trailing truck*): Mit einer elektrohydraulisch gelenkten Nachlaufachse beim Lkw (Sattelauflieger) wird der Wenderadius verkleinert und der Lenkkomfort erhöht, was sich bei engen Rangierflächen positiv auswirkt.

Nachlieferung (engl. *Additional delivery*) wird erforderlich, wenn eine Bestellung mangels verfügbaren Bestandes nicht mit nur einer → *Lieferung* erfüllt werden kann.

Nachrichtentyp (engl. *Message type*) definiert die Struktur von Datensätzen, -segmenten und -elementen zur konfliktfreien Kommunikation (z. B. per → *Datenfernübertragung*) in Lieferketten (z. B. VDA-Nachrichtentyp).

Nachschub (engl. *Replenishment, supplies*) 1. ist Bestandsergänzung durch Auffüllung von → *Lägern* oder Entnahmeplätzen in → *Kom-*

missionierzonen (z. B. aus Reservelägern oder von Reserveplätzen).
— 2. ist die Versorgung mit allen → *Gütern* und → *Materialien,* die
zur Missionserfüllung notwendig sind, z. B. beim Militär.

Nachschubmenge (engl. *Replenishment quantity*) bezeichnet eine definierte Menge, die bei Unterschreitung einer festgelegten Mindest-
bestandsmenge (→ *Mindestbestand*) eines → *Artikels* zum Auffüllen
eines → *Lagerplatzes* oder → *Lagerbereichs* notwendig ist.

Nachtsprung bezeichnet allgemein den Transport von Ware über
Nacht („im Nachtsprung"). Häufig werden → *Wechselbrücken* oder
Auflieger über Nacht im Wechselverkehr innerhalb eines (intermo-
dalen) Netzes transportiert und ausgetauscht.

NAFTA Abk. für North American Free Trade Agreement

Nahfeld (engl. *Near field*) ist ein Bereich, in dem eine → *induktive
Kopplung* zwischen → *Lesegerät* und → *Transponder* technisch rea-
lisierbar ist. Die Größe dieses Bereiches ist abhängig von der Frequenz. Vgl. → *Fernfeld,* → *Near Field Communication.*

Nahverkehr (engl. *Local traffic, regional traffic*): Als (öffentlicher) N.
wird die Personenbeförderung mit Bahnen und Bussen im Umkreis
von ca. 50 Kilometer um eine Großstadt bezeichnet.

Narrow Gauge engl. für → *Schmalspur*

National Motor Freight Classification (abgek. N.M.F.C.) sind
Tarife für den bodengebundenen Frachtverkehr in den USA.

Navigationssystem (engl. *Navigation system*) bestimmt die aktuelle
Position eines Fahrzeugs (oder allgemein einer bewegten Einheit)
und leistet durch Richtungsangaben Unterstützung beim Erreichen
des Zielorts. → *Global Positioning System*

NC (Abk. für Numerical Control) ist eine Form der Maschinensteue-
rung.

NCS Abk. für → *Networked Control System*

Near Field Communication (abgek. NFC; engl. für *Nahfeld-Kom-
munikation*) bezeichnet einen Kommunikationsstandard zur Funk-
übertragung von Daten über kurze Entfernungen. NFC ermöglicht
z. B. die Übertragung multimedialer Inhalte zwischen zwei in un-
mittelbarer Nähe befindlichen Handys. NFC wird auch zur Kommunikation im RFID-Bereich verwendet (zu passiven und aktiven
→ *Tags*). NFC ist ein Peer-to-Peer-Protokoll mit relativ hoher Datenübertragungsrate (464 Kbit/s bei 13,56 MHz) (→ *Peer-to-Peer*).

NE-Bahnen Abk. für nicht-bundeseigene Bahnen

Negativ-Kommissionierung (engl. *Negative order-picking*): *Beispiel:* Die → *Bestellmenge* eines → *Artikels* entspricht nahezu einer → *Bereitstelleinheit* (z. B. → *Palette* oder → *Behälter*). Um ein umständliches Abpacken der Bestellmenge zu vermeiden, wird die Bereitstelleinheit zur → *Liefereinheit,* und die → *Restmenge* wird abkommissioniert, d. h. im → *Kommissionierbereich* belassen (bzw. wieder eingelagert).

Nesten (engl. *Nesting*) bezeichnet die verschachtelte und in sich verbundene Lagenbildung bei der Palettierung oder bei in sich gestapelten Transportbehältern (Volumenreduzierung).

.Net → *Dot.Net*

Nettobedarf (engl. *Net demand*) ist die → *Bestellmenge* eines → *Artikels* unter Abzug des verfügbaren → *Lagerbestands* und der offenen Wareneingänge.

Netto-Lagerfläche (engl. *Net storage space*) errechnet sich aus der → *Brutto-Lagerfläche* abzüglich der Verkehrsfläche für Regalbedienung und Flächen für das Aufstellen von → *Regalanlagen.*

Nettoraumzahl (abgek. NRZ; engl. *Net tonnage*) ist die Maßeinheit nach IMO-Vermessung (→ *IMO*) für die Summe der Rauminhalte, multipliziert mit einem von der Schiffsgröße abhängigen Faktor. Vgl. → *Registertonne.*

Nettoregistertonne (abgek. NRT; engl. *Net register ton*) wurde ersetzt durch → *Nettoraumzahl.* Siehe auch → *Registertonne.*

NetWeaver ist eine Software und Plattform der Firma SAP. NW besitzt eine → *Serviceorientierte Architektur* und ist als integrative Plattform für alle systemweiten und systemübergreifenden Prozesse und Applikationen von Unternehmen ausgelegt.

Networked Control System (abgek. NCS) ist ein vernetztes Regelungssystem. Bei einem NCS erfolgt die Signalübertragung im Rückkopplungspfad der Regelung über verteilte, vernetzte Systeme.

Network Engineering engl. für → *Netzplantechnik*

Netzplan (engl. *Network plan*) ist die Darstellung aller Prozesse und Abhängigkeiten zur Planung, Durchführung und Überwachung eines Projektes (DIN 69900).

Netzplantechnik (engl. *Network engineering*) ist der Oberbegriff für die Verfahren zur Herstellung von → *Netzplänen.*

Neuronale Netze (engl. *Neuronal networks*) ist ein Begriff aus der Künstlichen Intelligenz und bedeutet ein lernfähiges System (Netzwerk) aus Neuronen. N. N. werden in der Logistiksoftware z. B. zur → *Mustererkennung* oder → *Wegoptimierung* eingesetzt.

Neutrale Ware (engl. *Neutral goods*) ist Ware ohne Endverpackung. Bei gleichen → *Artikeln* mit verschiedener Endverpackung erhält der Artikel erst nach Bestelleingang die endgültige → *Verpackung*, um somit die notwendigen → *Lagerbestände* zu reduzieren.

NFC Abk. für → *Near Field Communication*

NiO-Teile Abk. für Nicht-in-Ordnung-Teile (engl. *Faulty parts*)

Nominal Range (engl. für *Nominelle Reichweite*) ist die nominelle Entfernung zwischen → *Lesegerät* und → *Transponder*, innerhalb derer das zuverlässige Auslesen der auf dem Chip gespeicherten Information gewährleistet werden kann.

No Read (engl. *Non-scannable*) bezeichnet Teile oder → *Ladehilfsmittel*, bei denen der Identifikationscode infolge Beschädigung oder Fehlens nicht gelesen werden kann.

No-Read-Bahn ist eine Fördertechnik zum Ausschleusen von → *No Reads* aus dem Produktionsprozess.

Normalspur (engl. *Standard gauge*) bezeichnet die gängige Spurweite der Bahn. In Deutschland beträgt die Normalspur 1.435 Millimeter. Vgl. → *Breitspur*, → *Schmalspur*.

NOS-Teile (engl. *NOS parts*) Abk. für Never-out-of-Stock-Teile

Notstromversorgungsanlage (abgek. NVA; engl. *Emergency unit, stand-by unit*) ist z. B. erforderlich für das Freifahren von Fördertechnikanlagen in Feuerschutzabschlussbereichen.

NRF Abk. für National Retail Federation, US-Einzelhandelsverband

NRT Abk. für → *Nettoregistertonne*

NRZ Abk. für → *Nettoraumzahl*

Nulldurchgang (engl. *Zero-crossing*) liegt vor, wenn die Bestandsmenge eines → *Artikels* an einem Bereitstellplatz geringer oder gleich dem anstehenden Entnahmebedarf ist. Es ist zu unterscheiden zwischen gewolltem und ungewolltem N. Beim gewollten N. sind → *Buchbestand* und physischer Bestand deckungsgleich, beim ungewollten N. hingegen nicht.
Bei der → *permanenten Inventur* wird das „Ereignis" N. oftmals als Anstoß genommen, eine → *Inventur* für diesen Platz oder Arti-

kel durchzuführen, um den Zähl- oder Erfassungsaufwand auf ein Minimum zu reduzieren.

Nulldurchgangsinventur (engl. *Zero net inventory*) ist im engeren Sinne kein Inventurverfahren, sondern die Durchführung einer artikel- bzw. lagerplatzbezogenen → *Inventur* eines → *Bereitstellplatzes* beim Auftreten eines → *Nulldurchgangs*.

Nullfehler-Kommissionierung (engl. *Zero defect order-picking*) ist Zielsetzung neuzeitlicher Kommissioniersysteme, um Kundenreklamationen und den damit verbundenen Aufwand zu vermeiden und insgesamt die Lieferqualität (→ *Logistikqualität*) zu erhöhen.

Null Spot ist der „blinde" Bereich im Lesefeld eines → *Scanners*, in dem keine Identmarken (→ *Tags*, → *Barcodes*) gelesen werden können.

Nummer der Verpackungseinheit (engl. *Number of the package unit*) → *Nummer der Versandeinheit*

Nummer der Versandeinheit (abgek. NVE; engl. *Number of the shipping unit*) ermöglicht die eindeutige Identifizierung logistischer Einheiten wie Päckchen, Pakete, → *Paletten* usw., so dass jedes → *Gebinde* innerhalb der gesamten logistischen Kette identifizierbar ist. → *EAN 128*

Nutzbremsung (engl. *Regenerative breaking*) bezeichnet die Energierückgewinnung bei der Abbremsung batteriebetriebener Fahrzeuge (→ *Stapler*). Vgl. → *Nutzhub*.

Nutzhub (engl. *Effective lift*) bezeichnet die Energierückgewinnung beim Absenken unter Last bei batteriebetriebenen Fahrzeugen (→ *Stapler*). Vgl. → *Nutzbremsung*.

Nutzungsgrad (engl. *Capacity factor, utilization degree*) ist das Verhältnis von maximalem und tatsächlich erreichtem Wert einer Bezugsgröße, z. B. → *Flächennutzungsgrad* oder → *Raumnutzungsgrad*.

Nutzwertanalyse (abgek. NWA; engl. *Cost-benefit analysis, value-benefit analysis*): Mit der NWA wird im Vergleich zu mehreren Alternativen anhand einer Zielfunktion diejenige Variante ermittelt, die den höchsten Nutzwert erbringt. Die NWA findet insbesondere dann Anwendung, wenn vielfältig abhängige und schwer bzw. nicht quantifizierbare Einflussfaktoren zu bewerten sind. Wesentliches Merkmal dabei ist, dass an sich nicht skalierbare, qualitative Sachverhalte oder Ausprägungen in skalierbare Größen umgeformt und somit Rechenoperationen unterworfen werden können. Ein in vielen Fällen nicht unwichtiger Nebeneffekt der NWA liegt darin, dass sich die am Entscheidungsprozess beteiligten Personen über die Komplexität der Entscheidungssituation bewusst werden. Ein Beispiel ist hier die → *Lagersystem-Auswahl.*

NVA Abk. für → *Notstromversorgungsanlage*

NVE Abk. für → *Nummer der Verpackungseinheit* und → *Nummer der Versandeinheit*

NWA Abk. für → *Nutzwertanalyse,* siehe auch → *Lagersystem-Auswahl.*

O

Obertrum (engl. *Upper strand*) → *Trum*

Obhutshaftung ist ein durchgängiges Prinzip in der nationalen und internationalen → *Transportlogistik* für die Haftung des → *Logistikdienstleisters* bei Güterschäden und Verspätungen. Die O. umfasst grundsätzlich Haftung ohne Verschulden (Gefährdungshaftung), ist jedoch limitiert auf Haftungshöchstgrenzen.

Object Name Service (abgek. ONS) ist eine verteilte Datenbankstruktur für RFID-Systeme nach EPC-Standard (→ *Electronic Product Code*). ONS verwendet DNS-Einträge (→ *DNS*), um Informationen zu bestimmten → *Tags* bereitzustellen. Vgl. → *Internet der Dinge*.

OBU Abk. für → *On-board Unit*

OCR Abk. für Optical Character Recognition (engl. für *Klarschrifterkennung*) → *Bildanalyse*

Odette ist eine Organisation der Automobil- und Zulieferindustrie. Synonym wird der Begriff auch für den von O. entwickelten Datenaustausch per EDI (→ *Electronic Data Interchange*) oder per Etikett gebraucht.

Odometrie ist eine andere Bezeichnung für → *Koppelnavigation*.

OECD Abk. für → *Organisation for Economic Cooperation and Development*

OEM Abk. für → *Original Equipment Manufacturer*

OFET Abk. für Organischer Feldeffekttransistor

Offener Bestand (engl. *Open stocks*) bezeichnet → *Artikel* oder Teile, die (noch) nicht am → *Lager* verfügbar sind.

OID Abk. für Objekt-Identifikationsnummer

OKFF Abk. für Oberkante fertiger Fußboden (engl. *Top edge finished floor*)

OLAP Abk. für → *Online Analytical Processing*

OLED Abk. für Organic light-emitting diode (engl. für *organische Leuchtdiode*)

OLTP Abk. für → *Online Transaction Processing*

Omnidirektional bedeutet „in alle Richtungen", z.B. bei einem Transportnetz, welches alle → *Quellen* und → *Senken* miteinander verbindet.

OLED [Quelle: FRAUNHOFER IPMS]

OMS Abk. für Order Management System

On-board Unit (abgek. OBU) ist ein Gerät auf einem Lkw zur automatischen Einbuchung von Mautgebühren (→ *Maut*) in Abhängigkeit von der Autobahnnutzung.

On-carriage (engl. für *Nachlauf*) → *Hauptlauf*

One-stop Shopping bezeichnet eine Zusammenfassung von Einkaufsmöglichkeiten der Art, dass mit möglichst einem Halt (in E-Commerce-Systemen: mit einem Besuch des Shop-Systems) der gesamte Kaufbedarf abgedeckt werden kann.

One-way engl. für *Einweg*

One-way Packaging engl. für → *Einwegverpackung*

Online Analytical Processing (abgek. OLAP) ist eine Form der analytischen Datenverarbeitung. Im Gegensatz zum → *Online*

On-board Unit [Quelle: DELPHI GRUNDIG]

Transaction Processing (abgek. OLTP) werden Daten (einer Datenbank oder eines → *Data Warehouse*) längerfristigen (Offline-) Analysen unterzogen. Typischer Einsatzfall in der Logistik ist die Ermittlung logistischer Kennzahlen (z. B. in einem WMS, → *Lagerverwaltungssystem*).

Online Support Delivery bezeichnet die Lieferung bzw. Zustellung von Software (z. B. Software Update, Bug Fix, Service Pack) über das → *Internet*.

Online Transaction Processing (abgek. OLTP) ist eine Form der kurzfristigen Datenanalyse und Transaktionsverarbeitung, i. Allg. im Zusammenhang mit Datenbanken. Typische logistische OLTP-Anwendungen sind Shops, → *Content Management Systeme* oder Online-Auftrags-Management. Vgl. → *Online Analytical Processing*.

ONS Abk. für → *Object Name Service*

Ontologie ist ein Begriff aus der Informatik (Künstliche Intelligenz) und beschreibt die Modellierung von Domänen der realen Welt mit dem Ziel, eine strukturierte Wissensbasis aufzubauen.

openID Center ist ein Zentrum des → *Fraunhofer IML* und zahlreicher Industriepartner. Das openID Center verfolgt das Ziel, die RFID-Technologie (→ *Radio Frequency Identification*) im industriellen Umfeld zu etablieren. Hierzu werden zahlreiche Entwicklungen betrieben, die auf einem gemeinsamen, offenen Framework und einer entsprechenden Middleware (Software) basieren. Dazu zählen ASP-Lösungen (→ *Application Service Provider*) für → *Mehrweg-Behälter* ebenso wie die Integration von ERP-Systemen (→ *Enterprise Resource Planning System*) wie Navision und SAP.

Open Source Software (abgek. OSS): Generell gehört jedes Programmsystem zur Gruppe der OSS, wenn es durch eine von der Open Software Initiative (OSI) anerkannte Lizenz geschützt ist. Hierzu gehören bspw. Programmentwicklungen wie Linux, Apache, Mozilla usw. Vgl. → *myWMS*.

Open-top Container ist ein Stückgut-Container ohne Dach, der mit Planen abgedeckt werden kann, zur Beladung mit → *Stückgut* von oben.

Operating Rate engl. für → *Bedienrate*

Operating Theory engl. für → *Bedienungstheorie*

Operating Time engl. für → *Bedienzeit*

Operations Research findet als Teilgebiet der Mathematik in den Ingenieurwissenschaften sowie in der Wirtschaftswissenschaft Anwendung. In der → *Logistik* ist O. R. häufig mit der Optimierung innerbetrieblicher Funktionen und Arbeitsabläufe befasst, bspw. Warteschlangentheorie, Lagerhaltungsmodelle, → *Wegoptimierung* usw.

ÖPNV Abk. für Öffentlicher Personen-Nahverkehr (engl. *Public transport*) → *Nahverkehr*

Optical Character Recognition (abgek. OCR) engl. für *Klarschrifterkennung* (→ *Bildanalyse*)

OpticMarker ist eine optische Kennzeichnung, die eine eindeutige Identifikationsnummer darstellt, ähnlich einem 2-D-Barcode. Die Erkennung erfolgt über eine Kamera. Es kann eine Vielzahl von OM quasi gleichzeitig auch auf große Entfernung lageunabhängig erkannt werden.

Optimale Bestellmenge (engl. *Optimal purchase order quantity*) ist die Menge, die unter Berücksichtigung des Bedarfes die geringsten Gesamtkosten hinsichtlich Bestellung, Transport und Lagerung ergibt.

OR 1. Abk. für → *Operations Research* — 2. Abk. für objekt-relational

Oracle ist eines der größten Softwarehäuser weltweit. Bekanntestes und in der Logistik sehr häufig eingesetztes Produkt ist das gleichnamige Datenbankmanagementsystem.

Order engl. für *Kundenauftrag*, → *Auftrag*

Ordered Staging Unit engl. für → *Beschickungseinheit*

Order Fulfillment engl. für *Auftragsabwicklung* (→ *Fulfillment*)

Orderline stammt aus dem Englischen und ist in etwa gleichbedeutend mit der deutschen Positionszeile oder → *Position* (eines Auftrags, → *Auftragsposition*).

Order-picking stammt aus dem Englischen und ist in etwa gleichbedeutend mit dem deutschen → *Kommissionieren*.

Order-picking Lift Truck engl. für → *Kommissionierstapler*

Order-picking Robot engl. für → *Kommissionierroboter*

Organisation for Economic Cooperation and Development (abgek. OECD; engl. für *Organisation für wirtschaftliche Zusammenarbeit und Entwicklung*) ist ein Zusammenschluss führender Industrienationen mit Sitz in Paris.

Original Equipment Manufacturer (abgek. OEM) ist ein Erstausrüster, Originalhersteller von Komponenten oder Systemen, z. B. ein Computer-Hersteller.

OSGI (Abk. für Open Services Gateway Initiative) ist eine SOA-Software-Plattform (→ *Serviceorientierte Architektur*). OSGI ist bekannt geworden als Java-Laufzeitumgebung (→ *Java*) und Set definierter → *Web Services*.

OSS 1. Abk. für → *Open Source Software* — 2. Abk. für Online Service System

OTL (Abk. für Odette Transport Label (→ *Odette*)) ist der Vorgänger des → *GTL*.

OTP 1. Abk. für One time programmable — 2. Abk. für One time password

Outlet ist eine Niederlassung, z. B. Baumarkt, SB-Laden.

Out of Stock bedeutet: kein Bestand, keine Warenverfügbarkeit (insbesondere bei Verkaufsregalen).

Outsourcing setzt sich als Begriff zusammen aus „Outside resource using". O. bezeichnet die längerfristige Übertragung von Logistik-Funktionen – z. B. aus dem Lager-, Kommissionier- und Versandbereich – auf externe Dienstleister. Siehe auch → *Logistik-Outsourcingvertrag.* Vgl. → *Insourcing.*

Overhead Costs engl. für → *Gemeinkosten*

P

P2P 1. Abk. für → *Peer-to-Peer* — 2. Abk. für Program-to-Program (-Kommunikation), z. B. in → *Multiagentensystemen*

Package engl. für *Packstück, Paket,* → *Packmittel*

Packages engl. für → *Kolli*

Packaging engl. für → *Verpackung*

Packgut (engl. *Packaged good*) → *Verpackung*

Packhilfsmittel (engl. *Packaging aid*) → *Verpackung*

Packing Unit engl. für → *Verpackungseinheit*

Packmittel (engl. *Packing material*) ist die Bezeichnung für Material zum Umhüllen und Zusammenhalten des Packguts für Versand-, Lager- und Verkaufszwecke (DIN 55405). → *Verpackung*

Packstück (engl. *Parcel, package*): Eine → *Versandeinheit* kann in mehrere P. unterteilt sein. Wichtig ist, dass eine Identifizierung und numerische Zusammenfassung aller P. für einen Versandauftrag möglich ist (siehe auch → *Kolli*).
In den → *Allgemeinen Deutschen Spediteurbedingungen* (ADSp) wird definiert: P. sind Einzelstücke oder vom Auftraggeber zur Abwicklung des Auftrags gebildete Einheiten, z. B. Kisten, Gitterboxen, → *Paletten*, Griffeinheiten, geschlossene Ladegefäße wie gedeckt gebaute oder mit Planen versehene Waggons, → *Auflieger* oder → *Wechselbrücken*, → *Container*, Iglus.
Die VDA Empfehlung 5002 (Dez. 1997) fügt hinzu: In einer P.struktur können P. zu einem neuen P. auf höherer Ebene zusammengefasst werden. Ein P. ist über einen eindeutigen Begriff (Packstücknummer, engl. *License plate*) zu identifizieren. → *Verpackung*

Paketverfolgung (engl. → *Tracking and tracing*) bezeichnet den Nachvollzug des Weges, den ein → *Packstück* vom → *Versender* zum Empfänger zurücklegt (Orte, Zeiten, → *Umschlagpunkte*).

Pakum Abk. für Paketumschlaganlage (engl. *Parcel handling facility*)

Palette (engl. *Pallet*) ist ein tragendes → *Ladehilfsmittel.* Eine P. dient mit oder ohne Aufbau dazu, → *Güter* oder → *Materialien* zu tragen oder zusammenzufassen, um zwecks Transportes, → *Lagerns*, Umschlags oder Stapelns eine → *Ladeeinheit* zu bilden. → *Europoolpalette*, → *Palettenpool*

Palette, artikelreine → *Artikelreine Palette*

Palette, Box- → *Boxpalette*

Palette, Chep- → *Chep-Palette*

Palette, Crossdocking- → *Crossdocking-Palette*

Palette, Display- → *Displaypalette*

Palette, Düsseldorfer → *Düsseldorfer Palette*

Palette, einlagige → *Einlagige Palette*

Palette, Einweg- → *Einwegpalette*

Palette, EUR-Box- → *Palettenpool*

Palette, EUR-Flach- → *Palettenpool*

Palette, Euro- → *Europoolpalette*

Palette, Europool- → *Europoolpalette*

Palette, Flach- → *Palettenpool*

Palette, Gitterbox- → *Gitterboxpalette*

Palette, Huckepack- → *Huckepackpalette*

Palette, Industrie- → *Industriepalette*

Palette, Misch- → *Mischpalette*

Palette, Pool- → *Europoolpalette*

Palette, Rungen- → *Rungenpalette*

Palette, Sandwich- → *Sandwichpalette*

Palette, Tausch- → *Palettenpool*, → *Europoolpalette*

Palette, umkehrbare → *Umkehrbare Palette*

Palette, verlorene → *Verlorene Palette*

Palette, Viertel- → *Viertelpalette*

Palette, Vierweg- → *Vierwegpalette*

Palette, Zweiweg- → *Zweiwegpalette*

Paletten-Durchlaufregal (engl. *Pallet flow rack*) → *Durchlaufregal*

Palettenhöhe (engl. *Pallet height*): Zur rationellen Gestaltung der physischen Abläufe in einer → *Prozesskette* ist nicht nur die Standardisierung der Grundmaße einer → *Palette*, sondern auch der Palettenhöhe einschl. Ladung erforderlich. Die CCG mbH, seit Frühjahr 2005 GS1 (→ *Global Standards 1*), hat seit 1985 zwei Empfehlungen zu Palettenladehöhen herausgegeben, und zwar CCG I: 1.050 mm und CCG II: 1.600–1.950 mm. Ab 1997 sind unter dem Dach der → *ECR Europe* zwei neue Empfehlungen entstanden –

vorrangig für den Transport –, und zwar EuL 1: 1.200 mm und EuL 2: 2.400 mm.

Palettenklausel (auch Palettentauschklausel; engl. *Pallet clause*) sind vorformulierte Vertragsbedingungen, die in Ergänzung eines Speditions- oder Frachtvertrags den Palettentausch (→ *Palettenpool*) als vertragliche Nebenleistung regeln, da es hierzu keine spezifischen gesetzlichen Regelungen gibt. Zwei Klauseln wurden von den Spitzenverbänden der verladenden Wirtschaft, der Speditionen und des Güterkraftverkehrs entwickelt und werden zur Anwendung empfohlen:

- „Bonner Palettentausch" eignet sich vorrangig für Fallgestaltungen, in denen der Frachtführer regelmäßig dieselbe Beladestelle anfährt.
- „Kölner Palettentausch" ist in Fällen wechselnder Einsatzorte des Frachtführers zu bevorzugen.

Palettenplatz, absenkbar → *Absenkbarer Palettenplatz*

Palettenpool (engl. *Pallet pool*) ist ein Zusammenschluss europäischer Eisenbahnen zur Vereinfachung nationaler und länderübergreifender Transporte auf der Grundlage von Tausch (Flach- und → *Boxpaletten*) mit Eigentumsübergang. Die Tauschvereinbarungen beziehen sich auf die Frachtarten → *Paletten* als → *Stückgüter*, Wagenladungen oder Ladungen im Großcontainer-Verkehr. Dabei wird zwischen EUR-Flachpaletten und EUR-Boxpaletten unterschieden. Die teilnehmenden Länder (19) tauschen Flachpaletten innerhalb von Wagen- oder Containerladungen. Der Tausch im Stückgutverkehr findet nur zwischen einigen Ländern (9) statt.

Palettenregal (engl. *Pallet rack*): Ein (Standard-)P. besteht im Wesentlichen aus folgenden Grundelementen:

- Seiten- oder Regalrahmen mit zwei Stehern sowie horizontalen und diagonalen Verstrebungen (auch Querverbände genannt), Verbindungen geschweißt oder verschraubt
- Längstraversen (→ *Traverse*) zur Verbindung der Rahmen und zur Auflage der → *Paletten*
- → *Tiefenauflagen*, Quertraversen oder Einlageböden zwischen den Längstraversen, wenn Paletten quer oder andere Einheiten eingelagert werden
- Sicherheitseinrichtungen wie → *Durchschubsicherung* und Aushubsicherung, Gitter, → *Anfahrschutz*, seitliche Erhöhung des Rahmens zur Sicherung gegen Herabfallen

Die Regalfächer sind häufig für die Aufnahme von drei Paletten ausgelegt (→ *Mehrplatz-Lagersystem*). → *Regale* und damit → *Regalanlagen* unterliegen nicht einem bauaufsichtlichen Genehmigungsverfahren, wenn sie keine tragende oder aussteifende Funktion für das Gebäude haben oder wenn das Regal nicht durch die Konstruktion des Gebäudes seine Standfestigkeit erhält (vgl. → *Silobauweise*).
Sind die Regale nach den Güte- und Prüfbestimmungen für Lager- und Betriebseinrichtungen gefertigt und montiert (RAL-RG 614), ist ein statischer Nachweis nicht erforderlich.
Die Freistellung von der Baugenehmigungspflicht gilt nur bis zu bestimmten → *Regalhöhen* (fünf bis zwölf Meter, Oberkante obere Auflage oder Lagergut) und ist – nicht einheitlich – in den Landesbauordnungen geregelt.

Palettentausch, Bonner → Palettenklausel

Palettentausch, Kölner → Palettenklausel

Palettenüberstand (engl. *Pallet projection*) liegt vor bei einer beladenen → *Palette*, deren Ladung über das Grundmaß der Palette (i. d. R. 1.200 x 800 mm) hinausragt.

Palettenwender (engl. *Pallet inverter*) ist eine Vorrichtung, um eine Ladungspalette um 90 oder 180 Grad zu wenden und die Palette tauschen zu können, da sie z. B. für ein automatisches Lager nicht ausreichend ist (defekte Palette oder → *verlorene Palette*).

Palettierer (engl. *Palletizer*) dient zur automatischen Beladung von vereinheitlichten → *Packstücken* auf → *Paletten* nach vorgegebenem Packmuster oder Packschema, wobei – aus Stabilitätsgründen – möglichst ein Ladungsverbund erreicht werden soll.

Pallet engl. für → *Palette*

Pallet Clause engl. für → *Palettenklausel*

Palletizer engl. für → *Palettierer*

Pallet Pool engl. für → *Palettenpool*

Pallet Rack engl. für → *Palettenregal*

PAN Abk. für → *Personal Area Network*

Paperless Order-picking System engl. für → *Belegloses Kommissionieren*

Parallelsorter ist ein → *Quergurtsorter*, bei dem sich jeweils zwei Gurtförderer je Fahrwagen nebeneinander befinden. Hierdurch kön-

Palettenregal [Quelle: NEDCON]

nen sequenziell zwei Güter oder ein Gut doppelter Länge auf einen Fahrwagen eingeschleust werden.

Pareto-Prinzip (engl. *Pareto Principle*) besagt, dass in vielen Bereichen des Lebens 80 Prozent des Geschehens auf 20 Prozent der Akteure zurückzuführen ist. Es ist auch unter dem Begriff 80/20-Regel bekannt und wurde im 19. Jahrhundert von Vilfredo Pareto postuliert.

In der → *Logistik* findet das Prinzip Anwendung bei der → *ABC-Analyse* und beschreibt die häufig vorkommende Situation, dass

Palettierroboter [Quelle: ROTEG]

mit 20 Prozent der → *Artikel* (A-Artikel) 80 Prozent des → *Umschlags* generiert werden.

Paritätsprüfung (engl. *Parity check*) dient der Erkennung von 1-Bit-Fehlern (→ *Binary Digit*), z. B. beim Lesen von → *Barcodes*. Es wird gerade und ungerade Parität unterschieden, je nachdem, ob die Summe der Bits des kontrollierten Zeichens eine gerade oder ungerade Anzahl von Bits mit dem Wert 1 enthält. Beispielsweise wird das zu kontrollierende Zeichen (mit N Stellen) um das sog. Paritätsbit verlängert, welches so gesetzt wird, dass eine entsprechende Parität des neuen Zeichens (mit N+1 Stellen) entsteht. Präzise werden damit nicht nur 1-Bit-Fehler, sondern alle geradzahligen Bitfehler erkannt.

Parity Check engl. für → *Paritätsprüfung*

Partial Pallet engl. für → *Anbrucheinheit*

Partikulier (engl. *Master of a ship*) ist ein Schiffseigentümer und Schiffsführer in der Binnenschifffahrt, häufig als Subunternehmer einer → *Reederei*.

Partnership Relationship Management (abgek. PRM) ist eine Strategie zur Kommunikationsverbesserung zwischen Firmen und ihren Zwischenhändlern. Mittels PRM-Software stellen die beteiligten Firmen ihren Partnern Realzeitinformationen wie z. B. Versandzeitpläne über das → *Internet* zur Verfügung, so dass diese ihre administrativen Aufgaben zielgerichtet und kostenoptimiert abwickeln können. PRM hat viele Gemeinsamkeiten mit → *Customer Relationship Management* (CRM) und wird teilweise als dessen Bestandteil angesehen.

Passiver Transponder (engl. *Passive tag*), auch passiver → *Tag* genannt, hat im Gegensatz zu einem → *aktiven Transponder* keine eigene Energieversorgung (Batterie). P. T. beziehen ihre Energie über → *induktive Kopplung* im → *Nahfeld* des → *Scanners* (typischerweise für 125 KHz- und 13,56 MHz-Tags) oder über die Radiowelle im → *Fernfeld* (z. B. im UHF-Bereich).

Patchantenne ist eine Antennenart, die besonders gut auf Leiterplatinen integriert werden kann und in Mobiltelefonen oder → *Transpondern* verwendet wird.

Paternoster 1. ist die umgangssprachliche Kurzform für Paternosterlager, → *Vertikalumlauflager.* — 2. bezeichnet eine → *Aufzuganlage* zur Personenbeförderung mit mehreren Kabinen, die an Ketten hängend im Wesentlichen senkrecht ständig umlaufen. Aufgrund brandschutz- und sicherheitstechnischer Anforderungen sind die P. nicht mehr zugelassen. Vorhandene Anlagen dürfen nur noch mit Sondergenehmigung betrieben werden.

Paternosterlager (engl. *Paternoster warehouse*) ist ein umgangssprachliches Synonym für → *Vertikalumlauflager.*

PBL Abk. für → *Pick by Light*

P Controller engl. für *P-Regler* (Abk. für Proportionalregler)

PDA 1. Abk. für → *Personal Digital Assistant* — 2. Abk. für Production Data Acquisition (→ *Betriebsdatenerfassung*)

PDF 1. Abk. für → *Portable Data File* (→ *PDF417*) — 2. Abk. für → *Portable Document Format*

PDF417 (PDF ist die Abk. für Portable data file) ist ein weitverbreiteter → *Stapelcode*. Pro Zeile können zwischen einem und 30 Zeichen dargestellt werden. Dabei können auf maximal 90 Zeilen über 2.700 Ziffern oder 1.850 ASCII-Zeichen gespeichert werden. Ein typischer PDF417-Ausdruck erzielt eine Datendichte von 100 bis 300 Bytes pro Quadratzoll.

PDM Abk. für → *Produktdatenmanagement*

PE Abk. für Paletteneinheit

Pedestrian-controlled Truck engl. für → *Mitgänger-Flurförderzeug*

Peer ist ein ausgewiesener Fachmann, im deutschen Sprachgebrauch auch Gutachter (z. B. für wissenschaftliche Magazine). Siehe z. B. → *Logistics Journal.*

Peer-to-Peer (abgek. P2P) ist eine Form des Datenaustauschs zwischen zwei Stationen (Peers) oder in einem Netzwerk gleichberechtigter Stationen (P2P-Netz), die sowohl als Diensterbringer als auch als Dienstempfänger agieren können. Internetbasierte P2P-Netzwerke finden z. B. als Tauschbörsen wie Gnutella oder eDonkey Verwendung. Vgl. → *Client/Server-System.*

Peitscheneffekt (auch Bullwhip-Effekt; engl. *Whiplash effect*) ist ein Effekt, der in langen, mehrstufigen Wertschöpfungsketten auftreten kann. Geringe Bedarfsschwankungen am Markt wirken zurück und können sich hinsichtlich Produktionsplanung und -menge bis zu den → *Lieferanten* extrem aufschaukeln. Die Ursache hierfür liegt im mangelhaften und nicht zeitnahen Informationsfluss oder auch im überhöhten Sicherheitsdenken der Akteure entlang der Supply Chain.

Penalty engl. für → *Refaktie*

Pendeldämpfung (engl. *Swing damping*) ist ein Bestandteil des Steuerungssystems für → *Krane*, mit dessen Hilfe das Pendeln der Last durch entsprechende Steuerung der Katze bzw. des Fahrwerks ausgeregelt wird.

Perfect Order Fulfillment ist das Idealbild der vielseitigen Optimierung des Auftragsdurchlaufs (vollständig und in richtiger Menge, qualitativ einwandfrei, ohne Mängel, weder zu früh noch zu spät, vollständig dokumentiert, richtig konfiguriert, korrekt installiert usw.).

Performance engl. für → *Leistung*

Periodische Inventur (engl. *Periodic inventory*) ist das physische Zählen von → *Material* in regelmäßigen Zeitabständen, um den Wert des Bestandes zu ermitteln.

Periodisches Bestellsystem (engl. *Periodic order system*) ist ein Bestellsystem, das zu festgelegten Zeitpunkten feststellt, ob und in welchem Umfang Wiederbeschaffungsaufträge erteilt werden müssen.

Permanente Inventur (engl. *Permanent inventory*): Während des laufenden Geschäftsjahrs werden ständig → *Artikel* eines → *Sortimentes* (Artikelgesamtheit) mengenmäßig erfasst (inventiert). Das

Auswahlverfahren für die jeweils zu inventierenden Artikel ist so zu wählen, dass am Abschluss-Stichtag (i. Allg. Ende des Geschäftsjahres) alle Artikel mindestens einmal erfasst wurden. Der Bestand wird durch permanente, zeitnahe Buchung der Zu- und Abgänge artikel- oder platzweise fortgeschrieben und am Stichtag, ohne weitere → *Inventur*, festgestellt.

Dieses Verfahren wird u. a. gewählt, wenn eine → *Stichtagsinventur* aus technisch-organisatorischen Gründen nicht wünschenswert oder nicht durchführbar ist.

Permanente Planungsbereitschaft (engl. *Permanent planning disposition*) ist ein Grundsatz effektiver, flexibler Gestaltung der → *Logistik*, der die ständige Messung und Auswertung logistischer und betrieblicher → *Kennzahlen* oder Kenngrößen voraussetzt.

Permanentes Bestandsführungssystem (engl. *Permanent inventory management system*): P. B. sind durch automatische Daten-Erfassungs- und -Verarbeitungssysteme möglich geworden. Voraussetzung ist die lückenlose Datenerfassung an allen relevanten Punkten des Systems, an denen Orts- oder Zustandsänderungen des → *Materials* stattfinden, z. B. am → *Wareneingang*. Vorteile sind eine zeitnahe Transparenz über die Verfügbarkeit von Materialien, die Minimierung des Aufwands für die Bestellabwicklung sowie eine Erleichterung der → *Inventur*.

Persistenz (engl. *Persistency*) bezeichnet die Fähigkeit eines Systems, Daten, Strukturen und Objekte dauerhaft zu speichern. In der Logistik erfolgt z. B. die → *Persistierung* der Bestandsdaten eines Lagers in dem Datenbanksystem einer entsprechenden → *Lagerverwaltung*.

Persistierung (engl. *Persisting*) nennt man die dauerhafte Speicherung von Daten unabhängig von der verwendeten Methode.

Personal Area Network (abgek. PAN; engl. für *„persönliches Netzwerk"*) ist ein lokales Datenübertragungsnetz, das ad hoc auf- und abgebaut werden kann.

Personal Digital Assistant (abgek. PDA) ist ein tragbarer Kleincomputer, der als elektronischer Terminkalender, Adressbuch und Notizzettel verwendet wird. PDA haben meist keine Tastatur, sondern werden mittels eines berührungsempfindlichen Displays bedient.

PDA werden zunehmend als Basis für Kommissionierterminals oder als → *Mobiles Datenterminal* verwendet.

Personenschutzanlage (abgek. PSA; engl. *Personal security device*) ist eine in → *Schmalganglägern* gesetzlich vorgeschriebene Sicherheitsanlage, die den Betrieb der Lagergeräte unterbricht, wenn Personen in deren Gefahrenbereich geraten. Es werden sowohl mobile, auf dem Fahrzeug montierte Geräte als auch stationäre, vor der Regalgasse installierte PSA eingesetzt.

Person-zur-Ware (engl. *Person to goods*) ist die geschlechtsneutrale, jedoch selten gebrauchte Bezeichnung für → *Mann-zur-Ware*.

PET (Abk. für Polyethylenterephthalat) ist Basismaterial z. B. für Kunststoffeinweg- und -mehrwegflaschen.

Petri-Netz ist ein gerichteter Graph, bestehend aus Stellen (Places) und Transitionen, die über Kanten (Edges) miteinander verbunden sind. Mit P.-N. lassen sich sequenzielle, alternative und nebenläufige Prozesse abbilden.
Typische Einsatzfälle sind die Ablauforganisation, Datenanalyse, → *Wegoptimierung* usw.

P&F Abk. für → *Power-and-Free-Förderer*

Pfandschlupf Getränkeflaschen werden von Käufern mit Pfand erworben, aber nicht alle werden zurückgegeben. Der Verkäufer behält damit den Teil des Pfandgelds, der von den Käufern nicht zurückverlangt wird. Die für ihn verbleibende positive Gelddifferenz ist eine Betriebseinnahme und wird umgangssprachlich als P. bezeichnet.

Pflichtenheft (engl. *Requirement specifications*) wird in der Regel nach Auftragserteilung vom Auftragnehmer erstellt, falls erforderlich auch unter Mitwirkung des Auftraggebers. Das P. enthält das → *Lastenheft*. Im P. werden die Anwendervorgaben detailliert und die Realisierungsanforderungen beschrieben. Im P. wird definiert, WIE und WOMIT die Anforderungen zu realisieren sind. Es wird eine definitive Aussage über die Realisierung des Systems gemacht. Der Auftragnehmer prüft bei der Erstellung des P. die Widerspruchsfreiheit und Realisierbarkeit der im Lastenheft genannten Anforderungen. Das P. bedarf der Genehmigung durch den Auftraggeber. Nach Genehmigung durch den Auftraggeber wird das P. die verbindliche Vereinbarung für die Realisierung und Abwicklung des Projektes sowohl für den Auftragnehmer als auch für den Auftraggeber. Siehe VDI/VDE 3694, Lastenheft/Pflichtenheft für den Einsatz von Automatisierungssystemen.

Phantom Read bezeichnet die fälschlicherweise angezeigte Präsenz eines → *Tags* durch einen → *RFID-Scanner*.

Physical Markup Language (abgek. PML), ein XML-Derivat (→ *Extensible Markup Language*), ist eine computerorientierte Sprache zur Beschreibung von physischen Objekten. Sie wird im EPC-Netzwerk (→ *EPCglobal*) zur Speicherung von Produktinformationen verwendet.

Pick bezeichnet i. Allg. eine Entnahmeeinheit. Leider ist die Begriffsabgrenzung zwischen P. und → *Entnahmeposition* nicht allgemeingültig definiert, so dass Mengendiskrepanzen entstehen können zwischen Anzahl Entnahmepositionen und Anzahl P., wobei in aller Regel eine Entnahmeposition mehr als ein P. umfasst.

Pickanzeige ist eine elektronische Anzeige, die angibt, wie viele → *Artikeleinheiten* vom Bereitstellplatz zu entnehmen sind. Es wird dabei unterschieden zwischen stationären Anzeigen am Entnahmeplatz oder Entnahmeregal und mobilen Anzeigen z. B. an → *Kommissionierwagen*.

Pick by Light Dem → *Kommissionierer* wird über Pickanzeigen an den Bereitstellplätzen optisch vorgegeben, von welchem → *Artikel* er wie viele Einheiten zu → *kommissionieren* hat. Die Pickanzeigen sind i. d. R. unmittelbar über oder unter dem Bereitstellplatz angeordnet und verfügen zudem über Korrekturmöglichkeiten und einen Taster zur Quittierung der → *Entnahme*. Es gibt auch Bereichsanzeigen für mehrere Plätze.
Vgl. → *Put to Light* bzw. Pick to Light.

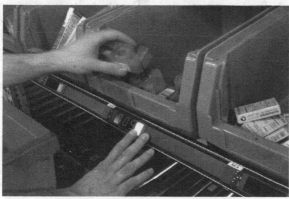

Pick by Light [Quelle: SSI SCHÄFER]

Pick by Voice → *Kommissionierung mit Spracherkennung*

Pick Car ist ein ganggebundenes Fahrzeug mit Hubeinrichtung, mit der der mitfahrende → *Kommissionierer* mehrere Kommissionier-ebenen erreicht. Vgl. → *Kommissionierwagen.*

Picken bezeichnet die Entnahme von Teilmengen eines Artikels von/aus der → *Bereitstelleinheit.* P. ist ein wesentlicher Teil der → *Kommissionierung.*

Pickfamilien → *Teilefamilien*

Picking Frequency engl. für → *Zugriffshäufigkeit*

Picking List engl. für → *Kommissionierliste*

Picking Rate engl. für → *Zugriffsgrad*

Picklist engl. für → *Kommissionierliste*

Pickliste ist eine andere Bezeichnung für → *Kommissionierliste.* Sie enthält nach bestimmten Sortierkriterien zusammengestell-te → *Entnahmepositionen.* Die P. kann in vielen Fällen identisch sein mit dem → *Lieferschein.* Im Allgemeinen ist aber die P. eine nach speziellen Gesichtspunkten aufbereitete Liste (z. B. Sortierung nach Laufwegen, nach Kommissionierbereichen usw.), einschließlich ergänzender Angaben wie z. B. → *Lagerplatz* oder Kundenanga-ben. Wird die Kommissionierliste mithilfe mobiler Datenendgeräte (→ *Funkterminals,* → *Mobile Datenterminals* o. Ä.) bearbeitet, so spricht man von → *beleglos er Kommissionierung.*

Pickposition Folgende unterschiedliche Verwendungen des Begriffes treten auf:

- → *Auftragsposition* und P. werden gleichgesetzt.
- Eine Auftragsposition wird in P. unterteilt, wenn sie aus verschie-denen Bereichen zusammengestellt wird, bspw. ganze → *Lage-reinheiten* aus dem Vorratslager und Teilmengen aus dem Kom-missionierbereich.
- P. im Sinne von Anzahl → *Artikeleinheiten*

Zur eindeutigen Beschreibung empfiehlt sich die Verwendung ein-deutig definierter Begriffe wie Auftragsposition oder → *Kommissio-nierposition.*

Picksplitting Beim → *Kommissionieren* in → *Behälter* kann es vor-kommen, dass eine → *Position* nicht vollständig in einen Behälter hineinpasst. In diesem Fall werden die → *Artikeleinheiten* dieser Position aufgeteilt (gesplittet) und in einen oder mehrere weitere Behälter abgelegt.

Pick to Belt ist ein Kommissionierprinzip, bei dem aus dem → *Lager-fach* entnommene → *Artikeleinheiten* direkt auf ein Abförderband, meist Zuführung zum → *Sorter*, gelegt werden.

Pick to Belt [Quelle: EHRHARDT]

Pick to Box 1. bezeichnet ein Kommissionierprinzip, bei dem die Entnahmeeinheiten in einen mitgeführten Behälter abgelegt werden. — 2. ist ein Kommissionierprinzip, bei dem → *Artikeleinheiten* auf Tablaren abgelegt und in Gestellen (Boxen) eingeschoben sind, um für eine automatische Kommissionierung über Tablartechnik zur Verfügung zu stehen (Name und Entwicklung TGW Transportgeräte GmbH, Lebensmittelbereich).

Pick to Light → *Put to Light*

Pick to Order engl. für → *Auftragskommissionierung*

Pick und Pack bezeichnet das → *Kommissionieren* von → *Aufträgen*, bei denen die einzelnen → *Positionen* direkt in einen Versandkarton oder ein Versandbehältnis kommissioniert werden.

Pick-up Logistics engl. für → *Abhollogistik*

Pick-up-Station Beim Versandhandel besteht das Problem, die Ware dem Empfänger ohne großen Aufwand anliefern und übergeben zu können. Wird der Empfänger zur persönlichen Übergabe nicht angetroffen, d. h. mehr als eine Anfahrt wird erforderlich, oder ist die Sendung (→ *Lieferung*) wertmäßig zu gering, „lohnt" sich eine direkte Auslieferung nicht bzw. der Kunde ist nicht gewillt, die erheblichen Zusatzkosten zu tragen.

Die Tendenz zu kleiner werdenden Aufträgen (→ *Atomisierung der Aufträge*) wird durch den Internethandel (→ *E-Commerce*) forciert und das Nichtantreffen eines Empfängers durch das gesellschaftliche Phänomen der steigenden Anzahl von Single-Haushalten mit bedingt.

Die Pick-up-Station ist ein „Kompromiss". Der → *Lieferant* kann zu jeder Zeit seine Ware an definierten, verkehrsgünstig gelegenen Punkten gesichert abgeben, und der Empfänger kann sie dort jederzeit übernehmen.

Bekannte Vertreter sind die Packstation (`http://www.packstation.de`) und der Tower24 (`http://www.tower24.de`).

PI Controller engl. für *PI-Regler* (Abk. für Proportional-Integral-Regler)

Piece Goods engl. für → *Stückgut*

Piece List engl. für → *Stückliste*

Piece Pick engl. für *Einzelteilkommissionierung*

Piet Abk. für Paketidentifizierungsetikett

Piggy-back Service engl. für → *Huckepackverkehr*

PI-Regler (engl. *PI controller*) Abk. für Proportional-Integral-Regler

PKI Abk. für → *Public Key Infrastructure*

PL Abk. für Projektleiter (engl. *Project manager*)

Place of Origin engl. für → *Ursprung der Ware*

Planungsbereitschaft, permanente → *Permanente Planungsbereitschaft*

Planungshorizont (engl. *Planning horizon*) bezeichnet gegenüber dem Istzustand hochgerechnete Plandaten zur kapazitiven und leistungsmäßigen Auslegung eines Logistiksystems für einen Zeitraum von typischerweise fünf bis zehn Jahren.

Plattenbandförderer (engl. *Slat conveyor*, *Apron conveyor*) ist ein → *Gliederbandförderer* mit Platten als tragendem Element. P. werden u. a. im Flughafenbereich zur Gepäckförderung eingesetzt. Siehe auch → *Plattenförderer*.

Plattenförderer (engl. *Apron conveyor*) ist ein Förderer, bei dem die Güter auf einzelnen Platten gefördert werden. Die Platten kön-

Plattenbandförderer [Quelle: SIEMENS]

nen in Kulissen geführt oder durch Einzelantriebe bewegt werden. Werden die Platten miteinander zu einem Kettenzug verbunden, spricht man von einem → *Plattenbandförderer*, einer Bauform der → *Gliederbandförderer*. Gliederbandförderer bestehen aus zwei parallel laufenden, vertikal geführten Kettensträngen, zwischen denen Tragelemente montiert sind. Je nach Tragelement werden Plattenbänder, Gliederbänder usw. unterschieden. Wegen der parallelen Kettenstränge sind diese Förderer nicht kurvengängig, so dass hierauf basierende Verteilförderer wie → *Schuhsorter* oder → *Tragschuhsorter* nur in Linienstruktur realisiert werden können.

Plattformwagen (engl. *Platform trolley, flat car*) → *Rolltrailer*

Platzierungs-Split-Analyse (engl. *Positioning split analysis*): Mithilfe der P.-S.-A. erfolgt die Auswahl oder Empfehlung von Platzierungen nach definierten Kategorien oder Subkategorien für bestimmte Geschäftstypen oder Gebiete (Basis: → *Handelspanel*).

Platzinventur (engl. *Storage space inventory*): Bei einer großen Anzahl von → *Lagereinheiten* eines → *Artikels*, z. B. Verteilung auf verschiedene → *Lagerorte*, kann vielfach (Zeit/Aufwand) keine → *Artikelinventur*, sondern nur eine P. (z. B. in der → *Kommissionierzone*) durchgeführt werden. Zum Stichtag sind dann artikelbezogene Zusammenfassungen vorzunehmen.

231

PLC Abk. für Programmable logic controller (engl. für → *Speicherprogrammierbare Steuerung*)

PLM Abk. für Product Life Management

PM Abk. für Projektmanagement

PML 1. Abk. für → *Physical Markup Language* — 2. Abk. für → *Product Markup Language*

Pneumatic Pusher (engl. für *Pneumatikausschieber*) → *Pusher*

Pneumatikausschieber (engl. *Pneumatic pusher*) → *Pusher*

P.O.B. Abk. für Post office box (engl. für *Briefkasten*)

PoC Abk. für → *Proof of Concepts*

POD Abk. für → *Point of Delivery*

Point of Delivery (abgek. POD) ist der Punkt, an dem eine Dienstleistung erfüllt wird.

Point of Sale (abgek. POS) 1. bezeichnet den Ort des Verkaufs an den Endkunden. — 2. Im engeren, logistischen Sinne ist der POS verbunden mit dem Lesen des sich auf dem Produkt befindlichen Codes (→ *Tag* oder → *Barcode*) zur Feststellung des Verkaufspreises an der Kasse einer Verkaufsniederlassung, wiederum verbunden mit der anschließenden Buchung in einem entsprechenden → *Warenwirtschaftssystem*. — 3. ist ein Bezahlsystem.

POL Abk. für Port of landing (engl. für *Ladehafen*)

Polarisation beschreibt die lineare oder zirkulare Orientierung des elektromagnetischen Feldes einer Transversalwelle, z.B. einer Radiowelle. Über die Veränderung der Polarisationsebene können Informationen übertragen werden.

Polarisation, zirkulare → *Zirkulare Polarisation*

Police (auch Versicherungspolice) ist eine andere Bezeichnung für Versicherungsschein, den Nachweis der Versicherung, z.B. zum Transport von Waren.

Polymertransponder ist ein → *Transponder*, bei dem der Mikrochip nicht aus Silizium, sondern aus Kunststoff besteht. Mit derartigen polymeren Halbleitermaterialien ist man in der Lage, den Chip mit Drucktechniken herzustellen (Rolle-zu-Rolle-Printverfahren). Das weniger aufwendige Herstellungsverfahren und die Tatsache, dass für Polymertransponder kein Silizium benötigt wird, sollen zu deutlich niedrigeren Transponderpreisen führen.

Pool ist ein Ausdruck für eine Organisationsform von Mehrweg-Einheiten, insbesondere → *Ladehilfsmittel* und Transporthilfsmittel wie → *Paletten*, → *Behälter*, Kästen, Transportgestelle, Kleiderbügel usw.

Wesentliche Unterschiede bei der Poolorganisation bestehen darin, ob es sich um offene oder geschlossene Pools handelt, wie die Eigentumsfrage geregelt ist und wie und durch wen das Management erfolgt. Allgemein kann auch gesagt werden, dass sich bei einem Pool mehrere Teilhaber oder Akteure zu gemeinsamer Interessenlage finden.

Poolpalette → *Europoolpalette*

POP Abk. für Paperless order-picking system (→ *Belegloses Kommissionieren*)

Pop-up-Sorter ist eine andere Bezeichnung für → *Schwenkrollensorter*.

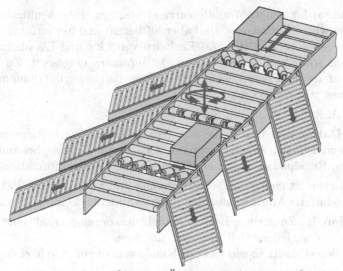

Pop-up-Sorter [Quelle: JÜNEMANN/SCHMIDT]

Portable Data File (abgek. PDF): Ein PDF-Label besteht aus einem gestapelten (mehrzeiligen) Code, der auf einem Feld von der Größe einer Visitenkarte etwa tausend Zeichen abspeichern kann. Gestapelte → *Strichcodes* basieren auf einer eigenen Codestruktur.

Es können bis zu 1000 Bytes verschlüsselt werden, und die Zeilenzahl kann zwischen drei und 90 variieren. Die Label können auf jedem handelsüblichen Drucker hergestellt und mit dafür geeigneten → *Scannern* gelesen werden. Als Aufkleber oder Ausdruck dient der PDF als Informationsträger einer Ware entlang der Logistikkette.

Portable Document Format (abgek. PDF) ist ein von der Firma Adobe Systems Inc. entwickeltes Dateiformat, das für Dokumente und Grafiken im Internet weite Verbreitung gefunden hat.

Portable Operating System (abgek. POSIX) ist eine für → *UNIX* entwickelte standardisierte Schnittstelle zwischen Programm und Betriebssystem (DIN ISO 9945).

Portal ist eine zentrale, internetbasierte Plattform eines (Informations-)Anbieters oder einer Gruppe, meist thematisch zugeordnet.

Portalkran Der Umschlagbereich eines P. wird durch eine auf seitlichen Stützen verfahrbare Brücke gebildet.

Portalstapler (engl. *Straddle carrier*) besitzen einen ähnlichen Aufbau wie → *Portalkrane*, sind aber luftbereift und frei verfahrbar. Sie werden z. B. zum Be- und Entladen von Lkw und Eisenbahnwaggons sowie zum Sortieren von → *Containern* eingesetzt. Zur Aufnahme eines Containers fahren sie über diesen, um ihn dann mittels eines → *Spreaders* aufzunehmen.

POS Abk. für → *Point of Sale*

POS-Daten sind Daten, die aus dem → *Warenwirtschaftssystem* der Handelsfilialen bezogen werden, z. B. Bestandsdaten, Scanningdaten, Regalplatzierung, Laden-Layout oder Werbeinformationen.

Posisorter ist eine gängige Bezeichnung für → *Schuhsorter*. P. ist ein geschützter Markenname der Firma Vanderlande Industries BV.

Position Im Zuge eines Bestell- und Liefervorgangs erhält eine Position verschiedene Bedeutungen, und zwar
- Bestellposition: wie viel der Kunde von einem → *Artikel* erhalten möchte;
- Lieferposition: was nach Überprüfung der → *verfügbaren Bestände* geliefert werden kann;
- offene Position: was mangels verfügbaren Bestandes später nachgeliefert wird;
- → *Pickposition*/→ *Kommissionierposition*: Auflösung einer Lieferposition nach verschiedenen → *Kommissionierbereichen*, bei

der → *Ganzmengenentnahmen* und → *Teilmengenentnahmen* getrennt und entsprechende Einträge in eine → *Pickliste* vorgenommen werden.

POSIX Abk. für → *Portable Operating System*

POS Scanning bezeichnet automatisches Einlesen der auf Produkten befindlichen Informationen am → *Point of Sale* (POS). Informationsträger sind aufgedruckte oder aufgeklebte → *Barcodes*, ggf. durch → *Smart Label* ergänzt oder ersetzt (→ *Radio Frequency Identification*). POS Scanning beschleunigt den Kassiervorgang und generiert automatisch → *POS-Daten*, die in POS-Datenbanken gespeichert werden.

Posten (engl. *Item, lot*) ist eine Bezeichnung für Waren oder Warenmenge.

Postponement setzt Bevorratung der Ware und spätere → *Lieferung* voraus, mit dem Ziel, eine kundenspezifische Assemblierung bzw. ein → *Mass Customizing* kundenindividuell und zeitnah nach dem Eingang der Bestellung auszuführen.

Potenzialanalyse (engl. *Potential analysis*) ist ein vielfältig verwendeter Begriff, der eine in die Zukunft gerichtete, strukturierte Analyse auf das Vorhandensein von bestimmten Eigenschaften (Potenzialen) beinhaltet.

Potenzialklassen (engl. *Potential categories*) repräsentieren Kategorien von Einflussgrößen (Aktionsparametern), anhand derer das Verhalten eines Prozesses bzw. einer → *Prozesskette* im Hinblick auf die logistischen Ziele beeinflusst werden kann.

Power-and-Free-Förderer (abgek. P&F) ist ein → *flurfeier* → *Stetigförderer*, bei dem Zug- und Bewegungsebene voneinander getrennt sind (auch Schleppkreisförderer, vgl. → *Kreisförderer*).

PPS-Controlling bezeichnet die gezielte Regelung der Produktionsplanung und -steuerung. Es orientiert sich an den aus den Unternehmenszielen abgeleiteten Zielen wie Maximierung der Kapazitätsauslastung, Verkürzung der → *Durchlaufzeiten*, Steigerung der Termintreue, Verringerung der Bestände usw. Siehe auch → *Logistikqualität*.

PPS-System Abk. für → *Produktionsplanungs- und -steuerungssystem*

Pre-fabrication engl. für → *Anarbeitung*

P-Regler Abk. für Proportionalregler

Power-and-Free-Förderer [Quelle: SIEMENS]

Preisklassen-Analyse (engl. *Price class analysis*): In der P.-A. werden die Absatzmengen und Marktanteile in spezifischen Preisklassen analysiert. Die P.-A. liefert Aussagen zur Absatz- und Umsatzbedeutung der einzelnen Preisklassen sowie deren Entwicklung über einen definierten Zeitraum (Basis: → *Handelspanel* oder → *Verbraucherpanel*).

Premiumartikel sind → *Artikel*, die im Gesamtsortiment als höherwertig oder höherpreisig eingestuft werden.

Prepaid ist ein Vermerk auf Versandpapieren, nach dem die Verfrachtungskosten bereits vom Spediteur (→ *Spedition*) bezahlt wurden oder zu bezahlen sind.

Pre-payment engl. für *Vorauszahlung*

Pre-sorted Store Order (engl. für *zweistufiges Crossdocking*) → *Crossdocking*

Pre-storage Area engl. für → *Lagervorzone*

Primärhub (engl. *Primary lift*) → *Kommissionierstapler*

Primärverpackung (engl. *Primary packaging*) ist eine → *Verpackung*, die vom Verbraucher als → *Verkaufseinheit* angesehen wird (→ *Verkaufsverpackung*).

Primary Lift (engl. für *Primärhub*) → *Kommissionierstapler*

Prioritätsregel (engl. *Priority rule*) ist eine Vorrangregelung zur Bestimmung des nächsten Nachfolgers, z. B. bei Kundenaufträgen nach → *Liefertermin* oder bei Lagersystemen „Auslagerung vor Einlagerung".

Pritsche (engl. *Stake body, flatbed body*) ist eine → *Wechselbrücke* für Lkw, die z. B. im → *Kombinierten Verkehr* Straße/Schiene und im → *Werkverkehr* eingesetzt wird.

PRM Abk. für → *Partnership Relationship Management*

Process Chain engl. für → *Prozesskette*

Process Chain Management engl. für *Prozesskettenmanagement* (→ *Prozesskette*)

Procurement engl. für → *Beschaffungsrealisierung*

Production Data Acquisition (abgek. PDA) engl. für → *Betriebsdatenerfassung*

Product Lifecycle engl. für → *Produktlebenszyklus*

Product Markup Language (abgek. PML) ist eine vom AutoID Center entwickelte XML-Variante (→ *Extensible Markup Language*) zur Speicherung von Informationen über gekennzeichnete Produkte.

Produktdatenmanagement (abgek. PDM; engl. *Product data management*): PDM-Systeme verwalten alle Daten (Arbeitspläne, Datenblätter, Rezepturen, → *Stücklisten*, Videos, Zeichnungen usw.) eines Produktes inklusive der Historie über den gesamten → *Produktlebenszyklus*. Externe Partner (z. B. → *Lieferanten*) und Systeme (z. B. elektronische Kataloge) werden dabei einbezogen. PDM-Systeme unterstützen die Erfassung, Bearbeitung (Änderung, Aufbereitung oder Konvertierung) und Verwaltung der Daten.

Produkthierarchie (engl. *Product hierarchy*) beschreibt Beziehungen diverser Produkte untereinander. Die drei wichtigsten Ebenen innerhalb einer P. sind Produktfamilien (decken gleiche Bedürfnisse ab), Produktklassen innerhalb der Familie (weisen ähnliche Eigenschaften auf) und Produktlinien, die ähnliche Merkmale aufweisen oder z. B. auf bestimmte Kundenkreise ausgerichtet sind.

Produktion, synchronisierte → *Synchronisierte Produktion*

Produktionsbedarfsplanung (engl. *Production requirements planning*) umfasst sämtliche planerischen Maßnahmen zur Herstellung von Waren oder Erbringung einer Dienstleistung. Sie beinhaltet die sog. Brutto- und Netto-Sekundärbedarfsermittlung (erforderliche → *Materialien* ohne bzw. mit Einbeziehung der → *Lagerbestände*), die Zuordnung der resultierenden Beschaffungen (→ *Fremdfertigung* oder Eigenfertigung), die Durchlaufterminierung (zeitliche Folge der internen Produktionsaufträge) sowie die Ermittlung und Abstimmung erforderlicher Kapazitäten (Werke, Maschinen, Personal usw.).

Produktionslogistik (engl. *Production logistics*) umfasst die Gesamtheit aller logistischen Tätigkeiten, Maßnahmen und Themenstellungen, welche sich aus der Waren- bzw. Leistungserbringung ergeben. Sie ist als Glied der logistischen Kette zwischen → *Beschaffungslogistik* und Absatzlogistik angesiedelt. Beispiele für Tätigkeiten der P. sind Planung, Steuerung, Transport und Lagerung von Rohmaterialen, Hilfs- und Betriebsstoffen, Kauf- und Ersatzteilen oder Halbfertig- und Fertigprodukten sowie die damit verbundenen organisatorischen oder qualitätssichernden Maßnahmen.

Produktionsplanungs- und -steuerungssystem (abgek. PPS-System, engl. *Production planning and control system*) umfasst informationsverarbeitende Systeme der Produktionsplanung und -steuerung. PPS-Systeme lassen sich nach dem Steuerungsprinzip beispielsweise wie folgt einteilen:

- eingabeorientierte Steuerung
- Steuerung nach geplanten mittleren Prozessabläufen (→ *Material Resource Planning I*)
- Steuerung nach Prioritätsregeln, Fortschrittszahlensteuerung
- belastungsorientierte Auftragssteuerung
- abruforientierte Steuerung
- lagerbestandsorientierte Abrufsteuerung
- Abrufsteuerung mittels Kanban (→ *Kanban-Prinzip*)

Produktivität (engl. *Productivity*) ist die → *Leistung* im Verhältnis zum Arbeitseinsatz (mengenmäßig). E=P/W.

Produktlebenszyklus (engl. *Product lifecycle*) ist der Zyklus eines Produktes oder einer Produktreihe von der Entwicklung, Markteinführung, Marktversorgung bis hin zur Herausnahme aus dem Markt, weil es den Anforderungen nicht mehr genügt (z. B. wegen technischer Veralterung) oder weil die Absatzmenge die übrigen Aufwendungen nicht mehr rechtfertigt.

Produktmarkierung, direkte → *Direkte Produktmarkierung*

Profilkontrolle (engl. *Profile control*) ist eine bei automatischen → *Lagersystemen* erforderliche Sicherheitsmaßnahme, um festzustellen, ob Zugangslagereinheiten festgelegte äußere Abmessungen überschreiten, die zu Störungen im Ablauf führen können.

Profilkontrolle [Quelle: TGW]

Programmable Logic Controller engl. für → *Speicherprogrammier-bare Steuerung*

Projekt-Controlling hat als wesentliche Aufgabe die Koordination von Projekten und Partnern inkl. Planung, Steuerung und Kontrolle.

Proof of Concepts (abgek. PoC; engl. für *Machbarkeitsanalyse*) ist im Rahmen der Projektabwicklung i. Allg. der Punkt, an dem die Machbarkeit unterschiedlicher Prozessvarianten oder Ausführungsformen verglichen und bewertet wird.

239

Protokoll (engl. *Protocol, log*) meint Standards und Konventionen, die die → *Datenübertragung* zwischen Computern regeln und durch ihren Status als Standards die Zuverlässigkeit und Übertragungsgeschwindigkeit des Datentransfers sicherstellen.

Provider ist engl. für *Dienstleister* (im logistischen Sinn); vgl. → *2PL*, → *3PL*, → *4PL*, → *Application Service Provider* etc.

Proximity Application ist eine RFID-Applikation (→ *Radio Frequency Identification*) mit relativ geringem Leseabstand, typischerweise max. 20 cm (ISO 14443 für 13,56 MHz).

Proximity Card (Proximity ist engl. für *Nähe*) ist eine nach ISO 14443 klassifizierte Chipkarte mit RFID-Tag (13,56 MHz-Tag, → *Tag*) mit einer Lesereichweite von wenigen Zentimetern.

Prozesskette (engl. *Process chain*) bezeichnet eine anhand grafischer Symbole vorgenommene Darstellung und Modellierung von Beschaffungs-, Produktions-, Distributions- oder sonstigen Vorgängen eines oder mehrerer Unternehmen. Sie besteht aus verschiedenen Elementen, die jeweils einen abgrenzbaren Vorgang umfassen und über logische Verknüpfungen zur P. verbunden werden.

Ein so gestalteter Aufbau kennt nur verschiedene Funktionsebenen und keinen klassischen, hierarchisch angeordneten Organisationsaufbau und ist Grundlage für ein effektives prozessorientiertes Management.

Die ereignisgesteuerte P. ist z. B. ein wesentliches Element des ARIS-Konzepts (→ *Architektur integrierter Informationssysteme*).

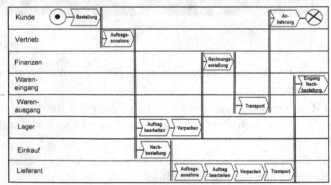

Prozesskettendarstellung [Quelle: A. KUHN]

240

Prozesskettenmanagement (engl. *Process chain management*)
→ *Prozesskette*

Prozesskostenrechnng (engl. *Process costing*) ist ein betriebswirtschaftliches Verfahren zur zeitnahen und prozessorientierten Erfassung von Kosten. In modernen Systemen ist die P. häufig mit der automatisierten und detaillierten, echtzeitnahen Erfassung durch IT-Systeme verbunden.

Prozessmodellierung (engl. *Process modeling*) → *Prozesskette*

Prüfsumme (engl. *Checksum*) bezeichnet ein Verfahren zur Sicherung der Datenintegrität. P. werden über unterschiedliche arithmetische Berechnungen ermittelt und redundant zur Nutzinformation übertragen oder gespeichert. Vgl. → *Cyclic Redundancy Check.*

Prüfziffer (engl. *Check digit*) besteht aus einem oder mehreren Zeichen zur Erkennung von Substitutionsfehlern, z. B. beim Lesen von → *Barcodes*. Die P. wird nach verschiedenen Berechnungsmethoden erstellt. Am gebräuchlichsten ist die Berechnung nach Modulo 10/Wichtung 3 (→ *Modulo*), die bei EAN-Codes und Codes der 2-aus-5-Familie eingesetzt wird.

PSA Abk. für → *Personenschutzanlage*

PTL Abk. für → *Pick to Light*

Public Key Infrastructure (abgek. PKI) ist eine Infrastruktur zur → *Unsymmetrischen Verschlüsselung.*

Public Key System (engl. für *Asymmetrische Verschlüsselung*) → *Unsymmetrische Verschlüsselung*

Pufferlager (engl. *Temporary storage, buffer store*) gleicht Schwankungen zwischen Zu- und Abgängen in kurzen Zeitintervallen aus. P. dienen häufig der Zeitüberbrückung zwischen verschiedenen Arbeitsgangsfolgen in der Produktion. Charakteristisches Merkmal von P. sind geringe Schwankungen in der Zahl der Ein- und Auslagerungsvorgänge je Zeiteinheit bei hohen Umschlaghäufigkeiten (→ *Umschlagrate*). Vgl. → *Sammel- und Verteillager,* → *Vorratslager.*

Pulkerfassung (engl. *Bulk scan*): Die Dateninhalte mehrerer automatisch identifizierbarer Datenträger werden quasi gleichzeitig durch einen → *Scanner* erfasst (Antikollisionsfunktion). Hierzu sind → *Transponder* besonders gut geeignet. Beispielsweise sieht der EAN-RFID-Standard das Erfassen von 250 Tags bei einem Nutzdatenspeicher von 128 Bit innerhalb von fünf Sekunden vor. → *Radio Frequency Identification*

Puller ist ein → *Sorter* auf Basis eines Ziehprinzips (im Gegensatz zu → *Pusher*).

Pull Strand (engl. für *Lasttrum*) → *Trum*

Pusher realisieren eine 90-Grad-Förderbewegung. Sobald ein abzuschiebendes → *Gut* die vorgesehene Position erreicht hat, wird ein Abschieber (engl. *Pusher*) betätigt, der das Gut in eine Ausschleusbahn schiebt. Dabei ändert das Gut entweder im Stillstand oder auch während der Förderbewegung seine Richtung um 90 Grad. Vgl. → *Dreharmsorter*.

Push Principle engl. für → *Bringprinzip*

Push-und-Pull-Prinzip Push und Pull sind Prinzipien zur Nachschuborganisation: „Push" entsprechend dem Druck vorgelagerter Stufen (→ *Bringprinzip*), „Pull" (Ziehen) nach dem eigenen Verbrauch (Holprinzip). Siehe auch → *Kanban-Prinzip*.

Put Away Rules sind Regeln zur Bestimmung eines → *Lagerplatzes* für einzulagernde Waren (→ *Einlagerstrategie*).

Put to Light (auch Pick to Light) ist die durch Display- oder Lichtanzeige geführte Abgabe einer → *Kommissioniereinheit* an einen Auftragsbehälter.

Puzzle ist der Name einer Software zur Optimierung von Lade- und Transporteinheiten. Puzzle ist Warenzeichen des → *Fraunhofer IML*.

Q

QC Abk. für Quality Control (engl. für → *Qualitätskontrolle*)

QFD Abk. für → *Quality Function Deployment*

QM Abk. für → *Qualitätsmanagement*

QR Abk. für → *Quick-Response-Logistik*

QR Code Abk. für → *Quick Response Code*

QS Abk. für Qualitätssicherung

QTW Abk. für Quertransportwagen (→ *Verschiebewagen*)

Qualitäts-Audit (engl. *Quality audit*) ist eine systematische und unabhängige Untersuchung, um festzustellen, ob qualitätsbezogene Tätigkeiten und die damit zusammenhängenden Ergebnisse den geplanten Anordnungen entsprechen und wirkungsvoll verwirklicht werden können (DIN EN ISO 8402).

Qualitätskennzahlen (engl. *Quality score, key quality data*) → *Logistische Leistung*

Qualitätskontrolle (engl. *Quality control*) ist Kontrolle dahingehend, ob bzw. dass ein Produkt oder eine Dienstleistung die allgemeinverbindlichen Standards (Normen) oder die mit den Kunden vereinbarten und selbstgesetzten Qualitätsstandards einhält.

Qualitätsmanagement (abgek. QM; engl. *Quality management*) umfasst alle Tätigkeiten der Führungsaufgabe (insbesondere Planung, Lenkung, Sicherung und Verbesserung der Qualität), Ziele und Verantwortungen für eine Qualitätspolitik festzulegen.
Bekannteste Qualitätsmanagementnorm ist ISO 9000. In ihr wird beschrieben, welchen Anforderungen das Management eines Unternehmens genügen muss, um einem bestimmten Qualitätsstandard zu entsprechen.

Quality Function Deployment (abgek. QFD) ist ein Verfahren zur Qualitätssicherung.

Quality Management engl. für → *Qualitätsmanagement*

Quellen (engl. *Sources*) repräsentieren die Gesamtheit der in ein System eingehenden und das Verhalten beeinflussenden Größen, bspw. Informationen, Materialien und Energie.

Quellen/Senken (engl. *Source/sink*) sind Ausgangs- und Endpunkt(e) von einzelnen oder mehreren → *Materialflüssen*.
Vgl. auch → *Sankey-Diagramm*.

Quellen-/Senken-Verhalten (engl. *Source/sink behaviour*) umfasst Aussagen über das zeitliche und mengenmäßige Abgeben bzw. Aufnehmen von Mengeneinheiten, z. B.

- unerschöpfliche → *Quelle*, unbegrenzte → *Senke*,
- zeitlich und mengenmäßig konstante Abgabe oder Aufnahme,
- stochastisches Verhalten.

Quellprogramm (engl. *Source program*): Mithilfe eines Übersetzers wird ein Programmcode in diejenige Sprache übersetzt, welche eine Maschine ausführen kann. Das zu übersetzende Programm nennt man Q. oder Source Code. Das übersetzte (compilierte) Programm wird auch als ausführbares Programm (exe, executable) bezeichnet.

Queraufnahme (engl. *Crosswise picking*) ist die Aufnahme einer → *Palette* durch ein → *Flurförderzeug* von der Längsseite.

Quereinlagerung (engl. *Crosswise storing*) ist die → *Einlagerung* von → *Paletten* in ein → *Regal* mit der Stellrichtung Längsseite zum Gang.

In Palettenlägern mit → *Mehrplatz-Lagersystem* (mehrere Paletten pro → *Fach*) wird die → *Längseinlagerung* aufgrund des geringeren Durchhangs gegenüber der Q. vielfach bevorzugt. Q. hat jedoch u. a. Vorteile beim manuellen → *Kommissionieren* von Palette (geringere Greiftiefe).

Quergurtsorter (engl. *Cross-belt sorter*): Einzelne Verfahrwagen sind wie beim → *Kippschalensorter* hintereinander gekoppelt. Jeder Verfahrwagen ist mit einem quer zur Bewegungsrichtung laufenden → *Gurtförderer* ausgerüstet und kann hiermit das Sortiergut aufnehmen und wieder abgeben. Durch die schlupffreie Gutübernahme und Abgabe ist er für ein sehr großes Artikelspektrum geeignet.

Querschnittsverteilung (engl. *Cross-section distribution*) → *Querverteilung*

Quertransportwagen (abgek. QTW; engl. *Traversing car*) → *Verschiebewagen*

Quertraverse (engl. *Cross traverse*) → *Traverse*

Querverband (engl. *Cross-bracing*) ist ein Element zur Aussteifung von → *Regalen* (→ *Palettenregal*).

Querverteilung (engl. *Crosswise distribution*) bezeichnet die (gleichmäßige) Verteilung eines → *Artikels* über mehrere Gassen oder → *Lagerorte* insbes. bei automatischen → *Lägern* mit dem Ziel, die → *Kommissionierleistung* durch den parallelen → *Zugriff* auf den

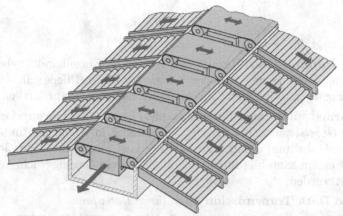

Quergurtsorter [Quelle: JÜNEMANN/SCHMIDT]

gleichen Artikel in mehreren Gassen zu erhöhen. Zugleich wird der Zugriff auf Artikel beim Ausfall einer oder mehrerer Gassen bei einem Kommissionier- oder → *Vorratslager* gewährleistet.

Quick Response Code (abgek. QR Code) ist ein Matrix-2-D-Code, der sich durch schnelle Lesbarkeit auszeichnet (etwa zehn bis fünfzehn mal schneller als konventionelle 2-D-Codes).
Ein intelligentes Kamerasystem liest einen QR Code in jeder Orientierung im Stillstand und in der Bewegung auf max. drei Meter Entfernung.

Quick-Response-Logistik hat zum Ziel, kurze Antwort- bzw. Reaktionszeiten zu realisieren.

Quota Fixing engl. für → *Kontingentierung*

R

Rack engl. für → *Regal*

Rack Jobbing (auch Regalpflege) ist eine im Einzelhandel gebräuchliche Vereinbarung, dass der → *Lieferant* für die Pflege seines → *Sortiments* und das Auffüllen des Verkaufsregals verantwortlich ist.

Radarmstapler (auch Spreizenstapler) ist eine Ausführungsform des → *Gabelstaplers*, bei der die Vorderräder in Radarmen unterhalb der Gabel und damit unterhalb der Last angeordnet sind. Je nach Bauform kann hierdurch vollständig auf ein Gegengewicht verzichtet werden.

Radio Data Transmission engl. für → *Datenfunk*

Radio Frequency Identification (abgek. RFID): Ein RFID-System besteht aus einem Code-Träger, dem → *Transponder* oder → *Tag*, und einer Schreiblesestelle (oder nur Lesestelle).
Die (Schreib-)Lesestelle (→ *Scanner*) generiert ein elektromagnetisches Feld, wodurch die Spulen in der Nähe befindlicher Tranponder angeregt werden und diese mit Energie versorgen. Aktive Transponder werden zudem mit einer eigenen Energiequelle ausgestattet.
Unterschieden werden, je nach verwendeter Frequenz,
- Low Frequency – LF (125–135 kHz),
- High Frequency – HF (13,56 MHz),
- Ultra High Frequency – UHF (433 und 868 MHz),
- Mikrowelle (2,45 und 5,8 GHz).

Die Reichweiten variieren von fünf bis zehn Zentimeter (für passive LF-Transponder) bis hin zu mehreren hundert Metern (bei aktiven UHF-Transpondern).
Die Menge der zu speichernden Daten im Tag variiert ebenfalls von ca. 64 Bit auf passiven Tags bis zu 64 kByte bei aktiven Tags. Moderne 96-Bit-EPC-UHF-Systeme sind in der Lage, über 1.000 Scans/s im Pulk (→ *Pulkerfassung*) durchzuführen. Hierbei ist jedoch auch zu beachten, dass die Fehlerwahrscheinlichkeit je nach Applikation erheblich variieren kann.
Die Wahl der richtigen Übertragungsfrequenz ist auch abhängig vom Einsatzfall. Beispielsweise absorbiert Feuchtigkeit Mikrowellenstrahlung sehr stark, während sie auf die Übertragung im LF-Bereich praktisch keinen Einfluss hat.
Besondere Bedeutung für die RFID-Technologie besitzt die Arbeit des EPCglobal-Konsortiums (→ *EPCglobal*) mit dem → *Electronic*

Product Code (EPC).

ISO-Normen für die RFID-Luftschnittstelle:

- ISO 18000-1: allgemeine Spezifikation, u. a. Lizenzfreiheit für ISM (Industrial, Scientific and Medical)
- ISO 18000-2: < 135 kHz
- ISO 18000-3: 13,56 MHz (bisher) meistgenutztes Band für kommerzielle RFID-Systeme
- ISO 18000-4: 2,45 GHz
- ISO 18000-5: 5,8 GHz
- ISO 18000-6: UHF-Band (Generation II Chips)
- ISO 18000-7: 433 MHz

Weitere Richtlinien (Auswahl) für unterschiedliche Applikationen (außer EPC):

- → *IATA*, basierend auf ISO 15693 (13,56 MHz, 1,5 m Leseabstand)
- UPU Universal Post Union, eine Institution der Vereinten Nationen „contactless stamps" , Identifikation von Poststücken, Referenzarchitektur etc. für alle gängigen Frequenzen
- ISO 15459 „Licence Plate" entspr. DIN EN 1572: Identifikationsschlüssel für Transporteinheiten
- ISO 69873 Werkzeuge und Spannzeuge mit Datenträgern, Maße für Datenträger und deren Einbauraum
- ANSI MH 10.8.4 (ISO TC 122) RF-Tags für Ladeeinheiten (U.S. TAG Project)
- ANSI MH 10/SC 8 (TC 122) RFID für Wareneingang, Versand und Warehouse (Applikation)

Radiofrequenztechnik (engl. *Radio frequency technology*) → *Radio Frequency Identification*

Radio-Shuttle-Fahrzeug (engl. *Radio shuttle vehicle*) ist ein staplerbasiertes → *Kanallager*-System (→ *Satellitenlager*). Radioshuttle ist ein Produktname der Firma BT.

Radio Terminal engl. für → *Funkterminal*

RAID Abk. für → *Redundant Array of Inexpensive Disks*

RAL 1. Abk. für Reichsausschuss für Lieferbedingungen und Gütesicherung — 2. Abk. für Deutsches Institut für Gütesicherung und Kennzeichnung e. V. (Nachfolger von 1, bekannt durch die nach dem Institut benannte Spezifikation der RAL-Farben) — 3. Abk. für Richtlinie für die Anlage von Landstraßen (RAL-Straßen)

RAM Abk. für → *Random Access Memory*

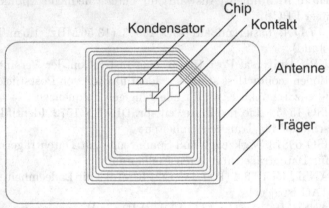

Kondensator — Chip — Kontakt — Antenne — Träger

Transponder

Rampe (engl. *Ramp*) → *Verladerampe*

Random Access Memory (abgek. RAM; engl. für *Speicher mit wahlfreiem Zugriff*) ist ein elektronischer Speicher mit wahlfreiem Zugriff, z. B. als Arbeitsspeicher eines Rechners, in dem Programme ablaufen.

RAP Abk. für → *Read After Print*

Rapid Prototyping bezeichnet Verfahren zur schnellen Herstellung von Prototypen, z. B. mittels 3-D-Druckverfahren auf Basis eines entsprechenden 3-D-CAD-Modells. Vgl. → *Fabbing*.

Raumnutzungsgrad (engl. *Utilization degree*) ist der Quotient aus Summe Volumen der → *Lagereinheiten* (bei 100 % → *Füllgrad*) und Raumvolumen (Bauvolumen) des → *Lagers* einschließlich fördertechnisch bedingter → *Lagervorzone*. Vgl. → *Hochregallager-Raumnutzungsgrad*

RB Abk. für Rollenbahn (→ *Rollenförderer*)

RBG Abk. für → *Regalbediengerät*

RDBMS Abk. für Relationales Datenbank-Managementsystem (klassische, relationale → *Datenbank* im Vergleich zu objektorientierter Datenbank).

RDF Abk. für → *Resource Description Framework*

RE Abk. für Requirements Engineering (engl. für → *Anforderungsmanagement*)

Reachstacker ist ein → *Flurförderzeug* zum Handling und Transport von → *Containern* auf Containerterminals. Wesentliches Merkmal ist ein in Fahrtrichtung teleskopierbarer Lastarm (Teleskop-Ausleger), der mit einem Spreader versehen Container an der Längsseite aufnehmen, transportieren und bis zur sechsfachen Höhe stapeln kann mit der Möglichkeit einer Bedienung auch der dahinterliegenden zweiten und dritten Reihe. Durch die Wendigkeit ist er gerade bei kleineren Anlagen mit Umschlag Straße/Schiene bevorzugt im Einsatz.

Reachstacker [Quelle: LINDE]

Read After Print (abgek. RAP) beschreibt ein Prüfverfahren, bei dem nach dem Drucken einer Identmarke (→ *Barcode*, RFID-Tag (→ *Tag*)) diese gescannt wird, um deren Dateninhalt zu verifizieren.

Reader engl. für → *Lesegerät*

Reader Talks First (abgek. RTF) ist ein Kommunikationsverfahren zwischen einem → *Lesegerät* und einem → *Transponder*, bei dem das Lesegerät den Vorgang initialisiert. Vgl. → *Tag Talks First*.

Read-only Memory (abgek. ROM; engl. für *Nur-Lese-Speicher*, *Festwertspeicher*) ist ein Speicher zur Aufnahme von nicht veränderbaren Programmen, z. B. dem → *BIOS* eines Rechnersystems oder dem EPC (→ *Electronic Product Code*) eines RFID-Tags (→ *Tag*).

Realtime Kernel (abgek. RT Kernel) sind zusätzliche Programme oder Erweiterungen von bestehenden bzw. herkömmlichen Betriebssystemen (z. B. Windows oder Linux), um diese echtzeitfähig bzw. als Echtzeitsystem arbeiten zu lassen.
Industrie-PC mit RT Kernel werden zunehmend auch bei der Steuerung innerbetrieblicher Fördersysteme eingesetzt.

Real Time Locating System (abgek. RTLS; engl. für *Echtzeit-Lokalisierungssystem*) ist ein auf speziellen RTLS-Transpondern (→ *Tags*) basierendes Echtzeit-Verarbeitungssystem (→ *Echtzeit-Verarbeitung*) zur Lokalisierung z. B. von Paletten etc.

Realtime Processing engl. für → *Echtzeit-Verarbeitung*

Receipt engl. für → *Vereinnahmung*

Received Signal Strength Indication (abgek. RSSI) ist ein Indikator für die Empfangsfeldstärke kabelloser Kommunikationstechnologien wie z. B. → *RFID-Scanner*.

Reckzone ist die → *Regalzone*, die über der Griffhöhe des Konsumenten angeordnet ist (Regalhöhe 200 cm).

Recover bezeichnet die Wiederherstellung von Informationen (z. B. die Wiederherstellung einer → *Datenbank* nach einem Fehlerfall). Zum R. wird ein R.-Datenträger (z. B. CD, Band) eingesetzt. Vgl. → *Rollback*.

Redistribution 1. ist die teilweise oder vollständige Produktrücknahme für Wiederverwendung, Recycling oder Entsorgung. — 2. bezeichnet Kreisläufe von Mehrweg-Transportverpackungen.

Redundant Array of Inexpensive Disks (abgek. RAID): Innerhalb eines RAID-Laufwerks wird der Datenstrom auf mehrere parallel laufende Festplatten aufgeteilt und redundant gespeichert. Am häufigsten werden die Verfahren RAID 1 (Spiegelplatten) und RAID 5 eingesetzt. Beim RAID 5 ergibt sich einerseits die gleiche Sicherheit wie bei Spiegelplatten, andererseits wird aber die Schreibgeschwindigkeit durch den parallelen Zugriff auf drei oder vier Festplatten erhöht. Durch eine intelligente Aufteilung der Platten ergibt sich zudem eine höhere Kapazität des Gesamtsystems im Vergleich zur Spiegelung.

Redundante Lagerung (engl. *Redundant storage*) → *Querverteilung*

Reede (engl. *Roadstead*) ist ein Ankerplatz außerhalb des Hafens. „Auf Reede liegen" bezeichnet das Warten auf die Erlaubnis zur Durch- oder Einfahrt (z. B. in einen Hafen) oder das Warten auf einen Liegeplatz.

Reeder (engl. *Ship-owner*) ist ein Schiffsinhaber, vgl. → *Reederei*.

Reederei (engl. *Ship-owning company*) ist ein Schifffahrtsunternehmen, häufig auch → *Logistikdienstleister* für See- und/oder Binnenschifffahrt.

Reefer engl. für *Kühlkoffer* (als Lkw-Aufbau), *Kühlcontainer* oder *Kühlwagen* (als Bahnwaggon)

Reengineering ist ein Mitte der 90er Jahre von James Champy und Michael Hammer entwickeltes Konzept zur ganzheitlichen Gestaltung und grundlegenden, abteilungsübergreifenden Verbesserung von Geschäftsprozessen hinsichtlich Service, Kosten, Qualität und Zeit.

REFA (Kurzform für REFA-Bundesverband e. V., Darmstadt) ist die deutsche Organisation für Arbeitsgestaltung, Betriebsorganisation und Unternehmensentwicklung.
Der Name REFA hat seinen Ursprung im 1924 gegründeten Reichsausschuss für Arbeitszeitermittlung.

Refaktie (engl. *Allowance, penalty*) bezeichnet die Rückvergütung bzw. den Nachlass (z. B. von Frachtkosten) bei beschädigter Ware.

Referenzmodell (engl. *Reference model*) ist ein Modell, dem für einen definierten Anwendungsbereich ein allgemeingültiger Charakter zugesprochen wird. Es umfasst eine systematische und allgemeingültige Beschreibung für die relevanten Eigenschaften und Prozesse einer vorgegebenen Aufgabenstellung und legt das zugehörige Modellierungskonzept fest. Basierend auf dem R. können in einem nächsten Schritt spezifisch modifizierte Modelle entwickelt werden.

Im Bereich der → *Simulation* dienen R. als Konstruktionsschemata für den Entwurf konkreter Simulationsmodelle.

Regal (engl. *Rack, shelf*) ist eine Vorrichtung, um auf geringer Fläche durch Höhenausnutzung eine möglichst große Menge an → *Materialien* oder → *Artikeleinheiten* unterzubringen.

Regal, Doppel- → *Doppelregal*

Regal, Durchlauf- → *Durchlaufregal*

Regal, Einfahr- → *Einfahrregal*

Regal, Fachboden- → *Fachbodenregal*

Regal, Kragarm- → *Kragarmregal*

Regal, Paletten- → *Palettenregal*

Regal, Paletten-Durchlauf- → *Durchlaufregal*

Regal, Slide-in- → *Slide-in-Regal*

Regal, Verschiebe- → *Verschieberegal*

Regalanlage (engl. *Rack system*) bezeichnet die Zusammenfassung mehrerer → *Regale* an einem Ort zu einer funktionsfähigen Einheit.

Regalart (engl. *Shelf type*): Je nach Ausbildung und Zweck lassen sich verschiedene R. unterscheiden, beispielsweise bei → *Palettenregalen*
- Einzelregal, → *Doppelregal,*
- einfachtief, doppelttief,
- Regale für → *Längseinlagerung* und → *Quereinlagerung,*
- → *Durchlaufregal,* → *Einfahrregal,* → *Umlaufregal,*
- usw.

Regalbediengerät (abgek. RBG; engl. *Rack feeder, stacker crane*) ist ein → *Flurförderzeug,* das im Gang zwischen zwei → *Regalen* meist schienengeführt verfahren wird (VDI 2361). Es besteht aus einem Fahrwerk, ein oder zwei Masten, einem Hubwerk und einem → *Lastaufnahmemittel*. Die Lastaufnahme erfolgt bei → *Paletten* i. Allg. über ein teleskopierbares Gabelpaar, bei → *Behältern* über Aufwälzen per → *Gurtförderer,* Zugeinrichtungen wie Haken, Lasso oder Schwenkarm oder per Hubtisch oder → *Shuttle.* Im Palettenbereich werden → *Regalhöhen* von bis zu 55 Meter realisiert.

Schmalgangstapler (→ *VDI 3577*) können zur Bedienung mehrerer Regalgassen eingesetzt werden, da sie in der Lage sind, aus dem Gang herauszufahren. Innerhalb des Ganges werden auch sie über (Leit-)Schienen oder Leitdraht geführt. Der Bedienstand wird in der Vertikalen mit der Lastaufnahme bewegt, um die Bedienung in

großer Höhe zu erleichtern. Schmalgangstapler werden bis zu einer
Höhe von etwa 14 Metern eingesetzt.
Siehe auch → *Gabelstapler*, → *Lager*, → *Automatisches Kleinteilela-
ger.*

Regalbediengerät [Quelle: TGW]

Regalbediengeräte, belastungsorientierte Regelung für → *Belastungsorientierte Regelung für Regalbediengeräte*

Regalbelegungsplan (engl. *Shelf assignment schedule*) enthält die
Aufschlüsselung von Artikelplatzierungen im Verkaufsregal, meist
mithilfe einer → *Artikelnummer* und Anwendung weiterer Anord-
nungskriterien, z. B. Bück- und → *Reckzonen.*

Regaldurchfahrt (engl. *Shelf passage*) bezeichnet den Durchfahrtbe-
reich im → *Regal* für Stapler oder andere → *Flurförderzeuge* durch

Weglassen der unteren → *Riegel* und Einsatz entsprechender Sicherungsmaßnahmen.

Regalförderzeug (abgek. RFZ; engl. *Rack servicing unit*) wird meist synonym mit → *Regalbediengerät* (RBG) genutzt, wenngleich der Begriff RFZ mehr die automatischen Geräte und RBG auch die manuellen einschließt und somit umfassender bzw. allgemeiner ist.

Regalgang (engl. *Shelf aisle*) ist ein Zugangsweg für die Regalbeschickung und -entnahme (Gang zwischen den → *Regalen*, siehe auch → *Lagergang*). Vgl. → *Lagergasse*.

Regalhöhe (engl. *Shelf height*) ist die Höhe eines Regals, gemessen bis Oberkante der höchsten → *Traverse*.

Regalinspektion (engl. *Racking inspection*): Nach der Regalrichtlinie DIN EN 15635 von 2008 ist die Sicherheit von → *Regalanlagen* laufend zu überprüfen. Dabei hat eine Inspektion durch eine fachkundige Person (Experte) in Abständen von nicht mehr als zwölf Monaten zu erfolgen.

Regallagerung (engl. *Shelf life*) bezeichnet die Lagerung von Ladegut in → *Regalen* (auch „Regalisierung"), zumeist auf einem → *Ladehilfsmittel*. Siehe dagegen → *Bodenlagerung*.

Regalpflege (engl. *Shelf maintenance*) → *Rack Jobbing*

Regalproduktivitäts-Analyse (engl. *Shelf productivity analysis*) ist die Analyse des Flächenertrags und Kapitalumschlags pro Quadratmeter → *Regal* für ausgewählte Marken, Kategorien oder Subkategorien in speziellen Geschäftstypen (Verbrauchermärkte, Discounter, Drogeriemärkte usw.). Basis: → *Handelspanel*, Scanner-Daten.

Regalstapler (engl. *Stacker truck*) ist ein Stapler, der vorwiegend zur Bedienung von Regalanlagen eingesetzt wird, z. B. → *Schmalgangstapler*. Ab Ablagehöhen von zwölf Metern spricht man von einem → *Hochregalstapler*.

Regaltiefe (engl. *Shelf depth*) ist der Abstand zwischen den Außenkanten der Regalriegel (→ *Riegel*). Standardmäßig beträgt sie 800 mm bei → *Quereinlagerung* und 1.000 mm bei → *Längseinlagerung* von Poolpaletten (→ *Europoolpalette*).

Regalwandparameter (engl. *Shelf unit parameter*; Formelzeichen w) ist eine Größe zur Auslegung von (Hochregal-)Lägern. R. ist gleich dem Quotienten aus Höhe und Länge der betrachteten Gasse multipliziert mit dem Quotienten aus Fahr- und Hubgeschwindigkeit des → *Regalbediengeräts*. Für $w=1$ sind die Dimensionen des → *Lager-*

regals bestens auf die Geschwindigkeiten des RBG angepasst (min. mittlere Spielzeit(→ *Lagerspiel*)).

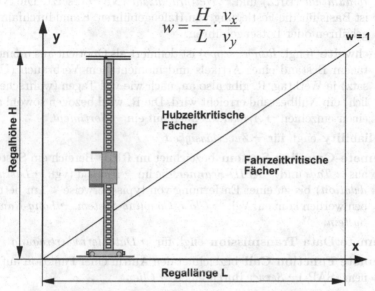

$$w = \frac{H}{L} \cdot \frac{v_x}{v_y}$$

Regalwandparameter (in Anlehnung an Günthner)

Regalzonen (engl. *Rack zones*) sind das Ergebnis vertikaler Einteilung von Verkaufsregalen (nach dem Maßstab von Erwachsenen) in die Zonen → *Reckzone,* → *Sichtzone,* → *Greifzone* und Bückzone. Vgl. → *Lagerzone,* → *ABC-Zone.*

Regelkreissystem (engl. *Closed-loop system*): Im Gegensatz zu einem (offenen) Steuerungssystem wird bei einem (geschlossenen) R. die Abweichung von einer Sollgröße ermittelt und selbstständig ausgeregelt. R. finden sowohl im technischen Bereich (z. B. zur Regelung von Betriebszuständen) als auch im wirtschaftlichen Bereich (z. B. im Controlling, bei der Planungsanalyse) Anwendung.

Regenerative Breaking engl. für → *Nutzbremsung*

Registertonne (engl. *Register ton*) ist ein Raummaß zur Bestimmung der Schiffsgröße anhand der Innenräume. Eine R. entspricht 100 Kubikfuß, d. h. 2,8316 cbm. Die Vermessung von Seeschiffen wird unterschieden in Bruttotonnage (Gesamtinhalt des seefest abgeschlossenen Innenraums) und Nettotonnage (Inhalt des für Ladung bzw. Fahrgäste kommerziell nutzbaren Raumes).

Nach dem Schiffsvermessungsabkommen von 1994 werden Bruttoregistertonne (BRT) und Nettoregistertonne (NRT) durch → *Bruttoraumzahl* (BRZ) und → *Nettoraumzahl* (NRZ) ersetzt. Die NRZ ist Basis für die Festlegung von Hafengebühren, Kanaldurchfahrtsgebühren oder Lotsengebühren.

Reichweite (engl. *Range, scope*) ist definiert als Quotient aus momentanem Bestand eines Artikels und momentanem Verbrauch (Umsatz) je Werktag. R. gibt also an, nach wie viel Tagen (wahrscheinlich) ein Nullbestand erreicht wird. Die R. wird bezogen sowohl auf einen einzelnen → *Artikel* als auch auf ein → *Sortiment*.

Reliability engl. für → *Zuverlässigkeit*

Remote-Coupling-System bezeichnet im RFID-Bereich ein System aus → *Tags* und → *RFID-Scanner*, die im → *Nahfeld* (vgl. → *Lastmodulation*) bis zu einer Entfernung von typischerweise < 1 m betrieben werden können. Vgl. → *Close-Coupling-System*, → *Long-Range-System*.

Remote Data Transmission engl. für → *Datenfernübertragung*

Remote Function Call bezeichnet den Aufruf einer Funktion auf einem (SAP-)→ *Server* durch einen → *Client*.

Renner und Penner ist Fachjargon für Schnelldreher (A-Artikel) und Langsamdreher (C-Artikel) entsprechend → *ABC-Einteilung* nach → *Zugriffshäufigkeit* oder Umschlaghäufigkeit (→ *Umschlagrate*).

Rentabilität (engl. *Profitability*) (in Prozent) errechnet sich aus dem Gewinn im Verhältnis zum eingesetzten Kapital, E=G/K*100.

Reorder Level engl. für → *Meldebestand*

Repeater ist ein Netzwerkgerät (Verstärker) zur physischen Verbindung zweier Netzwerk-Segmente, um die maximal mögliche Länge des Netzwerks zu erweitern. *Beispiel:* Die Verbindung zwischen zwei R. darf innerhalb eines → *Ethernet* i. Allg. nicht länger als 100 Meter sein. Reicht dies nicht aus, müssen sogenannte Remote R. eingesetzt werden, die Entfernungen von bis zu einem Kilometer überbrücken können. In einem Ethernet-LAN (→ *LAN*) sind maximal vier R. erlaubt.

Request for Information (abgek. RFI): Mit einem RFI werden Informationen von Anbietern über deren Produkte oder Dienstleistungen eingeholt. Ein RFI ist weniger formal und aufwendig als ein RFP (→ *Request for Proposal*).

Request for Proposal (abgek. RFP) beschreibt ein formales Beschaffungsdokument, mit dem Anbieter zur Abgabe eines Angebots zur Erfüllung einer klaren Aufgabenstellung aufgefordert werden. Das Angebot muss den vollständigen Leistungsumfang und sämtliche Kosten beinhalten. Die Aufwände für ein RFP sind auf Kunden- und Anbieterseite höher als für ein → *Request for Information*.

Requirements Engineering (abgek. RE) engl. für → *Anforderungsmanagement*

Requirement Specifications engl. für → *Pflichtenheft* und → *Lastenheft*

Reservebestand (engl. *Reserve stocks*) → *Sicherheitsbestand*

Reservierter Bestand (engl. *Reserved stock*): Um sicherzustellen, dass wichtige Kunden zum → *Liefertermin* die bestellte Ware erhalten, werden zum Bestellzeitpunkt Reservierungen vorgenommen.
Physische Reservierung: Die Ware wird separat abgestellt.
Datentechnische Reservierung: Die Ware wird im Buchbestand mit Reservierungskennzeichen versehen.
Negativ-Wirkung: Reservierungen binden das Kapital ggf. länger als erforderlich, reduzieren damit die → *Umschlagrate*.

Resource Description Framework (abgek. RDF) ist eine formale Sprache zur Bereitstellung von Metadaten im → *World Wide Web*.

Resources engl. für → *Betriebsmittel*

Responsiveness Lead Time ist eine → *Kennzahl* aus dem → *Supply Chain Management*, die die Durchlaufzeit-Empfindlichkeit bewertet.

Restlaufzeit (engl. *Remaining life*) ist die Zeit, die ein → *Artikel* noch mindestens haltbar sein muss, um ausgeliefert werden zu dürfen. Ein → *Lagerverwaltungssystem* hat dafür zu sorgen, dass ein Artikel möglichst ausgelagert wird, bevor dessen R. (Zeitspanne zwischen aktueller Zeit und → *Verfalldatum*) unterschritten wird.

Restmenge (engl. *Remaining stock*) ist die Menge, die sich auf einer → *Anbrucheinheit* (→ *Bereitstelleinheit*) im → *Lagerbereich* oder in der → *Kommissionierzone* befindet. Bei der Behandlung von R. sind folgende Verfahrensweisen zu beachten: Wird für die → *Entnahme* nach strengem FIFO (→ *First In – First Out*) vorgegangen und die R. ist kleiner als die geforderte Entnahmemenge, müssen mindestens zwei Bereitstelleinheiten für die Entnahme bewegt werden. Wird dagegen eine Einheit mit mindestens der Entnahmemenge gewählt (gemildertes FIFO und andere Randbedingungen vorausgesetzt), ergeben sich viele Restmengenpaletten, die den Lagerfüllgrad (→ *Füllgrad*) senken. Gegebenenfalls sind dann zusätzliche Verdichtungsmaßnahmen erforderlich.

Restorage engl. für → *Umlagerung*

Resttragfähigkeit (engl. *Residual carrying capacity*) ist die um technisch bedingte Minderungen (z. B. zusätzliches Anbaugerät oder große Hubhöhe) reduzierte Nenntragfähigkeit eines Staplers.

Retoure (engl. *Return*) ist eine Kundenrücklieferung, die unter Umständen mit Reklamationen bzgl. fehlender Artikel oder Mengen, falscher Artikel, Qualitäts- und Verpackungsmängeln usw. verbunden ist. Im Versandhandel zählt die R. zu den geplanten Geschäftsprozessen, da z. B. bei Kleidung vom Kunden unterschiedliche Farben oder Größen bestellt, jedoch nur ein (passender) Artikel gekauft wird, während der Rest als R. zum Händler zurückgesandt wird. In derartigen Handelsbereichen können bis zur Hälfte der Warensendungen zurückgesandt werden.

Retrieval engl. für → *Entnahme*

Retrofit bezeichnet Maßnahmen, um eine Logistikanlage oder ein Logistiksystem technisch-organisatorisch auf einen neuen Stand zu bringen. Vgl. → *Reengineering*.

Return Strand (engl. für *Leertrum*) → *Trum*

Reufracht → *Fautfracht*

Reusable engl. für *Mehrweg*, → *Mehrweg-Gebinde*

Reverse Logistics ist ein Zweig der → *Logistik* für die Rückführung und Wiederverwendung bzw. -verwertung von Produkten und Materialien in Kreislaufwirtschaftsprozessen.

RFC Abk. für → *Remote Function Call*

RFD Abk. für Reduced Function Devices (engl. für *einfaches Endgerät*)

RFI Abk. für → *Request for Information*

RFID Abk. für → *Radio Frequency Identification*

RFID-Blocker → *Blocker-Tag*

RFID-Inlay → *Inlay*

RFID-Middleware ist eine Software, welche die Verbindung zwischen der RFID-Hardware (→ *Scanner*) und den Systemen der Geschäftsprozesssteuerung (z. B. ERP-Systeme (→ *Enterprise Resource Planning*), → *WMS*) herstellt. Sie überprüft und filtert die eingehenden Daten.

Die RFID-M. besteht aus drei Schichten:
- Kommunikationsschicht zur Verbindung der beteiligten Systeme,
- Verarbeitungsschicht zur Verarbeitung der Daten,
- Datenbankschicht zur Archivierung und Bereitstellung der Daten.

RFID-Scanner (auch kurz → *Scanner*) ist ein Schreib- und/oder Lesegerät für RFID-Tags (→ *Tag*). Es gibt zahlreiche Ausführungsformen für unterschiedliche Anwendungen und Frequenzbereiche als Handscanner, stationäres Gerät oder → *Gate*.

RFID-Tag → *Tag*

RFOL Abk. für Radio frequency object localization (engl. für *Lokalisation auf Basis von RFID-Tags* (→ *Tag*))

RFP Abk. für → *Request for Proposal*

RFQ Abk. für Request for Quotation

RFZ Abk. für → *Regalförderzeug*

Riegel (Synonym für Traverse; engl. *Bar, crossbar*) im → *Lager* ist eine waagerechte Verbindung zwischen den senkrechten Regalstehern. Entsprechend der Orientierung zur → *Lagergasse* werden Quer- und Längsriegel unterschieden.

Ringsorter (engl. *Ringsorter*) besteht in seiner Grundausführung aus mehreren speichenförmig angeordneten Bandförderern, die um eine senkrecht stehende Drehachse angeordnet sind (Speichenbänder). Der → *Drehteller* mit den Bandförderern rotiert permanent mit einer Winkelgeschwindigkeit von ca. 1,5 Umdrehungen pro Minute. Über eine tangentiale Zuführung oberhalb der Drehebene gelangen die Sortiergüter auf die Speichenbänder. Dort werden sie nach außen gefördert und in der Randposition gestoppt, um zum richtigen Zeitpunkt in die Endstelle ausgeschleust zu werden. Vgl. → *Drehsorter*.

Roadstead engl. für → *Reede*

RoboPick (Produktbezeichnung der Fa. Swisslog) ist ein → *Kommissionierroboter* zur Entnahme von Einzel-Kartonschachteln oder ähnlichen Gebinden von einer → *Palette*.

Roboter werden in der → *Logistik* z. B. zur Kommissionierung oder Palettierung eingesetzt. Meistverwendete Ausführungsformen sind Knickarm- und Portalroboter, die – mit unterschiedlichen Greifersystemen ausgestattet – sowohl → *Ladehilfsmittel* als auch → *Greifeinheiten* handhaben können.

Rohrpost (engl. *Letter shoot, pneumatic delivery*) ist eine → *Kleingutförderanlage*, bei der zylinderförmige Behälterkapseln per Luftdruck durch ein Rohrleitungsnetz bewegt werden. Früher wurde R. vielfach für Lieferpapiere, Dokumente usw. innerhalb von Werksanlagen oder Bürogebäuden verwendet. Heute ist der Einsatz rückläufig, da durch Computervernetzung der Papiertransport weitgehend entfällt.

ROI Abk. für Return on investment (engl. für *(Kapital-)Rendite*)

Rollback ist ein EDV-technischer Vorgang, um eine oder mehrere → *Transaktionen* eines Systems rückgängig zu machen. R. wird als Verfahren der Daten- und Transaktionssicherung z. B. in Warehouse-Management-Systemen eingesetzt. Vgl. → *Recover*.

Rollbackfile speichert die → *Transaktionen* eines Systems oder einer → *Datenbank*. Die darin enthaltenen Informationen ermöglichen die Restauration (→ *Recover*) des Systems nach einem Störfall (Crash). Ein R. ist wichtig für das fehlerfreie Wiederanlaufverhalten von Förder- und Lagerprozessen.

Rollenbahn → *Rollenförderer*

Rollende Landstraße (engl. *Rolling road, piggy-back, pick-a-pack*): Beim Kombinierten Verkehr, z. B. Schiene und Straße, begleiten die Fahrer ihre Lkw in einem Liegewagen des Zuges.

Rollenförderer (engl. *Roller conveyor*): Das Fördergut wird über ortsfeste, horizontal gelagerte und drehbare Rollen geführt. Zwischen Last und Tragmittel erfolgt damit – im Gegensatz zu → *Tragkettenförderern* – eine Relativbewegung. Die Tragmittel (→ *Paletten*, → *Behälter* usw.) müssen daher an der Unterseite bestimmten mechanischen Anforderungen genügen, damit Transportstörungen weitgehend vermieden werden. Die Bewegung der → *Güter* wird manuell, bei geneigten R. mittels Schwerkraft oder motorisch durch verschiedene Antriebsformen realisiert.

Rollenhubtisch (engl. *Roller-cam scissor lift*) basiert auf zwei oder mehr parallelen Gurten, zwischen denen zylindrische Rollen installiert sind. Die Rollen befinden sich im Ausgangszustand unterhalb des Förderniveaus der Gurte, so dass die Güter darüber hinweg gefördert werden. Zum Ausschleusen werden die Rollen über das Gurtniveau gehoben und angetrieben, so dass ein sich darauf befindliches Gut je nach Rollendrehrichtung im Winkel von 90 Grad vom Fördermittel ausgeschleust wird.

Rollenkeil (engl. *Pinion key*) ist ein fördertechnisches Element zur Ein- und Ausschleusung von Gütern mit sich verjüngenden, keilförmig angeordneten, angetriebenen Rollen, eingebettet in einen → *Stetigförderer.* Die Rollen sind typischerweise in einem Winkel von 30 bis 45 Grad zur Hauptförderrichtung angeordnet.

Rollenleiste 1. bezeichnet eine Ausschleuseinrichtung, bestehend aus einer Reihe einzelner Rollen, die aus der Förderebene (z. B. eines → *Gurtförderers*) heraus angehoben werden können. Diese Rollen sind angetrieben und schräg angestellt, so dass sie das Fördergut, wenn es sich über sie hinweg bewegt, seitlich ablenken und in die Abgabestelle ausschleusen. Vgl. → *Rollenteppich.* — 2. bezeichnet ein Fördertechnikelement, bei dem nicht angetriebene Rollen (oder Röllchen aus Kunststoff) hintereinander in einem U-Profil angeordnet sind; vorrangigen Einsatz findet es im → *Durchlauflager* nach dem Schwerkraftprinzip.

Rollenteppich 1. bezeichnet einen Sortierförderer, bei dem mehrere Rollenleisten hintereinander angeordnet sind. Zur Ausschleusung werden die Rollenleisten angehoben und die Rollen ggf. geschwenkt (→ *Schwenkrollensorter*). Die relativ geringen Massen der Rollenleisten erlauben kurze Schaltzeiten, die Sortierleistungen von typischerweise 6.000 Einheiten pro Stunde ermöglichen. Vgl. → *Rollenleiste.* — 2. bezeichnet eine Anordnung von angetriebenen Rollenbahnen in der Weise, dass neben dem Transportvorgang auch eine bestimmte Anordnung erreicht wird, z. B. für Palettierung. — 3. bezeichnet eine flächenhafte Anordnung von Röllchenleisten (→ *Rollenleiste*) in einem Behälterdurchlauflager, um mittels verstellbarer Trennleisten die jeweilige Durchlaufbreite variieren zu können.

Rollentransfer (engl. *Roller transfer*) ist ein → *Transfer*, bei dem Friktionsrollen, → *Rollenhubtisch*, → *Rollenteppich* oder → *Rollenleisten* ein tragendes → *Fördermittel* (typischerweise → *Rollenbahn*) im entsprechenden Ausschleuswinkel durchschneiden.

Roller-cam Scissor Lift engl. für → *Rollenhubtisch*

Roller Conveyor engl. für → *Rollenförderer*

Rollgeld (engl. *Carriage, freight charge*) ist das Entgelt für die Abholung und/oder Zustellung von → *Gütern,* z. B. die Kosten für den

→ *Transport* im Rahmen des Vor- und Nachlaufs (→ *Hauptlauf*) im → *Intermodalen Verkehr.*

Roll-on/Roll-off ist ein Verfahren, bei dem Straßen- oder Schienenfahrzeuge – mit oder ohne Ladung – ohne Einsatz von sonstigen Hebeeinrichtungen auf eine → *Transporteinheit* fahren und diese nach dem Transport aus eigener Kraft wieder verlassen (z.B. Fahrzeuge – Fähre).

Rollpalettenlager (engl. *Roller pallet store*) setzt ein lagergebundenes Hilfsmittel zum automatischen Bewegen und Transportieren der → *Lagereinheiten* ein. Es gehört zur Untergruppe der → *Kanallager* auf Rollpalettenbasis, entweder nach dem Durchlaufprinzip auf Schwerkraftbasis oder als Einschublager mittels Schubstangen-Prinzip. Siehe auch → *Dynastore-Lager.*

Rolltrailer ist ein Plattformwagen mit Rädern nur am hinteren Ende der Plattform. An der vorderen Stirnseite befindet sich eine Einfahröffnung für eine schwanenhalsartige und hydraulisch bewegliche Mitnahmekupplung des Zugfahrzeugs. Diese Fahrzeugsysteme werden beispielsweise im Ro/Ro-Verkehr (→ *Roll-on/Roll-off*) sowie im schweren Eisenhütten- und Stahlwerksbereich eingesetzt.

ROM Abk. für → *Read-only Memory*

Ro/Ro-Verfahren Kurzform für Roll-on-/Roll-off-Verfahren (→ *Roll-on/Roll-off*)

Rotary Rack engl. für → *Umlaufregal*

Rotary-Rack ist eine firmeneigene Produktbezeichnung der TGW Transportgeräte GmbH für ein → *Horizontalumlauflager*, bei dem die horizontalen Lagerebenen unabhängig und auch gegenläufig voneinander bewegt werden können. Hohe Ein- und Auslagerleistungen sind möglich. Siehe auch → *Rotastore.*

Rotastore ist eine firmengebundene Bezeichnung der psb GmbH für ein Behälter-Horizontalumlauflager. Vgl. → *Horizontalumlauflager.*

Rotationspusher → *Dreharmsorter*

Routenplanung → *Routing*

Router verbindet mehrere Rechnernetze miteinander. Dabei werden die Datenströme und Protokolle (Multiprotokollrouter) vom R. analysiert und nach bestimmten Kriterien (Layer 3 des → *ISO/OSI-Referenzmodells*) zur Übertragung in die unterschiedlichen (Teil-) Netze zugelassen (geroutet).

Routing 1. (auch Routenplanung) bezeichnet in der → *Logistik* die Bestimmung der kürzesten Transportverbindung zwischen einer → *Quelle* und einer → *Senke* (z. B zwischen → *Verlader* und → *Distributionszentrum*), sofern bei der Ausführung einer Transportbewegung mehrere Routen existieren. Vgl. → *Wegoptimierung.* — 2. bezeichnet die Berechnung und Festlegung eines Weges einer Information durch informationstechnische Netze.

RSSI Abk. für → *Received Signal Strength Indication*

RTF Abk. für → *Reader Talks First*

RT Kernel Abk. für → *Realtime Kernel*

RTLS Abk. für → *Real Time Locating System*

Rückkopplung (engl. *Feedback*) ist Teil eines geschlossenen Regelkreises (→ *Regelkreissystem*). R. bedeutet Rückführung der ermittelten Soll-Ist-Abweichungen für eine verbesserte (schnellere) Korrektur der Ausführung, der Planung oder der Zielsetzung.

Rücklagerung (engl. *Restorage*) ist ein Vorgang, bei dem eine → *Restmenge*, die nach einem Entnahmevorgang (beispielsweise Kommissionierung) entstanden ist, auf einen → *Lagerplatz* zurückgelagert wird.

Rückmeldung (engl. *Feedback*) ist Teil einer Auftragsüberwachung zur Dokumentation des Bearbeitungsstands von Vorgängen.

Rückverfolgbarkeit (engl. *Traceability*) → *EU-Verordnung 178/2002*

Ruhezone ist ein unbedruckter (heller) Bereich vor dem ersten (Startzeichen) und nach dem letzten Element (Stoppzeichen) eines → *Barcodes.* Die R. ist bei Barcodes zwingend notwendig, damit das → *Lesegerät* den Code-Anfang als solchen überhaupt erkennen kann. Als Faustregel gilt, dass die R. mindestens 2,5 mm breit sein sollte.

Rungenpalette (engl. *Stacking pallet, post pallet*) ist eine → *Palette* mit an den Ecken angeordneten Pfosten (Rungen) mit kleinen Abschlussplatten zum Aufsetzen einer weiteren Palette.

Rüstgrad (engl. *Set-up state*) ist der Quotient aus Rüstzeiten und Rüst- und Ausführungszeiten (in Prozent).

R/W Abk. für Read/Write (engl. für *Lesen/Schreiben*)

S

SaaS Abk. für → *Software as a Service*

Sachnummer (engl. *Article code, code number*) ist eine alternative Bezeichnung für → *Artikelnummer.*

Safety Stock engl. für → *Sicherheitsbestand*

Sägezahnkurve (engl. *Saw-tooth curve*) ist der idealtypische Bestandsverlauf eines → *Artikels*: Ein zeitpunktbezogener Zugang erfährt einen zeitraumbezogenen Abgang.

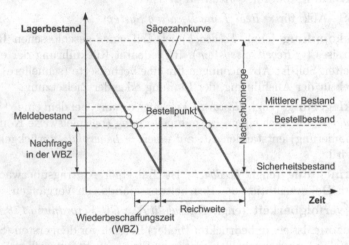

Sägezahnkurve

Sägezahnrampe (engl. *Saw-tooth ramp*) bezeichnet die schräg versetzte Anordnung von Lkw-Verladerampen.

Sales Forecast bezeichnet eine Verkaufs- oder Umsatzvorhersage für einen bestimmten Zeitraum.

Sammeleinheit (engl. *Picking unit*) 1. entsteht durch die Bearbeitung der einzelnen Picklisten-Positionen (→ *Pickliste*, → *Position*) durch den → *Kommissionierer.* — 2. bezeichnet einen → *Kommissionierbehälter*, in den die Entnahmeeinheiten gelegt werden.

Sammelgang (engl. *Collection aisle*) bezeichnet die Zusammenfassung und gleichzeitige Verarbeitung mehrerer Transportbedarfe oder → *Lieferungen* innerhalb einer einzigen Aktion.

264

Sammelkommissionierliste (engl. *Collective picking list*) ist eine Liste, in der Kommissionieraufträge für mehrere Kunden zusammengefasst sind.

Sammelladung (engl. *Consolidated shipment*) bezeichnet die Zusammenfassung mehrerer → *Ladeeinheiten* zu einem Sammeltransport.

Sammel- und Verteillager (engl. *Collection and distribution warehouses*) erfüllen neben der Bevorratung den Zweck, → *Ladeeinheiten* zwischen Zu- und Abgang in unterschiedlicher Art und Menge zusammenzusetzen. Dazu wird in diesen Lägern kommissioniert. Verteilläger finden Verwendung, wenn lediglich Teilmengen einzelner Ladeeinheiten benötigt werden. Sie weisen relativ regelmäßige Zu- und Abgänge unterschiedlicher Ladeeinheiten auf. Die Umschlaghäufigkeiten (→ *Umschlagrate*) können verschieden sein.

- Zugang kleiner Mengen – Abgang großer Mengen (z. B. → *Speditionslager*)
- Zugang großer Mengen – Abgang kleiner Mengen (z. B. Ersatzteillager)
- Zugang großer Mengen – Abgang großer Mengen (z. B. Zentrallager)

Vgl. → *Pufferlager*, → *Crossdocking*.

Sandwichpalette entsteht, indem mehrere (meist einlagige) → *Paletten* zu einer Gesamtpalette, die dann meist eine → *Transporteinheit* bildet, aufeinander gestapelt werden.

Sankey-Diagramm ist eine Darstellungsform von Energie-, Informations- oder Materialflüssen durch Pfeile zwischen → *Quellen* und → *Senken*, wobei die Aufteilung und Darstellung maßstäblich vorgenommen wird.

SAP EWM (Abk. für SAP Extended Warehouse Management) bezeichnet ein Produkt der SAP AG zur Verwaltung und Steuerung von Prozessen in der Lagerlogistik. SAP EWM beinhaltet die Abwicklung von Warenbewegungen, das Ressourcenmanagement und eine hoch integrierte Materialflusssteuerung ebenso wie die Bestandsführung.

SAP LES (Abk. für SAP Logistics Execution System) ist der Name eines hochintegrierten Software-Systems der Firma SAP zur schnellen und effizienten Abwicklung aller Prozesse in der logistischen Kette. LES basiert auf → *WMS* und → *TMS*. → *SAP EWM*, → *SAP TRM*.

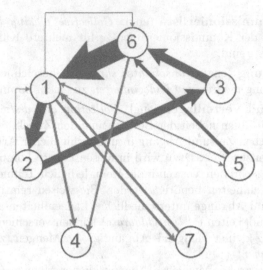

Sankey-Diagramm

SAP TRM (Abk. für SAP Task and Resource Management) ist ein Produkt der SAP AG zur Steuerung von Materialflusssystemen. Hierbei sind Tasks als Teilschritte (Prozesskettenelemente) definiert (z. B. → *Einlagerung*, → *Auslagerung*, Kommissionierung), die zusammengefasst einen Gesamtprozess bilden. Zur Umsetzung der Tasks werden verschiedene Ressourcen benötigt (z. B. → *Gabelstapler*, → *Kommissionierer*).

Satellitenlager (engl. *Satellite warehouse*) ist eine Untergruppe der → *Kompaktlager* und → *Kanallager*. → *Paletten* stehen auf Schienen im Kanal hintereinander. In der Schiene kann eine entsprechend flache Verfahreinheit, der Satellit, Paletten unterfahren und nach Anheben transportieren, um so → *Einlagerungen* und → *Auslagerungen* vorzunehmen. Der Satellit gelangt über ein → *Regalförderzeug* mit entsprechender Aufnahmevorrichtung zu einem Kanal. „Satellit" und „Satellitenlager" sind geschützte Entwicklungen (Patente) der Westfalia Logistics Technologies GmbH & Co. KG.

Sattelauflieger (auch Auflieger; engl. *Semi-trailer*) → *Sattelzugmaschine*

Sattelzugmaschine (engl. *Semi-trailer towing vehicle, semi-trailer tractor*) hat eine Sattelkupplung, die aus einer Platte mit eingebautem Schließmechanismus besteht, auf welcher der Sattelauflieger

Satellitenlager® [Quelle: WESTFALIA STORAGE SYSTEMS]

aufliegt und in die der Königszapfen des Aufliegers gekuppelt wird. Damit ist der Sattelauflieger (kurz Auflieger) mit dem Sattelzugfahrzeug drehbar verbunden.

SAW (Abk. für Surface Acoustic Wave, engl. für *akustische Oberflächenwelle*) wird eingesetzt zur → *Elektronischen Artikelsicherung*.

SC (Abk. für Supply chain) → *Supply Chain Management*

Scannen ist ein optisches Verfahren zur Erfassung von Daten und Informationen mittels geeigneter technischer Hilfsmittel (→ *Scanner*) zur weiteren EDV-gestützten Verarbeitung und Nutzung.

Scanner (auch Kurzform für → *RFID-Scanner*) werden zur optischen Erfassung von → *Barcodes* eingesetzt. Sie werden auch als Laser-S. bezeichnet, da zur Abtastung ein Laserstrahl ausgesandt wird, der über den zu lesenden Barcode verfährt oder geführt wird. Die Reflexionen entsprechen den hellen und dunklen Elementen (Strichen und Zwischenbereichen) des Barcodes und werden im S. wieder entschlüsselt. S. sind als mobile oder stationäre Geräte verfügbar. Zunehmend finden S. auf Basis von CCD-Sensoren (→ *Charge-coupled Device*) Verwendung. Die CCD-Sensoren sind hierbei als Zeile (Zeilen-S.) oder als zweidimensionales Array (2-D-S.) angeordnet. Die Bildpunkte werden ähnlich wie bei einer Videokamera

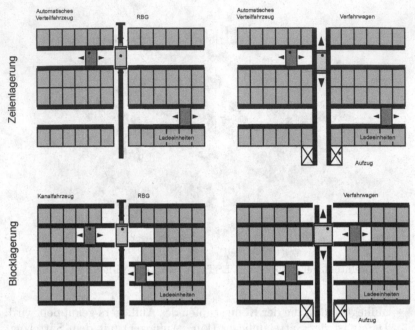

Satellitenlager, schematische Darstellung

erfasst und über ein Bildanalysesystem (→ *Bildanalyse*) verarbeitet.

SCC 1. Abk. für Supply Chain Council (→ *Supply Chain Operations Reference Schema* (SCOR-Modell)) — 2. Abk. für → *Supply Chain Cockpit*

SCE Abk. für → *Supply Chain Execution*

SCEM Abk. für → *Supply Chain Event Management*

Schachtkommissionierer (engl. *A-Frame*) ist ein automatisches Kommissioniersystem, bei dem über Schächte (ähnlich wie beim Zigarettenautomaten) → *Artikeleinheiten* zur Auftragszusammenstellung abgegeben werden. Der S. ist einsetzbar für kleinere, stabil verpackte Einheiten, z. B. im Pharmabereich. Durch den (üblichen) parallelen Betrieb mehrerer S. mit einem gemeinsamen abfördernden Band können sehr hohe → *Leistungen* erreicht werden (bis mehrere zehntausend Stück pro Stunde).

Scanner [Quelle: PROLOGISTIK]

Schaukelförderer (engl. *Suspended swing tray conveyor, jigger conveyor*) ist ein umlaufender Förderer relativ einfacher Bauart, bei dem an zwei endlosen Ketten frei schwingende Tragelemente (Schaukeln) angeordnet sind. Es ist sowohl senkrechte als auch waagerechte, → *flurfreie* Förderung möglich.

Schedulingverfahren (Scheduling ist engl. für *Zeitablaufplanung*) 1. bezeichnet allgemein die Zuordnung von Ressourcen zu Aufträgen und die zeitliche Ordnung der Auftragsbearbeitung. Der → *Batch-Berechnung* unterliegt typischerweise Weise ein Scheduling(-Verfahren). Nach erfolgreicher Berechnung (Scheduling) steht ein Schedule (Plan, Zeitplan) zur Verfügung. — 2. ist ein Begriff aus der EDV und bezeichnet ein Verfahren zur Zuteilung von Prozessen zu einer zentralen, verarbeitenden Instanz (CPU).

Scherenhubkran (engl. *Scissor-type lifting crane*) ist ein Kran, der zur Lastaufnahme mit einem Scherenhubwerk ausgerüstet ist. Vgl. → *Scherenhubtisch.*

Scherenhubtisch (abgek. SHT; engl. *Hydraulic shears elevating platform*) ist ein fördertechnisches Element, das im Aufbau einer doppelten Schere ähnelt, bei der hydraulisch oder mittels elektromotorischen Spindeltriebs die Scherenarme geöffnet oder geschlossen

Schachtkommissionierer [Quelle: TGW]

werden und damit eine Hub- oder Senkbewegung erreicht wird.
S. werden zur Überbrückung kurzer Hubhöhen oder für bewegliche
Arbeitsbühnen eingesetzt.

Schichtenlager Gegenüber konventionell temperaturgeführten Lägern, die bei unterschiedlichen Temperaturzonen vertikale Trenn-
wände aufweisen, nutzt das Schichtenlager die unterschiedliche
Dichte (und damit das unterschiedliche Gewicht) von Warm- und
Kaltluft aus.

Kaltluft strömt in den unteren Teil eines → *Lagers* bis zu einer
vorgegebenen Höhe, wird dort abgesaugt und einem Außen-
Umluftbetrieb zugeführt. Damit können unterschiedliche, horizontal angeordnete Temperaturzonen in einem Lager gebildet
werden. (Entwicklung und Patent: Siemens AG/Produktions- und
Logistiksysteme (PL) und Zander Klimatechnik AG).

Schichtenmodelle stellen ein Prinzip hierarchischer Strukturierung dar. 1. Im Bereich der Kommunikationstechnik wird dieses Prinzip häufig eingesetzt. Eine Schicht stellt, unter Nutzung der Dienste der untergeordneten Schicht, Dienste für die übergeordnete Schicht bereit. Die bekanntesten Vertreter sind das ISO/OSI-7-Schichtenmodell und das TCP/IP-Referenzmodell. — 2. Drei-Schichten-Modell (Three-Tier-Architektur), → *Zulieferpyramide* — 3. → *Three-Tier-Software-Architektur*

Schiebeschuhsorter (engl. *Sliding shoe sorter*) ist eine andere Bezeichnung für → *Schuhsorter*.

Schlankheit (engl. *Slenderness*) bezeichnet das Verhältnis von der Höhe eines Stapels zur Schmalseite der Stapelgrundfläche. Die Schlankheit darf laut BGR 234 nicht größer als 6 (6 zu 1) sein, um die Kippsicherheit eines Stapels von Lagereinheiten (Lagergeräten) zu gewährleisten.

Schleifenstrategie → *Mäander-Heuristik*

Schlepper (engl. *Tractor, hauler*) sind zumeist elektrisch angetriebene Fahrzeuge und werden (häufig im innerbetrieblichen Bereich) dort eingesetzt, wo regelmäßig Transporte über größere Distanzen und wechselnde Ziele anfallen. Bei niedrigen Trag- und Zuglasten (bis ca. 8,5 kN Zugkraft) werden Schlepper i. Allg. dreirädrig mit einem nicht angetriebenen und gelenkten Vorderrad ausgeführt. Bei gekoppelten Wagenzügen (S. mit mehreren → *Anhängern*) ist für die erforderliche Trassenbreite die Radführung der Anhänger entscheidend. Anhänger mit nur einer gelenkten Achse weisen ein einschnürendes Kurvenverhalten auf, das mit steigender Anhängerzahl große Trassenbreiten erfordert. Um demgegenüber die Spur des ziehenden Fahrzeugs einzuhalten, sind Vierrad-Lenkungen mit gekoppelten Achsen erforderlich.

Schleppkettenförderer (engl. *Chain conveyor*) ist ein Stückgutförderer mit Ein- oder Zweistrangketten als Zugmittel und Aufnahmevorrichtungen für die am Fördergutträger angebrachten Mitnehmer. Vgl. → *Kreisförderer* als → *flurfreies* Fördersystem.

Schleppkreisförderer (engl. *Overhead twin-rail chain conveyor*) → *Power-and-Free-Förderer*

Schmalgangfahrzeug (engl. *Narrow aisle vehicle*) ist ein → *Flurförderzeug* zur Bedienung eines → *Schmalganglagers*, z. B. ein Vertikal-

Schlepper [Quelle: LINDE]

Kommissioniergerät zum manuellen → *Kommissionieren* im → *Regalgang*.

Schmalganglager (engl. *Narrow aisle warehouse*) ist ein Palettenlager mit geringer Gangbreite (typischerweise 1,5 bis 1,8 Meter) gegenüber der Gangbreite eines frontstaplerbedienten → *Lagers* (typische Gangbreite 2,8 bis 3 Meter). Die Bedienung erfolgt üblicherweise über Schmalgangstapler mit Schwenkschubgabel oder, in selteneren Fällen, mit Teleskopiereinrichtung.

Schmalgangstapler (engl. *Narrow aisle stacker*) → *Regalbediengerät*

Schmalspur (engl. *Narrow gauge*) bezeichnet Spurweiten der Bahn unterhalb der → *Normalspur*. In Deutschland beträgt die Normalspur 1.435 Millimeter und die S. zumeist 1.000 Millimeter.

Schnelldreher (engl. *Fast-moving item*) ist Fachjargon für A-Artikel (→ *ABC-Artikel*).

Schnellläufer (engl. *Fast mover*) ist Fachjargon für A-Artikel (→ *ABC-Artikel*).

Schnellläuferzone (engl. *Fast mover area*) ist eine → *Kommissionierzone*, in der A-Artikel (Schnelldreher (→ *ABC-Atikel*)) kommissioniert werden. Durch geeignete Anordnung der S., z. B. am Gassen-anfang, kann der Wegerwartungswert der Kommissionierung redu-ziert und damit die Kommissionierleistung signifikant erhöht wer-den. Die höhere Kommissionierleistung findet i. Allg. Niederschlag in der organisatorischen oder technischen Ausführungsform der S.

Schnittstellenkontrolle ist eine nach der Rechtsprechung vom → *Logistikdienstleister* geschuldete Kontrolle des Packstücks zu jedem Ende einer Transportstrecke bzw. zum Wechsel des handelnden Dienstleisters bzw. Auftraggebers, siehe auch Ziffer 7 ADSp.

Schrägrollenförderer (engl. *Angular roller conveyor*) ist ein förder-technisches Element zur Ausrichtung des Förderguts an einer Seite eines → *Stetigförderers* durch eingebettete, schräg zur Hauptförder-richtung angeordnete, angetriebene Rollen oder Scheiben.

Schrägrollenförderer [Quelle: SSI SCHÄFER]

Schrumpfen (engl. *Shrinkage*) → *Folienschrumpfen*

Schubmaststapler (engl. *Reach mast truck*) ist ein Gabelstapler mit einem Schubmast, der nach der Lastaufnahme zwischen Vorder- und Hinterachse, also in die Fahrzeugkontur, gezogen wird. Hier-durch kann auf ein Gegengewicht weitgehend verzichtet werden.

Zudem wird im Vergleich zum Frontstapler ca. 0,5 Meter Gangbreite gewonnen.

Schubmaststapler [Quelle: JUNGHEINRICH]

Schuhsorter (auch Schiebeschuhsorter, engl. *Sliding shoe sorter*): Das mitgeführte Sortiergut wird nicht über Schwerkraft abgeworfen, sondern über kulissengeführte „Schuhe" abgeschoben, die zwischen den Platten eines Plattenbands geführt werden.
Es werden Geschwindigkeiten (des Plattenbands) bis etwa 3 m/s und → *Leistungen* bis etwa 15.000 Stck/h erreicht. Der S. ist für Artikel mit glattem, festem Boden geeignet (Kartons, → *Behälter*, Blister usw.). Vgl. → *Tragschuhsorter*.

Schute (engl. *Barge, lighter*) ist ein relativ kleines Schiff, das für Zubringerdienste im Hafen oder für kurze Transporte zwischen Frach-

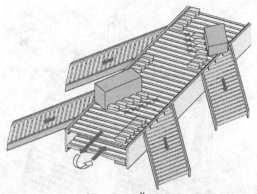

Schiebeschuhsorter [Quelle: JÜNEMANN/SCHMIDT]

ter und Bestimmungsort eingesetzt wird. S. verfügen häufig über keinen eigenen Antrieb. Vgl. mit dem meist größeren → *Leichter*.

Schüttgut (engl. *Bulk goods, bulk materials*) bezeichnet eine Klasse von → *Gütern*, die lose gehandhabt und gelagert werden. S. ist keine Flüssigkeit und kein → *Stückgut*. Typische S. sind Zement, Kies, Getreide, Mehl, Granulat u. Ä. m.

Schüttung (engl. *Bulk commodity, bulk*) bezeichnet lose, in einem umschließenden → *Ladehilfsmittel* gehandhabte → *Stückgüter*, auch lose Schüttung im Gegensatz zu → *Schüttgut*.

Schwachstellenanalyse (engl. *Weak point analysis*): Im Rahmen einer S. werden alle Daten der Ist-Aufnahme hinsichtlich möglicher Verbesserungspotenziale untersucht. Die Unterteilung der Schwachstellen lehnt sich dabei an die im Rahmen der Ist-Aufnahme genannten Arbeitsgänge an.

Schwenkarmsorter (engl. *Swivel arm sorter*) ist eine Sorterbauart, bei der das Sortiergut mittels schwenkbarer Arme in die seitlich angeordneten Rutschen gelenkt wird. Siehe auch → *Flipper*. Vgl. → *Dreharmsorter*.

Schwenkklappensorter (engl. *Gull-wing sorter*) basiert auf einer Gutaufnahme mit zwei V-förmig zueinander stehenden Klappen. An der Ausschleusstelle wird der Verriegelungsmechanismus der auswurfseitigen Kippklappe entriegelt, und das Sortiergut gleitet durch die Schwerkraft über die Klappe in die Endstelle.

Schwenkrollensorter (engl. *Castor sorter*) ist eine Sonderform der → *Rollenleiste*. Bei der Rollenleiste besteht die Ausschleuseinrich-

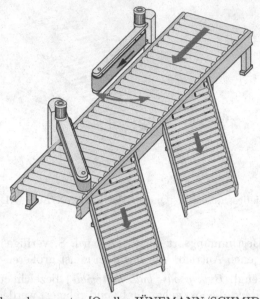

Schwenkarmsorter [Quelle: JÜNEMANN/SCHMIDT]

tung aus einer Reihe einzelner Rollen, die aus der Förderebene heraus angehoben werden können. Diese Rollen sind angetrieben und schräg angestellt, so dass sie das Fördergut, wenn es sich über sie hinweg bewegt, seitlich ablenken und in die Abgabestelle ausschleusen. Soll das Fördergut beidseitig ausgeschleust werden, so sind die Rollen zusätzlich schwenkbar auszuführen. In diesem Fall spricht man vom Schwenkrollensorter oder Pop-up-Sorter.

Schwerkraft-Rollenförderer (engl. *Gravity roller conveyor*): Der Vortrieb einer → *Transporteinheit* wird nicht durch motorischen Antrieb, sondern durch die Hangabtriebskraft eines geneigten → *Rollenförderers* (typische Neigung 2 bis 3 Grad) erreicht.

Schwerpunktabstand (engl. *Focal point distance*) → *Lastschwerpunktabstand*

Schwingförderer (engl. *Swinging conveyor*) ist ein → *Stetigförderer* für Schüttgut oder kleinteiliges → *Stückgut* (z. B. Schrauben). Zumeist besteht er aus einer Rinne, die in schnelle mechanische Schwingung mit kleiner Amplitude versetzt wird. Es gibt die Ausführung als Schwingrinne und als Schüttelrutsche. Bei der Schwingrinne kommt es durch die vertikale Beschleunigung des auf der Rinne liegenden Gutes zu einem sog. Mikrowurf.

SCM Abk. für → *Supply Chain Management*

SCMo Abk. für → *Supply Chain Monitoring*

Scooter-System ist ein flurgebundenes Transportsystem mit Deckenschienen zwecks Energie- und Datenübertragung. → *Flurfrei*

SCOR (Abk. für Supply Chain Operations Reference) → *Supply Chain Operations Reference Schema*

Scoring Model ist ein Instrument zur Bewertung von Alternativen mit geringer Datenbasis.

SCP Abk. für → *Supply Chain Planning*

SCTP Abk. für Stream control transmission protocol

SDR Abk. für Special Drawing Right (engl. für → *Sonderziehungsrecht*)

Sechs-R-Regel (engl. *Six R rule*) ist Motto/Grundsatz zu den Zielen der → *Logistik*:
- die richtige Ware
- zur richtigen Zeit
- am richtigen Ort
- in der richtigen Menge
- in der richtigen Qualität und
- zu den richtigen Kosten

Secondary Lift engl. für *Sekundärhub* (→ *Kommissionierstapler*)

Second Party Logistics Provider (abgek. 2PL) ist ein Transport- oder Speditionsunternehmen im klassischen Sinne, Erbringer einer TUL-Leistung (TUL: Transport, Umschlag, Lagerung). Vgl. → *Third Party Logistics Provider* (3PL) und → *Fourth Party Logistics Provider* (4PL).

Second Tier Supplier ist ein → *Lieferant*, der nicht direkt an einen OEM (→ *Original Equipment Manufacturer*) liefert. Siehe auch → *First Tier Supplier*. Vgl. → *Zulieferpyramide*.

Secure Electronic Transaction (abgek. SET) ist engl. für *sichere elektronische* → *Transaktion*, bspw. bei Kreditkartenzahlung (z. B. über das → *Internet*).

Secure Socket Layer (abgek. SSL) ist ein ursprünglich von der Fa. Netscape entwickeltes Verfahren zur sicheren → *Datenübertragung*,

z. B. im → *Internet* (auf Basis von → *TCP/IP*). SSL gewährleistet Integrität, Vertraulichkeit und Authentizität.

SEDAS Abk. für → *Standardregelungen einheitlicher Datenaustauschsysteme*

Seehafen (engl. *Seaport*): Häfen für Seeschiffe gibt es in zweierlei Ausführung: als geschlossenen, vom Meer getrennten Schleusenhafen oder offenen Tidehafen. Die Be- und Entladung erfolgt im Hafen durch entsprechende Anlagen (z. B. → *Krane*, Brücken, Förderer, usw.) per → *Stückgut*, → *Schüttgut* oder → *Container*.

Seehafenhinterlandverkehr (engl. *Seaport hinterland traffic*): Das Seehafenhinterland ist der Einzugsbereich, der vom Hafen aus mit Importgütern beliefert wird bzw. in dem Exportgüter bereitgestellt werden.

Seilwindwerk (engl. *Cable winch*) → *Windwerk*

Seitenbeladung (engl. *Side loading*) ist seitliches Be- und Entladen von Fahrzeugen (z. B. Lkw). Sie erfolgt insbesondere, wenn
- eine → *Verladerampe* nicht vorhanden oder eine → *Heckbeladung* nur erschwert möglich ist, z. B. bei Langgut,
- eine Heckbeladung unrationell wäre, z. B. wenn mehrere → *Paletten* gleichzeitig ver- oder entladen werden.

Seitengabelstapler (engl. *Lateral fork lift truck*) ist ein Stapler mit quer zur Fahrtrichtung angeordneten und verschiebbaren → *Lastaufnahmemitteln*.

Sekundärhub (engl. *Secondary lift*) → *Kommissionierstapler*

Sekundärverpackung (engl. *Secondary packaging*) ist die → *Verpackung* von → *Primärverpackungen* (z. B. Umverpackung von Einzelverpackungen). Weitere Beispiele sind die Versandverpackung von → *Lieferungen*, die Sicherheitsverpackung von Gefahrgut usw.

Selbstabholung (engl. *Self-collection*): Händler holen die beim Hersteller bestellte Ware selbst ab oder lassen sie durch beauftragte Spediteure (→ *Spedition*) abholen.

Selbsteintritt (engl. *Own-name transaction*): Übernimmt ein Spediteur (→ *Spedition*) auch den physischen Transport der Ware, so spricht man von S.

Self-collection engl. für → *Selbstabholung*

Semi-finished Products engl. für → *Halbzeuge*

Seitengabelstapler [Quelle: LINDE]

Semi-knocked down (abgek. SKD; engl. für → *teilzerlegt*) bezeichnet den Versand von kompletten Montagesätzen, teils vormontiert, für Maschinen und Anlagen, z. B. auch ganze Autos, mit dem Ziel der Umgehung von Eingangszöllen des Bestimmungslandes, wodurch die Kosten für Aufbau und Montage kompensiert werden. Siehe auch → *Completely knocked down*.

Semi-trailer engl. für → *Auflieger*

Sender engl. für → *Versender*

Sendung (engl. *Consignment*) → *Lieferung*

Sendungsbildung (engl. *Building of consignments*): → *Versandaufträge* werden zu einer Sendung (→ *Lieferung*) zusammengefasst, um eine zusammenhängende Bearbeitung zu erreichen.

Sendungsstruktur (engl. *Consignment structure*) beschreibt Art und Zusammensetzung von Sendungen (→ *Lieferung*) einer Kundengruppe oder -gesamtheit.

Senken (engl. *Sinks*) bilden die Aufnahmepunkte von Energieflüssen, → *Materialflüssen* und Informationsflüssen. Siehe auch → *Quellen* und → *Qellen-/Senken-Verhalten*.

Senkrechtförderer (engl. *Vertical conveyor*) → *Vertikalförderer*

Sensitivitätsanalyse (engl. *Sensitivity analysis*) ist ein Verfahren zur Eingrenzung und Absicherung unsicherer Größen und Werte (Methode der kritischen Werte). Ausgehend vom jeweiligen Verfahren, z. B. zur Beurteilung einer Investition, wie Kostenvergleich, → *Rentabilität* oder Kapitalwertmethode, soll die S. Antwort auf die Frage geben, wie weit eine Größe von ihrem ursprünglichen Wertansatz abweichen kann, ohne dass das Ergebnis einen festgelegten Wert über- oder unterschreitet, oder in welchem Maße sich ein Ergebnis ändert, wenn eine oder mehrere Eingangsgrößen von ihrem ursprünglichen Wertansatz abweichen.

Die S. wird auch zur Gewichtung von → *Nutzwertanalysen* verwendet.

Sequenzialtest Bei der → *Stichprobeninventur* werden zwei Verfahren unterschieden, und zwar Schätz- und Testverfahren. Beim Schätzverfahren wird nach verschiedenen Methoden von der Stichprobenmenge auf die Gesamtmenge der zu inventierenden → *Artikeleinheiten* und deren Wert geschlossen, wobei mit einer Wahrscheinlichkeit von 95 % eine Fehlerabweichung von maximal 1 % einzuhalten ist. Beim Testverfahren wird im Gegensatz hierzu nicht der Wert der Grundgesamtheit ermittelt, sondern eine Aussage zur Ordnungsmäßigkeit der Buchführung gewonnen. Dies erfolgt mithilfe des Sequenzialtests. Zufällig ausgewählte → *Lagereinheiten* werden in bestimmter Reihenfolge danach beurteilt, ob die buchmäßig geführten Daten korrekt sind. Auch hier muss eine Aussagewahrscheinlichkeit von 95 % erreicht werden. Wegen der hohen Anforderungen bei Durchführung und Ergebnisbeurteilung eignet sich der Sequenzialtest vorrangig für automatische Läger.

Serial Interface engl. für → *Serielle Schnittstelle*

Serialised Global Trade Item Number (abgek. SGTIN; engl. für *Internationale Serialisierte Artikelnummer*) ist eine auf → *GTIN* basierende und um eine Seriennummer ergänzte Nummer zur Kennzeichnung eines einzelnen Warenstücks. SGTIN ist eine Untergruppe des → *Electronic Product Code.*

Serialisierung (engl. *Serialization*): Neben der → *Artikelnummer* wird einem → *Artikel* eine Seriennummer als zweite identifizierende Nummer zugeordnet. Damit soll der Lebenszyklus von Bauteilen oder Bauteilgruppen überwacht und rückverfolgt werden können (u. a. zur Verminderung des Haftungsrisikos). → *Produktlebenszyklus*

Serial Shipping Container Code (abgek. SSCC) ist eine international abgestimmte, einheitliche und weltweit überschneidungsfreie

18-stellige Nummer für Versandeinheiten/logistische Einheiten. Sie dient als Schlüssel für Zwecke der Kommunikation (→ *Electronic Data Interchange*) und Identifikation (z. B. mittels → *Barcode* oder RFID (→ *Radio Frequency Identification*)).

Serielle Schnittstelle (engl. *Serial interface*) ist eine Verbindung, bei der eine Information meist in Form von → *Bytes* in zeitlicher Reihenfolge bitweise über einen einzigen Kanal übertragen wird. Entsprechende Normen bzw. Empfehlungen zur Vereinheitlichung finden sich unter den Bezeichnungen RS232C, V.24 oder TTY. Die serielle Schnittstelle entsprach lange Zeit dem Stand der Technik bei Kopplung unterschiedlicher Geräte zur → *Datenübertragung*. Sie wird zunehmend durch Rechnernetze und Bussysteme ersetzt.

Server ist ein zentraler Rechner innerhalb von → *Client/Server-Systemen*. S. stellen den → *Clients* Daten zur Verfügung und dienen innerhalb von → *Lagerverwaltungssystemen* i. Allg. zur Führung und Sicherung der zentralen → *Datenbank*.

Servicegrad der Lagerhaltung (engl. *Service degree of warehousing*) ist ein Maß für die → *Lieferbereitschaft* von → *Artikeln*. Ist bei vorhandener Nachfrage das Lager nicht sofort lieferbereit, liegt der S. unter 100 %. Der S. wird u. a. zur Berechnung des → *Sicherheitsbestands* herangezogen. Bei der Erhöhung des S. erhöhen sich die Lagerhaltungskosten durch größere Sicherheitsbestände.
Beim S. wird häufig auch die → *Lieferzeit* als Maß verwendet. In diesem Sinne verfügen VMI-Lager über einen sehr hohen S.
Vgl. → *Vendor-managed Inventory*.

Service Level → *Servicegrad der Lagerhaltung*

Service Level Agreement (abgek. SLA) ist eine Vereinbarung zwischen Kunde und Dienstleister hinsichtlich beiderseitiger Rechte und Pflichten. In einem SLA wird insbes. festgelegt, welche Anforderungen eine Dienstleistung bzgl. Verfügbarkeit, → *Zuverlässigkeit*, Antwortzeiten usw. zu erfüllen hat und welche Kosten verrechnet werden dürfen. Die Leistungserfüllung wird häufig gemessen durch → *Key Performance Indicators*. Ein SLA führt meist zur Anwendung von → *Bonus-Malus-Systemen*.

Service-oriented Architecture engl. für → *Serviceorientierte Architektur*

Serviceorientierte Architektur (abgek. SOA; engl. *Service-oriented architecture*) bezeichnet eine Software-Architektur, innerhalb derer Funktionen und Dienste von Service-Providern als → *(Web)*

Services angeboten werden. SOA basiert auf einem domänenspezifischen Modell, das die Objekte und ihre Interdependenzen in einem Anwendungsbereich (Domäne) spezifiziert. Die Services sind untereinander nur lose gekoppelt. Innerhalb einer SOA finden häufig (mobile) Softwareagenten zur Kommunikation und Diensterbringung Verwendung.

Servicequalität (engl. *Service quality*) ist Ausdruck für die Güte einer logistischen Dienstleistung. Hohe Servicequalität impliziert hohe Lieferbereitschaft, beschädigungsfreien Transport, kurze Lieferzeiten, Einhaltung der Lieferzeiten usw. Eine hohe Servicequalität bedingt ein gutes Qualitätsmanagement und ggf. höhere Kosten für Sicherheitsbestände, höherfrequente Belieferung usw.

Servo Drives engl. für → *Stellantriebe*

Set → *Cluster*

SET Abk. für → *Secure Electronic Transaction*

Set-Kommissionierung (engl. *Set picking*): Mehrere → *Artikeleinheiten* werden zu einer neuen → *Verkaufseinheit* zusammengefasst, z. B. Werkzeuge und Werkzeugkasten.

SF Abk. für Senkrechtförderer (engl. *Vertical conveyor*), → *Vertikalförderer*

SFA Abk. für Sales force automation

S-Förderer ist ein kontinuierlich in eine Richtung wirkender → *Vertikalförderer*. Siehe auch → *Z-Förderer* und → *C-Förderer*.

SGL Abk. für Schweizerische Gesellschaft für Logistik, Bern

SGTIN Abk. für → Serialised Global Trade Item Number

Shelf engl. für → *Regal*

Shelf Life engl. für *Lagerdauer, Bevorratungsdauer*

Shelf Parameter engl. für *Wandparameter* (→ *Regalwandparameter*)

Shelf Storage System engl. für → *Fachbodenregal*

Shelf Unit Parameter engl. für → *Regalwandparameter*

SHF (Abk. für Super High Frequency) bezeichnet den Frequenzbereich von 3 bis 30 GHz.

Ship-owner engl. für → *Reeder*

Ship-owning Company engl. für → *Reederei*

Shipper (engl. für → *Verlader*, → *Versender*, → *Spedition*) ist der Ablader. Er trägt die Verantwortung für die Warenanlieferung an das

Schiff und die Organisation der Warenheranschaffung. Dies kann sowohl der Ausführer (Exporteur) als auch ein von ihm beauftragter Spediteur sein.

Shipping Documents bezeichnet ein vom Schiffskapitän, von seinem Agenten oder von der Schifffahrtsgesellschaft bzw. deren Agenten unterschriebenes Transportdokument mit Wertpapiercharakter (→ *Konnossement*). Es bestätigt den Empfang der Ware und die Bedingungen, zu denen der Transport übernommen wurde.

Shipping Unit engl. für → *Versandeinheit*

Ship to Line bezeichnet die Anlieferung von Waren unmittelbar in die Produktion (an das Produktionsband). Vgl. → *Just-in-Sequence*, → *Just-in-Time*.

Ship to Stock bedeutet direkte → *Lieferung* an das → *Lager*. Es erfolgt keine Eingangskontrolle.

Shortage engl. für → *Fehlmenge*

Short Message Service (abgek. SMS) ist ein Dienst zur Übertragung von Textnachrichten (typischerweise max. 160 Zeichen/Nachricht) für Mobilfunk (Handy) oder Netzwerke.

SHT Abk. für → *Scherenhubtisch*

Shuttle ist ein Autonomes Lagerfahrzeug, das selbstständig auf den → *Traversen* eines → *Lagerregals* verfährt. Es wird durch Batterien, Powercaps oder über Schleifleitungen mit Strom versorgt und verfügt über ein → *Lastaufnahmemittel*. Es wird unterschieden zwischen Systemen, bei denen die S. die → *Lagereinheiten* an → *Vertikalförderer* (z. B. Aufzug oder Hubstation) übergeben, und Systemen, bei denen S., ggf. einschließlich ihrer Last, über einen Vertikalförderer ein- und ausgelagert werden. → *Multishuttle*

Shuttle-Betrieb (engl. *Shuttle operation*): Beim S.-B. werden Lkw – ggf. mit automatischer Be- und Entladevorrichtung – fest für Transportzwecke zwischen → *Quellen* und → *Senken* (z. B. Pendelverkehr zwischen Fabrik und Lager) eingesetzt.

Shuttle-Lager Bei einem konventionellen Lager werden die Bewegungen in x- und y-Richtung (vertikale und horizontale Bewegung) innerhalb einer → *Gasse* durch ein → *Regalbediengerät* ausgeführt. Beim S.-L. sind die Bewegungen verschieden gelöst: vertikal durch Hubstationen oder Aufzüge, horizontal durch → *Shuttles* in den Lagerebenen. Dabei können Shuttles in jeder Ebene angeordnet sein, oder einzelne Shuttles werden über → *Vertikalförderer* zu den geforderten Lagerebenen gebracht. Auf dem Markt sind S.-L. für Behälter und Paletten verfügbar.

Sicherheitsbestand (engl. *Safety stock*) dient zum Ausgleich von Nachfrage- und Nachschubschwankungen. Er wird zur Erzielung eines hohen Lieferbereitschaftsgrads (→ *Liefergrad*) angelegt. Es gibt artikelbezogene und kundenbezogene S. Die Minimierung von S. bei hohem Lieferbereitschaftsgrad ist eine der grundlegenden Aufgaben logistischer Optimierung. Vgl. → *Servicegrad der Lagerhaltung.*

Sichtzone (engl. *Field of vision*) bezeichnet den Regalbereich in Verkaufs- oder Lagerräumen, der sich in Augenhöhe des Kunden bzw. → *Kommissionierers* befindet (ca. 120 bis 160 cm).

Silo ist ein (häufig zylindrischer) Speicher für → *Schüttgut* mit einer typischen Höhe von 10 bis 20 Metern. S. werden von oben beladen und von unten mittels Schieber und Schwerkraft oder mittels Schnecke entleert. Vgl. → *Silobauweise.*

Silobauweise (engl. *Silo type of construction*): Die äußere Gebäudehülle eines → *Lagers* (i. d. R. → *Hochregallager*) wird von der Regalkonstruktion getragen und nimmt alle außen wirkenden Kräfte auf. Es existiert kein selbsttragendes, eigenständiges Gebäude. Vgl. → *Hallenbauweise.*

Silo-Fahrzeug (engl. *Silo vehicle*) ist ein Lkw, der mit einem zylinderförmigen Behälter (→ *Silo*) in horizontaler Anordnung für den Transport von flüssigen oder staubförmigen Gütern ausgestattet ist.

Simulation Anhand der virtuellen Nachbildung (→ *Abbild*) eines vorhandenen oder geplanten Systems werden mögliche Reaktionen des realen Systems ermittelt, d. h. simuliert, um daraus Aussagen über Leistungsfähigkeit, Kapazität und wirtschaftliche Auslegung zu gewinnen.

Simultaneous Engineering ist die zeitgleiche, parallele Entwicklung von Produkt, Produktion und → *Produktionslogistik.*

SINFOS ist ein Datenportal zur Sammlung und zum multilateralen Austausch von Artikelstammdaten in einem gemeinsamen → *Pool.* Die Daten werden von den einzelnen Mitgliedern eingestellt und gepflegt sowie allen Beteiligten zugänglich gemacht. Ursprünglich von der CCG mbH initiiert, sind heute die Aktivitäten in der Sinfos GmbH zusammengefasst.

Single-bin Occupancy engl. für → *Einzelplatzbelegung*

Single Sourcing (engl. für *„Einzelquellenbeschaffung"*) bezeichnet eine Beschaffungsstrategie, bei der Ware von nur einer Einkaufsquelle bezogen wird. Siehe im Gegensatz dazu → *Multiple Sourcing* und → *Global Sourcing.*

Singulation ist eine Technik, bei der ein → *Lesegerät* einen bestimmten → *Transponder* (anhand seiner Seriennummer) aus mehreren identifiziert.

Sinks engl. für → *Senken*

SIP Abk. für Session Initiation Protocol

Sistore-Lager ist ein Lagerprinzip, bei dem das → *Regalbediengerät* pro → *Lagerebene* über ein → *Lastaufnahmemittel* (LAM) verfügt. Die LAM sind starr am Mast angeordnet. Die Vertikalförderung wird von extern angeordneten Hochleistungs-Vertikalförderern (→ *Vertikalförderer*) übernommen.

Six Sigma (kurz 6 Sigma, 6σ) bezeichnet eine Qualitätsmanagement-Methodik. Der Name leitet sich aus dem Anspruch ab, dass die Toleranzgrenzen eines normalverteilten (Produktions-)Prozesses mindestens 6 Standardabweichungen (6σ) vom Optimum entfernt sind. Hieraus ergibt sich eine Fehlerquote von höchsten 3,4 defekten Teilen pro 1 Mio. Teile. 6σ steht auch für eine Fülle statistisch basierter Vorgehensmodelle zur Qualitätssicherung.

SKD Abk. für → *Semi-knocked down*

Skid bezeichnet ein förderfähiges, tragendes Gestell z. B. zur Aufnahme von Karosserieteilen in der Automobilindustrie. → *Skidförderer*

Skidförderer ist ein → *Stetigförderer*, z. B. Ketten- oder → *Rollenförderer*, auf den die → *Skids* aufgesetzt werden.

SKU Abk. für Stock-keeping Unit (engl. für *Bestandseinheit, Artikel als lagerhaltige Einheit*)

SLA Abk. für → *Service Level Agreement*

Slat Conveyor engl. für → *Plattenbandförderer*

Slenderness engl. für → *Schlankheit*

Slide-in-Regal ist ein staplerbedientes Kompaktregal, bei dem die Kanäle mit Rollkettenschienen ausgerüstet sind.

Slip Sheet bezeichnet eine dünne Lage zwischen Ladung und Palette. Es ist aus Kunststoff oder Karton gefertigt und ermöglicht die Übernahme der Ladung mittels Zugvorrichtung.

Slow Mover (engl. für → *Langsamdreher*) bezeichnet einen C-Artikel (→ *ABC-Artikel*).

Slow Moving Consumer Goods (auch Slow mover; abgek. SMCG) sind → *Langsamdreher*, C-Artikel (→ *ABC-Artikel*) im Bereich der Konsumgüter. Vgl. → *Fast Moving Consumer Goods*.

Slow-moving Item engl. für → *Langsamdreher*

Slow Seller engl. für → *Ladenhüter*

SLS Abk. für → *Staplerleitsystem*

Small and Medium-sized Enterprises (abgek. SME) engl. für *Kleine und mittlere Unternehmen*

Smart Card ist eine mit → *Transpondern* ausgestattete Kunststoffkarte, häufig mit zusätzlich aufgedrucktem → *Barcode*. Vgl. → *Smart Label*.

Smart-ID ist eine andere Bezeichnung für → *Smart Label*.

Smart Label (auch Smart-ID) ist eine sehr flache RFID-Identmarke (→ *Transponder*), die samt ihrer → *Antenne* auf einer Folie fixiert und in Papier einlaminiert ist. Die Verbindung von RFID-Inlay (→ *Inlay*) und Papieretikett erlaubt den Aufdruck eines → *Barcodes* oder einer Textmarke zur visuellen oder optischen Identifikation.

SMCG Abk. für → *Slow Moving Consumer Goods*

SMD Abk. für Surface-mounted device

SME Abk. für Small and Medium-sized Enterprises (engl. für *Kleine und mittlere Unternehmen*, abgek. KMU)

SMI Abk. für → *Supplier-managed Inventory*

SMS Abk. für → *Short Message Service*

SNA 1. Abk. für → *Social Network Analysis* — 2. Abk. für → *Systems Network Architecture*

SN ISO 9000 bzw. SN EN 29000 sind   Qualitätssicherungsnormen (SN = Schweizer Norm, EN = Europäische Norm).

SOA Abk. für → *Serviceorientierte (Software-)Architektur*

SOAP (früher Abk. für Simple Object Access Protocol) ist ein Protokoll zum (zumeist XML-basierten) Informationsaustausch zwischen unterschiedlichen Systemen.

Social Network Analysis (abgek. SNA) bezeichnet die Zusammenführung von Wissen und Netzwerken privater und industrieller User. Mittels SNA können große Datenbestände aus unterschiedlichen Quellen zusammengeführt und analysiert werden (Beispiel: Google MySpace). SNA ist eine Web-2.0-Technologie.

Sofa-Spediteur ist ein umgangssprachlicher Ausdruck für Spediteure, die ohne eigene Fahrzeuge ihr Geschäft betreiben.

Software as a Service (abgek. SaaS; engl. für *„Software zur Miete"*): Ähnlich wie beim ASP (→ *Application Service Provider*) werden beim SaaS von einem → *Provider* integrierte Dienstleistungen und Programme über das → *Internet* angeboten.

Sonderentnahme (engl. *Special retrieval*) bezeichnet den Direktzugriff auf → *Lagereinheiten* oder → *Chargen*, z. B. zur Qualitätssicherung.

Sonderziehungsrecht (engl. *Special Drawing Right*, abgek. SDR) ist eine künstliche Währungseinheit des Internationalen Währungsfonds (IWF).

SOP 1. Abk. für Sales and Operation Planning (engl. für *Absatz- und Produktionsplanung*) — 2. Abk. für Standard Operating Procedure (engl. für *Standardarbeitsanweisung*).

Sorter → *Sortier- und Verteilsysteme*

Sorter, Brief- → *Briefsorter*

Sorter, Brush- → *Brush-Sorter*

Sorter, Bürsten- → *Brush-Sorter*

Sorter, Cross-belt- → *Quergurtsorter*

Sorter, Doppelstock- → *Doppelstocksorter*

Sorter, Dreh- → *Drehsorter*

Sorter, Dreharm- → *Dreharmsorter*

Sorter, Drehschub- → *Dreharmsorter*

Sorter, Gleitschuh- → *Schuhsorter*

Sorter, Kamm- → *Kammsorter*

Sorter, Kanal- → *Kanalsorter*

Sorter, Kippschalen- → *Kippschalensorter*

Sorter, Parallel- → *Parallelsorter*

Sorter, Pop-up- → *Schwenkrollensorter*

Sorter, Quergurt- → *Quergurtsorter*

Sorter, Ring- → *Ringsorter*

Sorter, Schiebeschuh- → *Schuhsorter*

Sorter, Schuh- → *Schuhsorter*

Sorter, Schwenkarm- → *Schwenkarmsorter*

Sorter, Schwenkklappen- → *Schwenkklappensorter*

Sorter, Schwenkrollen- → *Schwenkrollensorter*

Sorter, Taschen- → *Taschensorter*

Sorter, Tilt-tray → *Kippschalensorter*

Sorter, Tragschuh- → *Tragschuhsorter*

Sorter, Warenbegleit- → *Warenbegleitsorter*

Sorter, Zip- → *Zip-Sorter*

Sorterfähigkeit ist die Eigenschaft von (Artikel-)Einheiten, über einen automatischen → *Sorter* sortiert werden zu können.

Sortierfähigkeit ist die Eigenschaft einer Anlage, Sortieraufgaben durchführen zu können.

Sortier- und Verteilsysteme (engl. *Sorting and distribution systems*) bezeichnet eine Technik zur Sortierung (oder Zuordnung) von

- Paketen oder → *Packstücken* nach Ausliefertouren bzw. nach Zielorten, z. B. bei KEP-Diensten (→ *Kurier-, Express-, Paketdienste*),
- → *Artikeleinheiten* nach Kundenaufträgen in der zweiten Kommissionierstufe (→ *Zweistufige Kommissionierung*) (vorrangig für Logistikzentren mit hoher → *Kommissionierleistung*, je nach Technik und Einheitengröße mit Sortierleistungen von 2.000 bis 40.000 Teile/h).

Voraussetzung für den Sortereinsatz sind u. a. die automatische Identifizierbarkeit der Einheiten (über → *Barcode* oder → *Transponder*) und die fördertechnische Eignung des Gutes.

Unabhängig von ihrer → *Leistung* werden → *Sorter* vornehmlich nach ihrem Funktionsprinzip unterschieden. Als wichtigste sind die unter dem Begriff „Sorter" aufgeführten Prinzipien zu nennen. Vgl. → *Verteilharfe*.

Sortiment (engl. *Assortment*) ist ein zusammenfassender Oberbegriff für alle → *Artikel* oder → *Warengruppen* eines Anbieters.

Sortimentsabdeckung (engl. *Assortment coverage*) ist der Anteil des Marktes bzw. des spezifischen Marktsegmentes, den ein → *Sortiment* abdeckt (in Prozent).

Source Code ist die Bezeichnung für den Quelltext eines Programms.

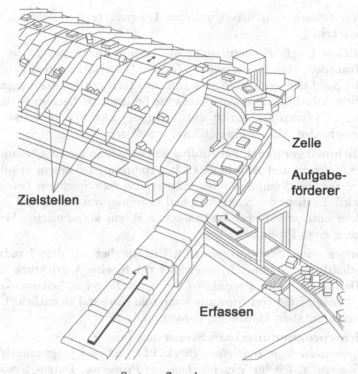

Zelle

Aufgabe-
förderer

Zielstellen

Erfassen

Sorteraufbauelemente

Source Program engl. für → *Quellprogramm*

Sources engl. für → *Quellen*

Sources/Sinks engl. für → *Quellen/Senken*

Space Tag ist ein spezieller RFID-Tag (→ *Tag*) zur Etikettierung metallischer Oberflächen. Durch einen Abstandhalter wird die Dämpfung durch induzierte Oberflächenwellen vermindert.

Spare Parts sind Ersatzteile als Einzelteile, Teile von Baugruppen oder komplette Baugruppen, die Komponenten in Maschinen, Gewerken oder Anlagen ersetzen, wenn diese defekt sind oder im Rahmen eines Verschleißteilaustauschs ersetzt werden.

Spediteur (engl. *Forwarder, shipper*) → *Spedition*

Spediteurübernahmebescheinigung (engl. *Forwarding agent's certificate of receipt*, abgek. FCR) ist eine rechtswirksame Urkunde, die vom → *Spediteur* ausgestellt wird und den Empfang von Gütern und deren weiteren Umgang (z. B. Lagerung etc.) bescheinigt.

Spedition (engl. *Forwarding agent*) ist ein Dienstleister, der den Transport von Waren und → *Gütern* besorgt. Hierzu organisiert der Spediteur gemeinhin als Kaufmann Transportkapazitäten, muss diese jedoch nicht notwendigerweise besitzen. Je nach → *Verkehrsträger* werden u. a. Luftfracht-, Übersee-, Lkw-Spedition usw. unterschieden. Vgl. → *Frachtführer*, → *Selbsteintritt*.

Speditionslager (engl. *Forwarding warehouse*) ist ein gemeinsam von → *Lieferant* und Abnehmer (z. B. Produzent) bei einem Spediteur (→ *Spedition*) eingerichtetes → *Lager*, das vom Spediteur betrieben wird. Es dient der Sammlung und Lagerung von Waren und → *Gütern* unterschiedlicher Lieferanten, z. B. zur koordinierten Versorgung einer Produktion.

Speicher (engl. *Store, warehouse*): Ursprünglich aus dem Landwirtschaftlichen kommend, bezeichnet der S. eine Vorrichtung (z. B. Dachboden), um Produkte über einen längeren Zeitraum ohne große Qualitätsverluste aufbewahren zu können. Die zeitliche Überbrückung steht hierbei im Vordergrund.

Speicherprogrammierbare Steuerung (abgek. SPS; engl. *Programmable logic controller*, abgek. PLC) ist eine programmierbare Steuerung, die im Wesentlichen aus Prozessor, Daten-/System-/Programmspeicher, digitalen und analogen Ein-/Ausgabebaugruppen, Funktionsbaugruppen und Spannungsversorgung besteht. Ursprünglich als Ablaufsteuerung mit zyklischer Programmverarbeitung (definiertes Antwortzeitverhalten) ausgeführt, sind SPS heute zumeist flexibel programmierbar, vgl. → *Strukturierter Text*.

Sperrgut (engl. *Bulk goods*) sind Waren oder → *Güter*, die durch ihre ausladenden Abmessungen gängige → *Modul-Maße* überschreiten und in der Regel nicht stapelbar sind. Zudem ist eine behälter- oder palettengerechte → *Ladungssicherung* von S. meist nicht möglich.

Sperrkennzeichen (engl. *Block indicator*) werden innerhalb eines → *Lagers* verwaltet. Sie können für → *Artikel*, → *Ladehilfsmittel*, aber auch für zusammengefasste Gruppen angegeben werden. Sie verhindern eine weitere Abwicklung von Funktionen, welche die → *Einlagerung*, → *Auslagerung* oder → *Umlagerung* betreffen. Häufig wird das Setzen bzw. Freigeben von S. als Teil des → *Qualitätsmanagements* gehandhabt.

Spielzeit (engl. *Cycle time*) → *Lagerspiel*

Spitzenlast (engl. *Peak loads*) ist die Maximallast, die ein → *Lagersystem* oder Transportsystem bewältigen muss.

Splitergebnis (engl. *Split results*) sind nach Kriterien aufgesplittete, d. h. aufgeteilte Originallieferungen. Das Aufsplitten nach → *Artikeln*, Mengen, usw. führt zu neuen Lieferungen, die das eigentliche S. darstellen.

Spreader (engl. für *Spreizer*) sind ISO-genormte Hebezeuge zum → *Umschlag* von → *Containern*. S. bestehen aus Teleskoprahmen, die sich auf die Länge des Containers einstellen (spreizen) können und in die vier oberen Eckbeschläge eingreifen, um sich dort zu verriegeln.

Spreizenstapler (engl. *Straddle truck*) ist eine andere Bezeichnung für → *Radarmstapler*.

SPS Abk. für → *Speicherprogrammierbare Steuerung*

SQL Abk. für → *Structured Query Language*

SRAM (Abk. für Static random access memory) → *Random Access Memory*

SRM Abk. für → *Supplier Relationship Management*

SSCC Abk. für → *Serial Shipping Container Code*

SSL Abk. für → *Secure Socket Layer*

ST Abk. für Structured Text (engl. für → *Strukturierter Text*)

Stability Factor engl. für → *Standsicherheitsfaktor*

Stacked Barcode engl. für *gestapelter Barcode* (→ *Stapelcode*)

Stacked Code engl. für → *Stapelcode*

Stacker Crane engl. für → *Stapelkran*

Stake Body engl. für → *Pritsche*

Stakeholder ist eine Person, eine Gruppe oder ein Unternehmen, die/das Interessen vertritt oder wahrnimmt.

Stallage engl. für → *Standgeld*

Stammdaten (engl. *Master data*) sind statische, über einen längeren Zeitraum unveränderte Daten. Sie enthalten Informationen über grundlegende Eigenschaften eines → *Artikels*, → *Ladehilfsmittels* usw. Wichtige S. für den Lagerbetrieb sind Artikelstammdaten, da alle wesentlichen Lagerfunktionen und Kontrollmechanismen darauf zurückgreifen. Vgl. → *Bewegungsdaten*.

Standard Gauge engl. für → *Normalspur*

Standard Operating Procedure (abgek. SOP) engl. für *Standard-arbeitsanweisung*

Standardregelungen einheitlicher Datenaustauschsysteme (abgek. SEDAS) sind von der → *CCG mbH* vorgegebene Normen im Bereich des EDI-Datenaustauschs (→ *Electronic Data Interchange*).

Standgeld (engl. *Demurrage, stallage*): Wartet der → *Frachtführer* aufgrund vertraglicher Vereinbarungen oder aus Gründen, die nicht seinem Risikobereich zuzurechnen sind, über die Lade- oder Entladezeit hinaus, so hat er Anspruch auf eine angemessene Vergütung (Standgeld). (§412 HGB)

Standortfaktoren (engl. *Location factors*) sind die Summe der an einem Ort anzutreffenden Gegebenheiten und Gestaltungskräfte mit positiver bzw. negativer Auswirkung auf die unternehmerischen Ziele und Tätigkeiten. Sie dienen als Vergleichsgrundlage alternativer Standorte.
Wichtige Faktoren für einen Logistikstandort sind beispielsweise die Verkehrsanbindung, mittlere Entfernungen zu Liefer- und Empfangspunkten, Mitarbeiterpotenzial, Betriebseinschränkungen infolge Lärmemission usw.

Standortplanung (engl. *Location planning*) 1. ist die Planung geografischer Standorte (z. B. innerhalb eines Distributionsnetzes) mit dem Ziel, die besten → *Standortfaktoren* festzustellen und zu nutzen. — 2. ist Teil der innerbetrieblichen Planung von Logistiksystemen, → *Intralogistik*.

Standsicherheit (engl. *Stability*) ist für viele logistische Mittel und Anlagen für den sicheren Betrieb nachzuweisen, z. B. Stapler, Schmalgangstapler, → *Regale* usw. Die Summe der Standmomente muss dabei größer sein als die Summe der Kippmomente bezogen auf die Kippkante.
Moderne Packoptimierung berechnet das Kippmoment auch für → *Paletten*, → *Container* und Lkw-Ladungen.

Standsicherheitsfaktor (engl. *Stability factor*) ist eine Kenngröße gegen die Kippgefahr von Lagereinrichtungen und -geräten. Die Standsicherheit ergibt sich aus dem Verhältnis von Standmoment und Kippmoment und darf den Wert 2 nicht unterschreiten. → Schlankheit und vgl. → *BGR 234.*

Stapelcode (engl. *Stacked code*) ist ein 2-D-Barcode, der durch übereinander angeordnete, „gestapelte" 1-D-Barcodes erzeugt wird. Bekannte Vertreter sind → *Codablock* oder → *PDF417*.

Stapelfähigkeit (engl. *Stackability*) ist eine Aussage darüber, dass → *Paletten* mit oder ohne Stapelhilfsmittel übereinandergestellt (gestapelt) werden können (bei Blocklagerung (→ *Blocklager*) meist drei bis vier Ebenen).

Stapelhöhe (engl. *Stacking height*) ist die Angabe der Lagen- oder Ebenenanzahl stapelfähiger Lagergüter zur Mehrfachstapelung übereinander (→ *Stapelfähigkeit*).

Stapeljoch (engl. *Stacking cradle system*) bezeichnet U-förmig ausgebildete Stahlgestelle, die zur Lagerung und zum Transport von Langgut mittels Krananlage geeignet sind. Je nach Länge sind dafür ein, zwei oder auch drei Joche je Langgutstapel erforderlich. Die Lagerung erfolgt in mehrfach übereinander angeordneten Jochen als → *Blocklager* oder Zeilenstapel.

Stapelkran (engl. *Stacker crane*) ist eine Verbindung von → *Regalbediengerät* und → *Brückenkran*. Am Katzfahrwerk des Krans ist ein hängender, vertikaler Mast mit der Funktionalität eines RBG-Mastes (Lastführung, Hubwagen und Lastaufnahmemittel) angebracht, wodurch sich das System u. a. für den Betrieb in Verschieberegalanlagen eignet.

Stapler, Doppelstock- → *Doppelstockstapler*

Stapler, Dreiseiten- → *Dreiseitenstapler*

Stapler, Frontgabel- → *Gabelstapler*

Stapler, Gabel- → *Gabelstapler*

Stapler, Hochregal- → *Hochregalstapler*

Stapler, Kommissionier- → *Kommissionierstapler*

Stapler, Man-up- → *Man-up-Stapler*

Stapler, Mehrwege- → *Mehrwegestapler*

Stapler, Portal- → *Portalstapler*

Stapler, Radarm- → *Radarmstapler*

Stapler, Regal- → *Regalstapler*

Stapler, Schmalgang- → *Regalbediengerät*

Stapler, Schubmast- → *Schubmaststapler*

Stapler, Seitengabel- → *Seitengabelstapler*

Stapler, Spreizen- → *Radarmstapler*

Stapler, Vierwege- → *Vierwegestapler*

Stapler, Zweiseiten- → *Zweiseitenstapler*

Staplerfahrausweis (engl. *Industrial truck driving licence*) → *Fahrausweis für Flurförderzeuge*

Staplerleitsystem (abgek. SLS; auch Transportleitsystem, abgek. TLS; engl. *Stacker guidance system*) ist ein System zur Fahrzeug- oder Flurförderzeugdisposition und -führung. Es besteht aus rechnergestütztem Leitstand oder Leitrechner, drahtlosem Übertragungsmedium (Funk oder Infrarot) und mobilen → *Terminals* auf den Fahreinheiten.

Start- und Stoppzeichen (engl. *Stop and go signs*) sind Marken in einem → *Barcode* zur Kenntlichmachung des Beginns oder Endes eines Strichcodes (beispielhafter Aufbau eines Barcodes: linke Ruhezone – Startzeichen – → *Strichcode* – Stoppzeichen – rechte Ruhezone).

Statische Bereitstellung (engl. *Statical provision*) bedeutet, dass Artikel-Bereitstelleinheiten während der Kommissionierung fest auf ihren Plätzen stehen bleiben (→ *Mann-zur-Ware*). Siehe auch → *Dynamische Bereitstellung*.

Statisches Lagersystem (engl. *Statical storage system*) bedeutet, dass eine → *Lagereinheit* in einem Lagerregal zwischen der → *Einlagerung* und der → *Auslagerung* vorwiegend am selben Platz verbleibt, es sei denn, sie wird aus technisch-organisatorischen Gründen umgelagert.

Staudruckarmer Förderer ist ein Förderer, bei dem die Transporteinheiten gepuffert werden und durch die Art des Antriebs (z. B. Friktionstrieb) einen Staudruck erfahren (z. B. Staurollenkettenförderer: Rollenketten laufen mit geringem Staudruck unter den gestauten → *Paletten*).

Staudruckloser Förderer (engl. *Accumulating conveyor*) ist unterteilt in Einzelplätze, auf denen Transporteinheiten staudrucklos gepuffert werden können (z. B. Staurollenförderer: staudruckfrei durch Abschalten der betreffenden Rollen unter den stehenden → *Ladehilfsmitteln*).

Stauen (engl. *to stow*) bezeichnet raumsparendes Unterbringen von → *Stückgütern* in Schiffen und deren Sicherung gegen Verlagerung bei Seegang.

Stauerei 1. (engl. *Stevedore company*) ist ein Betrieb, der im Hafenbetrieb den Umschlags- und Lagerbereichen zuzuordnen ist. Der Aufgabenbereich umfasst beispielsweise das → *Stauen* von Ladegut auf Schiffen. — 2. (engl. *Stevedoring*) bezeichnet das Be- und Entladen von Schiffen mit → *Stückgut* (→ *Containern*).

Stauförderer (engl. *Accumulating conveyor*) dienen innerhalb eines → *Materialflusssystems* zum mengen- und zeitmäßigen Ausgleich des → *Fördergutstroms* zwischen → *Quellen* und → *Senken*. Es werden folgende Stauprinzipien unterschieden:

- staudruckarmes Aufpuffern, Förderbahn nicht entsprechend Fördereinheiten segmentiert, → *Staudruckarmer Förderer*
- staudruckloses Aufpuffern, hierzu zwei Lösungen im Einsatz (→ *Staudruckloser Förderer*):
  - Segmentierung der Förderbahn entsprechend den Fördereinheiten, z. B. → *Staurollenbahn*
  - Segmentierung entprechend einem Vielfachen der Fördereinheitenlänge, → *Durchlauf-Taktförderer*

Stauraumplanung (engl. *Storage space planning*) ist ein Verfahren, um das verfügbare Volumen einer → *Ladeeinheit*, z. B. → *Palette* oder → *Container*, mit → *Artikeleinheiten* oder → *Verpackungseinheiten* optimal auszunutzen. Da hierfür Erfahrung allein nicht mehr ausreicht, werden speziell entwickelte Programme eingesetzt. Ein Maß für die Güte des Ergebnisses ist der erreichte → *Füllgrad*.

Staurollenbahn (engl. *Accumulating roller conveyor*) ist eine segmentierte Rollenbahn (→ *Rollenförderer*) zum staudrucklosen Puffern von Fördergütern. Hierbei werden einzelne Segmente der Fördertechnik abgeschaltet, wenn das folgende Segment mit einem Fördergut belegt ist. Jedes Segment wird durch eine Tastrolle oder eine Lichtschranke mechanisch, pneumatisch oder elektrisch betätigt.

Staurollenförderer → *Staurollenbahn*

Steady Conveyor engl. für → *Stetigförderer*

Stellantriebe (engl. *Actuators, servo drives*) vollführen diskontinuierliche Bewegungen mit funktional festgelegten Stellpositionen. Beispiele für S. sind Ausschleuseinrichtungen in Sortern, Hubeinrichtungen oder Palettenwender.

Stellplatzverwaltung (engl. *Bin management, storage space management*) 1. bezeichnet die Führung der Stellplätze in einem → *Lager* nach „belegt" oder „nicht belegt". — 2. ist Bestandteil des → *Hofmanagements* (Führung und Zuweisung von Lkw-Stellplätzen).

Stetigförderer (engl. *Steady conveyor*): Fördergut (Schütt- oder → *Stückgut*) wird in stetigem Fluss von einer oder mehreren Aufgabestellen (→ *Quellen*) zu einer oder mehreren Abgabestellen (Zielen) transportiert, z. B. → *Gurtförderer*, → *Rollenförderer*, Kettenförderer, → *Kreisförderer* usw.

Kennzeichnende Merkmale der S. sind

- kontinuierlicher/diskret-kontinuierlicher Fördergutstrom,
- Zentralantrieb im Dauerbetrieb,
- Be- und Entladung im Betrieb,
- stets aufnahme-/abgabebereit,
- ortsfeste Einrichtungen.

Die kontinuierliche Arbeitsweise ermöglicht den Transport relativ großer Mengen in kurzer Zeit (im Vergleich zu → *Unstetigförderern*). Bei Stückgutförderern berechnet sich der → *Durchsatz* als Quotient aus Fördergeschwindigkeit und mittlerem Stückgutabstand.

Stevedore Company engl. für → *Stauerei*

Stevedoring engl. für → *Stauerei*

Stichgangstrategie Bei Kommissioniersystemen nach dem Prinzip → *Mann-zur-Ware* liegt eine wesentliche Fragestellung darin begründet, wie der Laufaufwand des Personals reduziert werden kann, um die Zeit pro Auftragsposition gering zu halten. Die Laufwege hängen von verschiedenen Faktoren ab wie Art und Größe des Artikelsortiments (und damit der Ausdehnung der Kommissionierfläche), Art und Anordnung der Kommissionierregale, → *Zugriffshäufigkeit* usw. Neben der → *Mäander-Heuristik* hat sich auch die Stichgangstrategie in der Praxis bewährt. Dabei werden von einem Quergang ausgehend die einzelnen Kommissioniergassen entsprechend den Vorgaben der → *Pickliste* aufgesucht und die → *Artikeleinheiten* auf Hin- und Rückweg der jeweiligen Gassenseite zugeordnet eingesammelt.

Stichprobeninventur (engl. *Random sample inventory*): Da eine → *Vollinventur* aufwendig und vielfach nicht durchführbar ist (z. B. → *Stichtagsinventur* eines automatischen → *Hochregallagers*), wird häufig eine S. durchgeführt. Hierbei wird eine repräsentative Menge der Gesamtheit erfasst und mit mathematisch-statistischen Verfahren auf den gesamten Bestand hochgerechnet.

Vielfach wird es so gehandhabt, dass höherwertige → *Artikel* einer Gesamtheit einer Vollinventur unterzogen werden, geringwertige dagegen einer S. Siehe auch → *Inventur.*

Stichtagsinventur (engl. *End-of-period inventory*) ist die Durchführung der nach Handelsgesetzbuch (HGB) geforderten → *Inventur* an einem Stichtag. Vgl. → *Permanente Inventur.*

Stock-keeping Unit (abgek. SKU) engl. für *Bestandseinheit, Artikel als lagerhaltige Einheit*

Stock-out Costs engl. für → *Fehlmengenkosten*

Stock Point bezeichnet eine Stelle in einer Supply Chain, an der Waren vorgehalten werden können.

Stock Policy bezeichnet eine Lagerhaltungsstrategie im Hinblick auf Stufigkeit, → *Lagerort* und Verfahrensweise.

Stock Position ist das Verhältnis von erwarteter Nachfrage, Verfügbarkeit und Beschaffungssituation für einen bestimmten → *Artikel* und eine bestimmte Zeit.

Stock Site engl. für *Lagerstätte*

Stock-up Time engl. für → *Eindeckzeit*

Stollenlager (engl. *Storage system with a gallery level*) ist ein → *Hochregallager*, in das Gänge zum → *Kommissionieren* integriert sind (meist in mehr als einer Ebene).

Stop and go Signs engl. für → *Start- und Stoppzeichen*

Storage Ratio engl. für → *Lagerfüllgrad*

Store engl. für → *Speicher*

Straddle Carrier engl. für → *Portalstapler*

Straddle Truck engl. für → *Spreizenstapler*

Strand engl. für → *Trum*

Strapping engl. für → *Umreifen*

Streckengeschäft (auch Streckenlieferung; engl. *Direct delivery*): Handelsprodukte werden von einem Geschäftspartner direkt an den Endabnehmer geliefert. Ein an der physischen Distribution (Transport und Lagerhaltung) nicht beteiligter dritter Partner hat eine disponierende Funktion; er führt Aufträge und Rechnungserstellung durch und trägt das Ausfallrisiko (Beispiel: Stahlhandel).

Streckenlieferung → *Streckengeschäft*

Streckenverkehr (engl. *Direct traffic*) ist der Transport möglichst ganzer Wagenladungen zwischen zwei Punkten über größere Strecken. Vgl. → *Flächenverkehr.*

Streifenstrategie (engl. *Lane strategy*) bezeichnet die Reihung der Artikelanfahrten bei zweidimensionaler Kommissionierung, um die Anfahrwege pro → *Position* zu minimieren. Meist handelt es sich um eine Zweistreifenstrategie, bei der eine Regalzeile in einen unteren und einen oberen Streifen eingeteilt wird und nacheinander die Entnahmeplätze im oberen und dann im unteren Streifen angefahren werden.

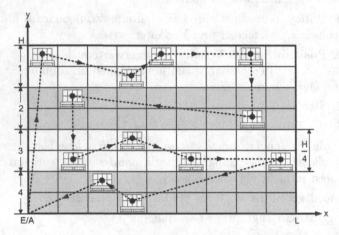

Streifenstrategie

Stretchen (engl. *Stretching*) bezeichnet das Sichern von → *Stückgut* auf einem → *Ladehilfsmittel* mittels dehnbarer Wickelfolie (je nach Elastizität mit entsprechender Vorspannung). Dabei wird unterschieden zwischen Haubenstretchen und Wickelstretchen. Das Haubenstretchen ist vorteilhaft bei vielen gleichartigen Palletteneinheiten einsetzbar, das Wickelstretchen bei eher wechselnden → *Ladeeinheiten.* Vgl. → *Folienschrumpfen.*

Stretching engl. für → *Stretchen*

Strichcode (engl. *Barcode*) besteht aus parallelen Linien und Lücken unterschiedlicher Breite, die gemäß einer festgelegten Norm so angeordnet sind, dass mittels eines optischen → *Lesegeräts* (→ *Scan-*

Haubenstretcher [Quelle: BEUMER]

ner) aus der Hell-/Dunkel-Folge eine Serie von Ziffern gelesen werden kann. → *Barcode*

Stripping engl. für das *Beladen eines* → *Ladehilfsmittels* (→ *Containers*)

Structured Query Language (abgek. SQL) ist eine einfache, strukturierte, nicht-prozedurale Datenbankabfragesprache. Benutzer können in SQL beschreiben, welche Aktionen sie auf der → *Datenbank* vornehmen wollen. Der SQL-Sprach-Compiler erzeugt automatisch einen Abfrage-Code, um auf die Datenbank zuzugreifen und die gewünschte Aufgabe auszuführen. SQL wurde von IBM entwickelt und von ANSI/ISO als Standardsprache für relationale Datenbanksysteme überarbeitet.

Structured Text engl. für → *Strukturierter Text*

Strukturierter Text (engl. *Structured text*) ist eine Form der Programmierung bzw. eine Programmiersprache, die z. B. bei → *Speicherprogrammierbaren Steuerungen* zum Einsatz kommt. Bekannteste Vertreter sind die Programmiersprachen gemäß DIN-EN-IEC 61131.

Stückgut (engl. *Piece goods, unit load*): Stückgüter sind individualisierte, unterscheidbare Güter, die einzeln gehandhabt werden und deren Bestand stückweise oder als → *Gebinde* (Fässer usw.) geführt wird.

Stückgutstrom (engl. *Bulk goods flow*) → *Fördergutstrom*

Stückliste (engl. *Bill of materials (abgek. BOM); piece list*) ist eine Auflistung der für die Erzeugung eines Produktes erforderlichen Baugruppen, Einzelteile, Hilfsstoffe und Hilfsmittel unter Angabe von Menge, Typ, Werkstoff, Gewicht usw.

Stuffing engl. für das *Entladen eines* → *Ladehilfsmittels* (→ *Containers*)

STX (Abk. für Start of Text) ist ein Zeichen im → *ASCII-Code*.

Substitutionsartikel sind → *Artikel*, deren Kundennutzen sich soweit ähneln, dass sie bei Nicht-Verfügbarkeit oder Preiserhöhung eines ursprünglich nachgefragten Artikels ersatzweise gekauft werden.

Substitutionsfehler (engl. *Substitution error*) ist die Fehllesung eines → *Barcodes*. Er entsteht, wenn ein → *Strichcode* an einer Stelle derart beschädigt oder unsauber gedruckt ist, dass ein → *Lesegerät* dort ein gültiges, aber falsches Zeichen des benutzten Barcodesystems erkennt und damit das korrekte Zeichen ersetzt (substituiert). Mittels Prüfzifferberechnung (→ *Prüfziffer*) kann eine solche Fehllesung i. d. R. erkannt werden. Vgl. → *Paritätsprüfung*.

Supervisor ist ein Bediener (User) mit Zugang zu allen Daten und Konfigurationsdateien innerhalb eines Netzwerks oder Rechnersystems. Er hat damit die höchste Priorität beim Zugang zu einem System.

Supplier engl. für → *Lieferant*

Supplier-managed Inventory (abgek. SMI): Ein → *Lieferant* organisiert die Nachschubplanung und -durchführung beim Hersteller und ist für das Bestandsmanagement verantwortlich.

Supplier Relationship Management (abgek. SRM) bezeichnet die Verknüpfung der Informationsflüsse zwischen → *Lieferanten* und Abnehmern, die sich den vier Kategorien Entwicklung, Fertigung, Einkauf, Überwachung (Controlling) zuordnen lassen. SRM ermöglicht eine verbesserte Anbindung der Lieferanten über den gesamten → *Produktlebenszyklus*.

Supply Chain (abgek. SC; engl. für *Prozesskette*) → *Supply Chain Management*

Supply Chain Cockpit ist ein logistischer Leitstand für die Visualisierung und Kontrolle von Lieferketten (Supply Chains).

Supply Chain Event Management (abgek. SCEM) setzt auf den Daten aus vorhandenen Systemen auf (z. B. → *Enterprise Resource Planning*, → *Tracking and Tracing*), verarbeitet die so gewonnenen Informationen und ermöglicht so eine schnelle Reaktion durch im Vorfeld definierte und ggf. standardisierte Lösungsvarianten auf entsprechende Ereignisse (engl. *Events*). Vgl. → *Supply Chain Management* (SCM).

Supply Chain Execution (abgek. SCE) bezeichnet die systematische Durchsetzung der Planungsvorgaben einer speziellen Logistikkette, z. B. die automatische Erstellung und Versendung von Kaufaufträgen, Fahraufträgen, die Durchführung von Bestandsaktualisierungen, kurz: alle Maßnahmen, die eine geplante Logistikkette umsetzen.

Supply Chain Management (abgek. SCM) ist das Management aller logistischen Vorgänge und Funktionen innerhalb einer Versorgungskette (Supply Chain) vom → *Lieferanten* bis zum Verbraucher mit dem Ziel, den Kundennutzen effizient zu steigern und die Kommunikation emergent zu gestalten.

SCM wird insbesondere im Handel vielfach auch als Teil des → *Efficient Consumer Response* gesehen. Durch prozessskettenübergreifende Kommunikation und gemeinsame Planungsprozesse (→ *Collaborative Planning, Forecasting and Replenishment*, CPFR) wird das Ziel verfolgt, die Bestände entlang der Supply Chain zu reduzieren, Überreaktionen wie den Bullwhip-Effekt (→ *Peitscheneffekt*) zu vermeiden und zugleich den Service für den Endkunden zu verbessern. Wichtiges Rahmenwerk zur Prozesskettenmodellierung ist das SCOR-Modell (→ *Supply Chain Operations Reference Schema*). Siehe auch http://www.supply-chain.org.

Supply-Chain-Management-Vertrag ist ein Vertrag über die Führung einer vollständigen Supply Chain oder zumindest eines großen Teils einer Supply Chain, meist mit über die originären Logistikfunktionen hinausgehenden weiteren Funktionen aus den Bereichen Handel, Produktion usw. Ob es sich noch um einen Logistikvertrag handelt, ist im Einzelfall zu entscheiden.

Supply Chain Monitoring (abgek. SCMo) ist die Darstellung wesentlicher Kennzahlen zum Prozesskettenmanagement entlang einer Supply Chain (→ *Bestände*, → *Durchlaufzeiten* usw.).

Supply Chain Operations Reference Schema (kurz SCOR-Modell) ist ein branchenübergreifendes Modell zur vereinheitlichten

Prozesskettenmodellierung. Seit Mitte der 90er Jahre vom unabhängigen Supply Chain Council (SCC) entwickelt, umfasst das SCOR-Modell mehr als 200 standardisierte, prozessbezogene → *Kennzahlen,* für die es branchenspezifische Vergleichswerte gibt, mit denen auch die Effizienz der eigenen Wertschöpfungskette abgeschätzt werden kann. Inzwischen vielfach überarbeitet und weiterentwickelt, bietet das SCOR-Modell Möglichkeiten und Handlungsrahmen zur Analyse und Verbesserung für komplexe Supply-Chain-Strukturen und Netzwerke.

Supply Chain Planning (abgek. SCP) bezeichnet die Planung der Logistikkette, typischerweise unter Berücksichtigung potenzieller → *Lieferanten,* Beachtung der Voraussagen von Kunden und interner Prognosen des Verbrauchs.

Suspension Crane engl. für → *Hängekran*

SW Abk. für Software

Swap Body engl. für *Wechselkoffer,* → *Wechselbrücke*

Swap Container engl. für → *Wechselbehälter*

Swap Pallet engl. für *Tauschpalette* (→ *Palettenpool,* → *Europoolpalette*)

Swap Trailer engl. für → *Wechselbrücke*

SWOT-Analyse bedeutet: Identifikation der Stärken (*strengths*) und Schwächen (*weaknesses*) und der Chancen (*opportunities*) und Risiken (*threats*) eines Unternehmens. Vgl. → *Five Forces Model.*

Synchronisierte Produktion (engl. *Synchronized production*) bezeichnet die Steuerung der Produktion entsprechend Nachfrage und Verkauf mit dem Ziel, → *Lagerbestände* zu reduzieren.

Systems Network Architecture (abgek. SNA) ist ein von IBM entwickeltes, fünf Schichten umfassendes Modell zur systemübergreifenden Netzwerkarchitektur.

SZR Abk. für → *Sonderziehungsrecht*

T

TA Abk. für Transportauftrag

Tablarlager (engl. *Tray storage system*) bezeichnet ein → *Lager* mit Einsatz eines lagergebundenen Hilfsmittels (Tablar) zur Zusammenfassung von → *Lagereinheiten*, insbesondere beim → *Automatischen Kleinteilelager* (AKL).

Tablarlager [Quelle: TGW]

Tabu-Search (engl. für *Tabu-Suche*) ist ein iteratives, heuristisches Optimierungsverfahren.

Tachograph, digitaler → *Digitaler Tachograph*

Tag (auch RFID-Tag) ist eine Identifikationsmarke auf Basis von RFID (→ *Radio Frequency Identification*), manchmal mit → *Transponder* (bzw. mit dem Prozessor/Mikrochip) gleichgesetzt.

Tagging („to tag" ist engl. für *etikettieren*) bezeichnet das Etikettieren einer Einheit mit einem → *Transponder*.

303

RFID-Tag [Quelle: PolyIC]

Im Deutschen wird mit Etikettieren das Anbringen eines → *Barcodes* verbunden, es fehlt daher ein entsprechendes Verb für das Anbringen eines Transponders.

Es werden folgende Taggings unterschieden:

- Item-Tagging bei → *Artikeleinheiten*
- Unit-Tagging bei → *Verpackungseinheiten*
- Case-Tagging bei → *Packstücken*

Tag-it-Transponder sind → *Transponder* für den Einmalgebrauch, die hierfür z. B. in Etiketten, Aufklebern, Fahrkarten usw. einlaminiert sein können.

Tag Talks First (abgek. TTF) ist ein Kommunikationsverfahren zwischen einem → *RFID-Scanner* und einem → *Tag*, bei dem der Tag die Kommunikation initialisiert, sobald er in den Lesebereich des → *Lesegeräts* kommt. Vgl. → *Reader Talks First.*

Taktzeit (engl. *Cycle time*) ist in der Fließfertigung die Zeitperiode, bis sich ein nächster Vorgang anschließt. Siehe auch → *Lagerspiel.*

Talverkehr (engl. *Downstream traffic*) ist das Gegenteil von → *Bergverkehr* und bezeichnet den Binnenschifffahrtsverkehr stromabwärts.

Taschensorter (engl. *Pouch sorter*) bestehen aus einer vertikal umlaufenden Kette von Taschen mit Bodenklappen zur Abgabe des Sortierguts. Das Prinzip des T. wird beispielsweise bei der Postsortierung in Form des Großbriefsortiersystems realisiert.

Task 1. bezeichnet ein Rechnerprogramm. — 2. bezeichnet eine (Management-)Aufgabe innerhalb eines Projektes oder Arbeitsablaufs.

Task and Resource Management → *SAP TRM*

Tastgrad (engl. *Duty cycle*) ist der Zeitanteil, in dem ein System aktiv (eingeschaltet) ist im Verhältnis zum Betrachtungszeitraum. Der T. ist dimensionslos und wird zumeist in Prozent angegeben (ein T. von 0 % entspricht einem dauerhaft ausgeschalteten, ein T. von 100 % einem dauerhaft aktiven System).

Tauschpalette (engl. *Swap pallet*) → *Palettenpool*, → *Europoolpalette*

TBM Abk. für Time-based Management

TCO Abk. für → *Total Cost of Ownership*

TCP/IP (Abk. für Transmission Control Protocol/Internet Protocol) ist ein Kommunikationsprotokoll für die → *Datenübertragung* in Netzwerken wie dem → *Internet*. TCP/IP ermöglicht Übertragungen zwischen Rechnern mit unterschiedlichen Betriebssystemen und über die Grenzen des → *Intranet* hinweg. Dabei werden die Daten in Pakete zerlegt, die wiederum – nummeriert und mit einer Prüfsumme versehen – einzeln übertragen werden.

TDM (Abk. für Time Division Multiplex) → *Zeitmultiplexverfahren*

TDMA (Abk. für Time Division Multiple Access) → *Zeitmultiplexverfahren*

TDoA (Abk. für *Time difference of arrival*) bezeichnet die Zeitdifferenz beim Eintreffen von Signalen, die z. B. zur Lokalisation mittels Radio- oder Schallwellen ausgemessen werden.

TE Abk. für → *Transporteinheit*

Technische Verfügbarkeit (engl. *Technical availability*) beschreibt die Wahrscheinlichkeit, ein Element oder ein System zu einem vorgegebenen Zeitpunkt in einem funktionsfähigen Zustand anzutreffen (VDI 3649, S. 2; FEM 9.222, S. 3). Die Verfügbarkeit betrachtet sowohl das Ausfall- als auch das Reparaturverhalten eines Systems. Der Schwerpunkt existierender Richtlinien aus dem deutschsprachigen Raum liegt im Bereich der Verfügbarkeitstests und -nachweise für bereits realisierte → *Materialflusssysteme* (FEM 9.221, → *FEM 9.222*, → *VDI 3581*, VDI 3649). Siehe auch → *Mean Time between Failures* (MTBF), → *Mean Time to Repair* (MTTR), vgl. → *Zuverlässigkeit*.

Teilefamilien sind häufig kombinierte → *Artikel*, die auf benachbarten → *Lagerplätzen* abgelegt werden, um beim → *Kommissionieren* Wege zu verkürzen. Vgl. → *Cluster*.

Teilmengenentnahme (engl. *Retrieval of partial quantities*) ist ein Grundvorgang bei der Kommissionierung, aus einer statisch oder dynamisch bereitgestellten Einheit eine Teilmenge entsprechend der → *Pickliste* zu entnehmen. Vgl. → *Ganzmengenentnahme*.

Telearbeit (engl. *Telecommuting job*) bedeutet Arbeit von zuhause aus mittels eines Computers und einer Netzwerkanbindung.

Telematik ist ein Begriff aus der Verkehrstechnik, ein Kunstwort aus den beiden Begriffen Television und Informatik. T. ist zusammenfassender Begriff für alle Maßnahmen zur Aufrechterhaltung oder Beschleunigung des Verkehrsflusses durch Informationsübertragung.

Teleshopping In Fernsehsendern werden → *Produkte* mit ihren Anwendungs- und Einsatzmöglichkeiten präsentiert. Anschließend oder während der Sendung können Interessenten die Produkte bestellen.

Teleskopgabel (engl. *Telescopic fork*) ist ein aus zwei teleskopierbaren Zinken bestehendes → *Lastaufnahmemittel* z. B. eines → *Regalbediengeräts*.

Teleskopgurtförderer (engl. *Telescopic belt conveyor*) ist ein Förderer zur Be- und Entladung von → *Verkehrseinheiten* (z. B. Lkw, → *Container*) für Leichtgut (z. B. Pakete).

Terminal 1. ist ein Ein- und Ausgabegerät, über das ein Bediener interaktiv mit einem Datenverarbeitungssystem kommuniziert. Mindestbestandteile sind ein Anzeigemedium (Bildschirm, LCD-Anzeige, Display usw.) und ein Eingabemedium (Tastatur, Bedienungstasten, → *Scanner* usw.). — 2. bezeichnet einen Umschlagplatz für Güter, z. B. Containerterminal, Hafenterminal, Bahnterminal etc.

Termintreue (engl. *Adherence to delivery dates*) → *Logistikqualität*

Terms of Delivery engl. für → *Lieferbedingungen*

Terrestrial Trunked Radio (abgek. TETRA) ist eine Plattform zur sicheren Datenübertragung. TETRA findet Einsatz in Flughäfen, bei Behörden etc.

306

Tertiärverpackung (engl. *Tertiary packaging*) fasst mehrere → *Verpackungen* zum Zwecke des Transportes oder der Lagerung zusammen.

TETRA Abk. für → *Terrestrial Trunked Radio*

Tetra Pak (engl. *Tetra Brik*) ist eine ursprünglich Tetraeder-förmige Verpackung der gleichnamigen Firma. Heute ist der Begriff gebräuchlicher für die quaderförmige Verpackung von Getränken.

TEU Abk. für → *Twenty Foot Equivalent Unit*

TG Abk. für Teleskopgabel

Third Party Logistics Provider (abgek. 3PL) ist ein → *Logistikdienstleister*, der das Ziel verfolgt, logistische Mehrwertdienstleistungen, die über klassische → *TUL*-Prozesse hinausgehen, als → *Outsourcing*-Partner seines Kunden (z. B. eines Herstellers) zu übernehmen. Mittels eigener Infrastruktur und originären Logistik-Know-hows werden komplexe Supply Chains des Kunden geführt. Dabei werden zunehmend Systemlösungen angeboten; diese erstrecken sich bis hin zur Übernahme der gesamten logistischen Auftragsabwicklung inkl. der Betreuung des Endkunden. Vgl. → *Fourth Party Logistics Provider* (4PL).

THM Abk. für → *Transporthilfsmittel*

Three-Tier-Software-Architektur ist ein Schichtenmodell in → *Client/Server-Systemen* mit Bedienerschnittstelle (Arbeitsstation, PC), Applikations-Server und zentralem (Datenbank-)Server.

TID (Abk. für Transport Identifier) bezeichnet die Kennzeichnung zur Identifikation eines logistischen Objektes. Vgl. → *Unique Identifier*.

Tiefeinlagerung ist die Lagerung eines → *Ladungsträgers* mit der schmalen Seite dem Bediengang zugewandt.

Tiefenauflage → *Palettenregal*

Tilt-tray Sorter engl. für → *Kippschalensorter*

Time Division Multiple Access (abgek. TDMA) engl. für → *Zeitmultiplexverfahren*

Time Division Multiplex (abgek. TDM) engl. für → *Zeitmultiplexverfahren*

Time to Market ist der Zeitraum vom Beginn einer Produktentwicklung bis hin zur Marktreife.

Time to Volume ist der Zeitraum von der Markteinführung eines Produktes bis hin zu Erreichung hoher Absatzzahlen, die eine wirtschaftliche Vermarktung gewähren.

Tipping Container Vehicle engl. für → *Muldenabsetzkipper*

TIR Abk. für → *Transports Internationaux Routiers*

TKF Abk. für → *Tragkettenförderer*

TKW Abk. für Tankkraftwagen

TLM Abk. für Total Logistics Management (engl. für *ganzheitliches Logistikmanagement*)

TLS Abk. für Transportleitsystem (→ *Staplerleitsystem*)

TMS Abk. für Transportation Management System

ToA Abk. für Time of arrival (engl. für *Ankunftszeit*)

Token Ring beschreibt ein Zugriffsverfahren in einem Rechnernetz. Ein Token ist eine Informationseinheit mit Nutzdaten und Adressen oder nur eine Sendeberechtigungsmarke, die in einer vorgegebenen Reihenfolge von einem Rechner zum nächsten weitergereicht wird. Die Laufzeit eines Token von einer Quelle zum Ziel ist im Gegensatz zum CSMA/CD-Verfahren berechenbar und bei gleicher Netzstruktur immer gleich (Echtzeitfähigkeit), die erreichbare Datenübertragungsrate ist jedoch geringer.

Toll engl. für → *Maut*

Total Cost of Ownership (abgek. TCO) ist ein wirtschaftliches Berechnungsverfahren, das nicht nur die Anschaffungskosten eines Gutes oder einer Leistung, sondern alle Aspekte der späteren Nutzung (Energiekosten, Reparatur und Wartung) mit berücksichtigt.

Total Quality Management (abgek. TQM) bezeichnet alle Bereiche eines Unternehmens umfassende Maßnahmen zur Sicherung der Qualität von Produkten und Dienstleistungen. TQM wurde ursprünglich in der japanischen Automobilindustrie entwickelt (Toyota). Neben der Einbindung der Mitarbeiter ist die verlässliche Ermittlung von → *Kennzahlen* zur Feststellung der Kundenzufriedenheit ein wichtiger Bestandteil des TQM-Verfahrens und dient ebenso zur Erfolgskontrolle wie auch als Indikator zur Bestimmung neuer, notwendiger Maßnahmen. So ist z. B. eine Kundenbefragung auch verpflichtender Bestandteil für die Zertifizierung nach ISO 9000 ff.

Total Supply Chain Costs bezeichnet die gesamten Kosten, die mit der Durchführung, Verwaltung und Planung von Lieferketten verbunden sind.

Totmannschaltung (engl. *Dead man's control*) ist eine Sicherheitseinrichtung auf mannbesetzten → *Regalbediengeräten*, die anspricht, wenn die Kontrolle über das Gerät nicht mehr besteht.

Totzeit → *Kommissionier-Totzeit*

Tourenoptimierung → *Tourenplanung*

Tourenplanung (engl. *Tour planning, tour optimization*) ist die Planung einer Reihenfolge für die Anfahrt von Zielpunkten unter Berücksichtigung der zur Verfügung stehenden Ressourcen (z. B. freier Laderaum). Vgl. → *Wegoptimierung*.

Tourentabelle (engl. *Tour table*) enthält Informationen über eine Tour, den Zeitpunkt des Tourenstarts und eventuell Daten über die Kapazität (z. B. Anzahl → *Paletten* oder Lkw).

TQM Abk. für → *Total Quality Management*

Traceability bezeichnet die Möglichkeit, Daten zur Rekonstruktion eines Sendungsverlaufs zu erfassen. T. umfasst die Funktionen Tracking (Verfolgbarkeit) und Tracing (Rückverfolgbarkeit). → *EU-Verordnung 178/2002*

Tracking and Tracing ist rechnergestützte Sendungsverfolgung sowohl innerbetrieblich als auch außerbetrieblich. Mittlerweile üblich ist die Abrufbarkeit im → *Internet* in Echtzeit.
Im Einzelnen wird darüber hinaus von der GS1 (→ *Global Standards 1*, früher CCG mbH) folgende Unterscheidung getroffen:
- Tracking: Verfolgung des Rohmaterials bis zum Endprodukt
- Tracing: Rückverfolgung des Endprodukts bis zum Rohmaterial
Beide Begriffe zusammen ergeben die → *Traceability* als besondere Transparenz in allen Stufen der Supply Chain.

Tractor engl. für → *Schlepper*

Tragfähigkeit (engl. *Loading capacity, carrying capacity*) ist eine wichtige Kenngröße für die Leistungsfähigkeit bei logistischen Mitteln und Anlagen, z. B. bei → *Flurförderzeugen*, Krananlagen, Förderbahnen, → *Vertikalförderern* usw., aber auch bei Regalanlagen und Fußböden. Ein Überschreiten der T. kann zu erheblichen Störungen und Unfällen führen.

Tragkettenförderer (abgek. TKF; engl. *Carrying chain conveyor*): Ketten, auf denen Paletteneinheiten ruhen, werden auf einer

Unterkonstruktion gleitend durch Zug abgetragen. Es werden Zweistrang- und Dreistrangförderer gebaut. Der Vorteil des TKF besteht darin, dass → *Transporteinheit* und tragendes Mittel während der Bewegung nicht relativ zueinander bewegt werden.

Tragkettenförderer [Quelle: TGW]

Tragmittel (engl. *Load suspension*) sind Mittel, mit deren Hilfe eine Last sicher angehoben und verfahren werden kann.

Tragschuhsorter (engl. *Carrying shoe sorter*) basiert auf einem → *Plattenbandförderer* mit meist aus Aluminium bestehenden Stegen, die mit einem kleinen Zwischenraum zueinander an zwei parallel laufenden Förderketten befestigt sind. Als Gutaufnahme fungieren orthogonal verschiebbare Platten, die sog. Tragschuhe, die in einer unter dem Plattenband laufenden Kulissenbahn geführt werden. Im Vergleich zum → *Schuhsorter* dienen die Tragschuhe nicht als abweisendes, sondern als tragendes Element. T. werden aufgrund des Plattenbands in Linienstruktur realisiert.

Trailer engl. für → *Anhänger*

Trailing Truck engl. für → *Nachlaufachse*

Trajektverkehr (engl. *Trajectory traffic*) ist eine andere Bezeichnung für Eisenbahnfährverkehr.

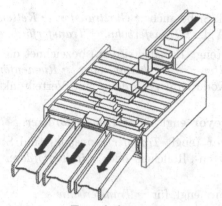

Tragschuhsorter

Tramping engl. für → *Trampschifffahrt*

Trampschifffahrt (engl. *Tramping*) ist das Gegenteil von → *Linienschifffahrt*. T. dient vor allem der Beförderung von Massengut und folgt keinem festen Fahrplan.

Transaktion 1. ist eine geschäftliche Abwicklung. — 2. ist die Ausführung einer EDV-technischen Funktion (Buchung auf einer → *Datenbank* o. Ä., vgl. auch → *Rollback*). — 3. Bei der transaktionsbasierten Abrechnung, z. B. bei ASP-Dienstleistern (→ *Application Service Provider*), sind wirtschaftliche und EDV-technische Transaktion miteinander verbunden.

Transcontainer ist ein (ISO-)Container für internationale Transporte (→ *Container*).

TransFaster ist die Firmenbezeichnung der Krusche Lagertechnik AG für ein Paletten-Lagersystem, bei dem das → *Regalbediengerät* in der Weise gestaltet ist, dass ein Verfahrwagen auf der oberen Regalebene über dem Gang verfährt und eine seilgeführte, mit Teleskopeinrichtung ausgestattete Hubplattform innerhalb der Gasse bewegt. Zur Palettenaufnahme und -abgabe wird die Plattform an den → *Regalen* arretiert. Pendelbewegungen in Längs- und Querrichtung werden über eine entsprechende Seilsteuerung vermieden.

Transfer ist ein Element der Standard-Stetigfördertechnik, das in einen anderen Förderer integriert ist, bei Aktivierung aus der Hauptförderebene heraustritt (wenige Millimeter angehoben wird) und die darüber befindlichen Güter in einen Nebenförderstrom ableitet. Der Ausschleuswinkel beträgt typischerweise zwischen 30 und 90 Grad. Siehe auch → *Gurttransfer*, → *Kettentransfer*, → *Rollentransfer*. Vgl. → *Transferbahn*, → *Transferförderer*.

Transferbahn (eng. *Transfer system*) bezeichnet die Integration von → *Schleppketten-*, → *Tragketten-* oder → *Riemenförderer* in → *Rollenbahnen*, wodurch der Förderer eine Verteilfunktion erhält. Vgl. → *Transfer*.

Transfer Conveyor engl. für → *Transferförderer*

Transferförderer (engl. *Transfer conveyor*) sind Stetigförderer wie → *Gurt-*, Ketten-, Röllchen- oder → *Rollenförderer* mit integrierten → *Transfers*.

Transfer System engl. für → *Transferbahn*

Transhipment (auch → *Transshipment*) engl. für → *Umschlag*

Transponder ist eine Wortschöpfung aus den beiden Begriffen „TRANSmitter" und „resPONDER", Übertragung und Ansteuerung. → *Radio Frequency Identification*

Transponder, aktiver → *Aktiver Transponder*

Transponder-Chip ist ein programmierbarer Datenträger. → *Radio Frequency Identification*

Transport, multimodaler → *Multimodaler Transport*

Transportauftrag (engl. *Transport order*) ist der Auftrag, Waren oder → *Güter* zu einem bestimmten Zeitpunkt von einer Quelle zu einem Ziel zu bringen. Der Begriff wird sowohl innerbetrieblich (z. B. für ein → *Staplerleitsystem* oder bei der Steuerung eines → *Regalbediengeräts*) als auch außerbetrieblich verwendet (→ *Frachtführer*).

Transportbörse (engl. *Transport market*) ist ein Marktplatz, über den → *Verlader* Spediteure (→ *Spedition*) für ihre Transporte finden können. Transportplaner nutzen diesen Service vor allem für kleinere Transporte, um über Zuladungen einen günstigen Preis zu erzielen.

Transport-Dispo (engl. *Transport dispatching*) bezeichnet Einsatzplanung für Personal und Fahrzeuge.

Transportdispositions-Vorlaufzeit (engl. *Transport dispatching leadtime*) ist die Zeit, die benötigt wird, um einen Transport zu organisieren, z. B. bei der Frachtraumbeschaffung die Zeit zwischen dem Buchen des Schiffes (Transportdispositions-Datum) und dem Verladen der Ware auf das Schiff (Ladedatum).

Transporteinheit (abgek. TE; engl. *Transport unit*) ist eine Handhabungseinheit, wie sie als Warenzugang oder auch als Warenausgang auftritt. In vielen Fällen ist TE gleich → *Lagereinheit.*

Transportentfernungsmatrix (engl. *Transport distance matrix*) enthält Entfernungsangaben zwischen → *Quellen* und → *Senken* eines Transportsystems.

Transportetikett (engl. *Transport label*) ist ein von → *EAN International* empfohlenes Etikett zur Kennzeichnung von → *Paletten* und → *Versandeinheiten.*

Transporthilfsmittel (engl. *Handling and transport aids*) sind → *Ladehilfsmittel* wie → *Paletten,* Gurte etc., die zur Bildung von → *Transporteinheiten* genutzt werden.

Transportintensität (engl. *Transport intensity*) gibt die Größe eines Transportstroms zwischen zwei Objekten (z. B. Maschinen, → *Umschlagpunkten*) in einer Periode an. Die T. in einem Produktionssystem können in → *Transportmatrizen* zusammengestellt werden und bilden die Grundlage für die Ermittlung des Transportmittelbedarfs.

Transportkette (engl. *Transport chain*) ist die Folge von technisch und organisatorisch miteinander verknüpften Vorgängen, bei denen Personen oder → *Güter* oder Daten von einer Quelle zu einem Ziel bewegt werden (DIN 30781). → *Quellen-/Senken-Verhalten*

Transportleitsystem (abgek. TLS; engl. *Transport control system*) → *Staplerleitsystem*

transport logistic ist der Name einer Messe mit Schwerpunkt auf dem Gebiet Transport und Logistik. Sie wird in einem Turnus von zwei Jahren von der Messe München veranstaltet.

Transportlogistik (engl. *Transport logistics*) umfasst die gesamte → *Transportkette.* Wichtige Aufgaben der T. sind u. a.
- Analyse der Warenströme,
- → *Disposition,*
- Standortplanung (Lager, Produktion),
- Optimierung der Transportabwicklung und -durchführung,
- → *Konsolidierung,* Bündelung, Linienbildung usw.,
- Tarifstrukturanalyse und Transportkostenanalyse,
- → *Tourenplanung.*

313

Transportmatrix bildet die Transportleistung zwischen → *Quellen* und → *Senken* eines → *Transportsystems* ab. Siehe auch → *Materialflussmatrix*.

Transport Means engl. für → *Transportmittel*

Transportmittel (engl. *Transport means*) dienen nach DIN 30781 zur Ortsveränderung von Gütern oder Personen. Vgl. → *Fördermittel*.

Transportroute beschreibt den Weg, wie eine → *Transporteinheit* von einer Quelle zu einem Zielort zu gelangen hat. Jede T. kann mehrere Haltepunkte umfassen, so dass ein Transport in einem oder mehreren Schritten auszuführen ist. Darüber hinaus kann pro Routenabschnitt eine Transportart vorgegeben werden.

Transportschaden (engl. *Transport damage*) ist ein während des Transportes entstandener Schaden am Transportgut.

Transports Internationaux Routiers (abgek. TIR) ist ein vereinfachtes Zollverfahren, bei dem nur im Ursprungsland und im Zielland verzollt wird. Durch Verplomben der → *Ladehilfsmittel* (→ *Container* o. Ä.) und Kennzeichnung mit der Aufschrift TIR können weitere Länder ohne weitere Verzollung durchfahren werden.

Transportverpackung (engl. *Transport packaging*) schützt die Waren während des Transportes, so dass direkte Berührung der Ware vermieden wird. T. wie Fässer, Kanister, Kisten, Säcke und Kartonagen erleichtern die Handhabung und den Transport von mehreren → *Verkaufseinheiten*.
In der englischsprachigen Literatur werden → *Verpackungen* überwiegend hierarchisch in Primary Packaging, Secondary Packaging und Tertiary Packaging unterteilt. T. werden dabei in der Regel als Tertiary Packaging bezeichnet.

Transshipment (auch Transhipment; engl. für *Umladung, Umschlag*) kennzeichnet allgemein Ware, die nicht Punkt-zu-Punkt, sondern über Umschlagpunkte (z. B. Umladehäfen) transportiert wird. T. ist bspw. eine Belieferungsform beim Handel: → *Paletten* werden artikelrein an einen → *Umschlagpunkt* (→ *Hub*) geliefert und anschließend mittels eines Verteilerschlüssels auf die Empfänger (Filialen) kommissioniert und verteilt.

Travelling-Salesman-Problem (abgek. TSP; engl. für *Problem des Handlungsreisenden*) → *Wegoptimierung*

Traverse ist im → *Lager* eine waagerechte Verbindung zwischen den senkrechten Regalstehern. T. und → *Riegel* werden Synonym verwendet. Entsprechend der Orientierung zur Lagergasse werden Quer- und Längstraverse unterschieden.

Tray ist ein Transport- und Verpackungshilfsmittel.

Tripoptimierung → *Wegoptimierung*

TRM → *SAP TRM*

Trogkettenförderer (engl. *Chain trough conveyor*) ist ein → *Stetigförderer* für Schüttgüter.

Trolley 1. engl. für → *Laufkatze* — 2. ist ein rollbares Transporthilfsmittel für → *Hängeware* bei Hängeförderern. — 3. ist ein manuell verfahrbarer Transportwagen, z. B. im Luftverkehrsbereich.

Trum (engl. *Strand*) ist der freie, nicht aufliegende Teil eines Seiles, einer Kette oder eines Gurtes.

- Lasttrum (engl. *Pull strand*) ist die Seite einer Kette, eines Seiles, Gurtes oder Riemens, an der gezogen wird.
- Das Leertrum (engl. *Return strand*) ist im Gegensatz zum Lasttrum lose.
- Obertrum (engl. *Upper strand*) ist der obere, tragende Teil einer angetriebenen Kette, eines Seiles, Riemens oder Gurtes.
- Untertrum (engl. *Bottom strand*) bezeichnet den unteren, nicht tragenden Teil.

Vgl. → *Gurtförderer*.

TSP Abk. für Travelling-Salesman-Problem (→ *Wegoptimierung*)

TSU Abk. für Transport and Storage Unit (→ *Ladehilfsmittelstamm*)

TTF Abk. für → *Tag Talks First*

TTR Abk. für Thermotransferdruckverfahren

TUL Abk. für Transport, Umschlag und Lagerung

Tunnellager (engl. *Tunnel storage system*) ist ein anderer Begriff für → *Kanallager*.

Turm-Drehkran (engl. *Tower slewing crane*): Das Kennzeichnende beim Turm-Drehkran ist die Lastaufnahme über einen Ausleger. Der Arbeitsbereich ist zylinderförmig und ergibt sich aus der Größe des Drehbereichs. Da die Lastaufnahme außerhalb der Kranstellfläche erfolgt, ist die Höhe der Last abhängig von der Entfernung zum Turm (Hebelgesetz).

Turmregal Zwischen zwei einander direkt gegenüberliegenden Lager-säulen verfährt vertikal ein spezielles → *Lastaufnahmemittel,* das über eine Ziehtechnik Tablare oder Behälter zwischen den Lager-fächern und einem Übergabeplatz bewegt. Neben Systemen mit festen Fachhöhen innerhalb der Lagersäule werden auch Anlagen mit flexibel definierbaren Fachhöhen ausgeführt. Dazu wird anstel-le fester Lagerfächer ein Aufnahmeraster für die Tablare mit einem Rastermaß geschaffen, in das die Tablare eingeschoben werden. Dies ermöglicht eine Anpassung der Lagerfachhöhen an unterschiedliche Güter und somit eine Volumenoptimierung, insbesondere bei vari-ierenden Ladeeinheitenhöhen.

Turntable engl. für → *Drehtisch*

Twenty Foot Equivalent Unit (abgek. TEU) ist die Maßeinheit für die Container-Transportkapazität von Schiffen und Hafeneinrich-tungen. 1 TEU entspricht einer 20-Fuß-Containereinheit.

Two-directional Truck engl. für → *Zweiseitenstapler*

Two-width Barcode engl. für → *Zwei-Breiten-Barcode*

U

Überfahrgerät (engl. *Suspended stacker crane, bridge stacker crane*) ist ein → *Regalbediengerät*, welches sich oberhalb des Lagers, d. h. über den Regalen, bewegt und nicht auf einer bodenseitigen Schiene eines Regalgangs.

Überladebrücke (engl. *Transfer bridge*) ist das Verbindungselement zwischen dem festem Teil der → *Verladerampe* und dem Transportfahrzeug (Lkw).

Übernahmebescheinigung → *Spediteurübernahmebescheinigung*

Ubiquitous Computing meint die Allgegenwärtigkeit der Informationsverarbeitung im Sinne einer in allen denkbaren Dingen eingebetteten Intelligenz (im Gegensatz zu voluminösen, klassischen Computern).

UCC Abk. für → *Uniform Code Council*

UDDI (Abk. für Universal Description Discovery and Integration) ist ein Verzeichnisdienst, eine Art „Gelbe Seiten" (yellow pages), in dem Web Services und ihre Schnittstellen registriert sind.

UDP Abk. für User datagram protocol

UHF Abk. für Ultra high frequency (engl. für *Ultrahochfrequenz(-Bereich)*); vgl. → *Radio Frequency Identification*.

UIC (Abk. für Union internationale des chemins de fer) ist die Vereinigung europäischer Eisenbahngesellschaften.

UID Abk. für → *Unique Identifier*

ULD (Abk. für Unit Load Device) wird häufig zur Bezeichnung von Kleincontainern im Luftfahrtbereich verwendet.

Ultra Wide Band (abgek. UWB; engl. für *Ultra-Breitband*) bezeichnet eine extrem breitbandige Funk-Datenübertragung für den Nahbereich. Aufgrund der großen Bandbreite (mehrere 100 MHz) können große Datenübertragungsraten und bessere Möglichkeiten zur Lokalisation erzielt werden.

Umkehrbare Palette (engl. *Reversible pallet*) ist eine Palette mit gleicher Deck- und Bodenplatte.

UML (Abk. für Unified Modeling Language) dient zur objektorientierten, grafisch unterstützten Softwaremodellierung.

Umlagerung (engl. *Restorage*) 1. bezeichnet die Veränderung des Stellplatzes einer → *Lagereinheit* im → *Lager* (innerhalb einer Gas-

Unit Load Device [Quelle: JETTAINER]

se oder zwischen Gassen). — 2. bezeichnet den Wechsel von einem Lager zum anderen, ggf. gekoppelt mit Depalettierung (z. B. → *Nachschub*).

Umlaufregal (engl. *Rotary rack*) ist eine Einrichtung, bei der die → *Regale* und damit die → *Lagereinheiten* je nach Richtung der Umlaufachse vertikale oder horizontale Bewegungen durchführen. Eine Umlaufbewegung wird so lange durchgeführt, bis die gewünschte Einheit den Entnahmepunkt bzw. den Einlagerungspunkt erreicht hat. Bei vertikal umlaufenden Regalen hat sich auch der Begriff Paternosterlager durchgesetzt. → *VDI 4480*

Umpacken (engl. *Repackaging*) bezeichnet technisch-organisatorisch bedingtes Umladen von → *Gütern* oder Waren von einem Transport- oder → *Lagerhilfsmittel* auf bzw. in ein anderes (z. B. aufgrund von Mengenänderungen, Beschädigungen, Lager- oder Fördertechnikanforderungen).

Umreifen (engl. *Strapping*) ist ein Verfahren zum Sichern von → *Ladeeinheiten* mit Umreifungsbändern aus Kunststoff oder Metall. Die Zugkraft im Umreifungsband wirkt als Druckkraft auf die → *Packstücke*, um ein Auseinanderfallen der Ladeeinheit zu verhindern.

318

Umschlag (engl. *Transhipment* oder *Transshipment*) ist der Vorgang, bei dem → *Güter* von einem logistischen System auf oder in ein anderes umgeladen werden. Dazu zählt beispielsweise der Lagerumschlag oder auch der Hafenumschlag. Der Umschlag kann dabei manuell, mechanisiert oder automatisiert erfolgen. Siehe dagegen → *Umschlagrate.*

Umschlaggerät (engl. *Handling device*) ist ein Gerät, mit dem ein Warenumschlag vorgenommen wird, z. B. Gabelhubwagen, → *Gabelstapler*, Krananlage.

Umschlaggeschwindigkeit (engl. *Transhipping rate*) ist ein anderer, nicht ganz korrekter Begriff für Umschlaghäufigkeit oder → *Umschlagrate.*

Umschlaghäufigkeit (engl. *Transhipping frequency*) → *Umschlagrate*

Umschlagleistung (engl. *Transhipping performance*) bezeichnet die umgeschlagenen → *Transporteinheiten* pro Zeiteinheit. Nach → *FEM 9.851* ist U. die Anzahl der → *Einlagerungen* und/oder → *Auslagerungen* je Zeiteinheit eines → *Lagers*, abhängig von der Anzahl → *Regalbediengeräte* und der Anzahl Spiele je Regalbediengerät

Umschlagpunkt (engl. *Conveying installation for unit loads*) ist der Ort des Waren- oder Güterumschlags.

Umschlagrate (abgek. UR; engl. *Transhipping rate*) gibt an, wie oft der mittlere → *Lagerbestand* in einem → *Lager* pro Jahr umgeschlagen wird, d. h. UR = Jahresabsatzmenge/mittlerer Bestand (wertoder mengenmäßig). Siehe auch → *Umschlag.*

Umsetzer (engl. *Converter*) sind Verfahrwagen für → *Regalbediengeräte.*

UMTS Abk. für → *Universal Mobile Telecommunications System*

Unbeschränkte Haftung tritt in der → *Transportlogistik* nur bei grobem Verschulden des Dienstleisters ein. Oft wird übersehen, dass in der allgemeinen → *Logistik*, nämlich bei originär nicht-logistischen Leistungen sowie im deutschen Lagerrecht, grundsätzlich unbeschränkte Haftung bei leichtestem Verschulden gilt.

UN/EDIFACT ist ein internationaler elektronischer Kommunikationsstandard für die Übertragung von strukturierten Datenelementen wie Speditionsauftrag, Rechnung, Rückbestätigungen usw. → *EDIFACT*

Unified Data Capture/Communication Protocol (abgek. udc/cp) ist eine offene Plattform zur Integration unterschiedlicher (AutoID-)Geräte (→ *AutoID*) verschiedener Hersteller in bestehende oder zukünftige IT-Systeme.

Uniform Code Council (abgek. UCC) ist eine Nummerierungsorganisation in Nordamerika, die die EAN.UCC-Standards in den USA und Kanada betreut.

Uniform Resource Identifier (abgek. URI; engl. für *einheitlicher Bezeichner für Ressourcen*): Die Identifikation geschieht z. B. mittels eines Hyperlinks auf einer Internetseite. → *Uniform Resource Locator*

Uniform Resource Locator (abgek. URL) ist eine Form des → *Uniform Resource Identifier* und wird meist als vollständige Adresse einer Internetseite verstanden (z. B. http://www.fraunhofer.de).

Unique Identifier (abgek. UID) ist eine eindeutige Kennung (Nummer) zur Identifikation eines logistischen Objektes. Vgl. → *TID*.

Unit Load (engl. für → *Ladeeinheit*) bezeichnet die Zusammenfassung von kleineren Einheiten zu größeren → *Transporteinheiten* oder → *Verkehrseinheiten*. Siehe auch → *Efficient Unit Load*.

Unit Store engl. für → *Einheitenlager*

Universal Mobile Telecommunications System (abgek. UMTS) ist ein Mobilfunknetz der dritten Generation. UMTS arbeitet auf einer Frequenz von 1.900 MHz mit einer Übertragungsrate von zurzeit 384 kBaud (zukünftig geplant: 2 MBaud).

Universal Product Code (abgek. UPC) ist die in den USA eingesetzte genormte Nummer zur eindeutigen Identifizierung von → *Gütern* und Waren. Der UPC entspricht in Europa der → *Europäischen Artikelnummer* (EAN).

UNIX ist ein Multiuser-Multitasking-Betriebssystem (→ *Multitasking*).

Unload engl. für → *Löschen*

Unmanned Operation of a Warehouse engl. für → *Mannloser Betrieb eines Lagers*

UN-SPSC Abk. für United Nations Standard Product and Services Classification

Unstetigförderer (engl. *Discontinuous conveyor*) arbeiten im sog. Aussetzbetrieb. Der Transport erfolgt in mehreren, zeitlich hintereinander, teilweise auch gleichzeitig ablaufenden Einzelbewegungen (z. B. Anfahren, Senken, Heben der Last usw.). Beispiele für U. sind Stapler, → *Krane*, → *Fahrerlose Transportfahrzeuge* usw. Kennzeichnende Merkmale der U. sind

- unterbrochener Fördergutstrom/→ *Arbeitsspiele*,
- Antriebe im Aussetz-/Kurzzeitbetrieb,
- Be- und Entladung im Stillstand,
- zum Teil frei verfahrbar.

Der → *Durchsatz* ist gleich dem Kehrwert der Spielzeit. Die Spielzeit ist die Summe aus den Einzelspielzeiten (aus Lastspiel und Leerspiel).

Unsymmetrische Verschlüsselung (engl. *Unsymmetrical encoding*): Bei einer U. V. verschlüsselt der Sender seine Nachricht mit einem öffentlich zugänglichen Schlüssel, der von dem Empfänger aus seinem privaten Schlüssel berechnet wurde, und sendet diese chiffrierte Nachricht durch den Übertragungskanal (z. B. über das Internet) an den Empfänger, der mithilfe seines privaten, nur ihm bekannten Schlüssels (z. B. Passwort) die Nachricht dechiffriert.

Durch unterschiedliche Verschlüsselungsverfahren auf der Sender- und Empfängerseite wird gewährleistet, dass der Empfänger den von ihm berechneten öffentlichen Schlüssel an eine Vielzahl von Sendern weitergeben kann, ohne die Sicherheit der Datenübertragung zu gefährden.

Unterfahrbarkeit (engl. *Accessibility*) wird ermöglicht durch einen Freiraum unter einer → *Anpassrampe* (Heckverladerampe) für Fahrzeuge mit Ladebordwänden.

Unterflur-Schleppkettenförderer (engl. *Floor-mounted drag chain conveyor*) ist ein Förderer mit im Boden eingelassener Zugkette, in die Transportwagen eingehakt und mitgezogen werden.

Unternehmenslogistik (engl. *Business logistics*) bezeichnet den auf Unternehmensziele ausgerichteten Material-, Informations- und Wertefluss.

Untertrum (engl. *Bottom strand*) → *Trum*

Unterwegsbestand (engl. *Goods in transit*) ist Ware, die auf dem Weg zum Besteller ist.

UPC Abk. für → *Universal Product Code*

Upload ist das Gegenteil von → *Download*.

Upper Strand (engl. für *Obertrum*) → *Trum*

UR Abk. für → *Umschlagrate*

URI Abk. für → *Uniform Resource Identifier*

URL Abk. für → *Uniform Resource Locator*

Ursache-Wirkungs-Diagramm (engl. *Cause and effects diagram*) → *Ishikawa-Diagramm*

Ursprung der Ware (engl. *Place of origin*) ist ein anderer Ausdruck für das Herstellerland der Ware.

Ursprungszeugnis (abgek. UZ; engl. *Certificate of origin*, abgek. CO) ist eine rechtsverbindliche Urkunde, die die Herkunft von Waren bescheinigt. In Deutschland sind die örtlichen → *IHK* für die Ausstellung zuständig.

USB (Abk. für Universal Serial Bus) ist eine serielle Schnittstelle aus dem PC-Bereich.
USB wurde von einer Gruppe von Computer- und Telekommunikations-Unternehmen entwickelt und 1995 in der Version 1.0 eingeführt. Vorteile der USB-Technologie sind die Folgenden:
- Peripheriegeräte können während des Betriebs des Computers ein- und ausgesteckt werden („hot-plug" und „hot-unplug").
- Fünf Volt Versorgungsspannung liegen auf dem Bus („bus power"). Viele USB-Geräte kommen daher ohne separate Stromversorgung aus. Man hat nur noch ein Kabel, das USB-Kabel.

Eigenschaften von USB 2.0:
- max. 480 MBit/s (High-Speed-Modus) für große Datenmengen, z. B. für Video, HD und CD
- integrierte Stromversorgung bis 500 mA je Port
- Durch USB-Hubs und entsprechende Kaskadierung können bis zu 127 Geräte angeschlossen werden.
- Protokolle zur Fehlererkennung und Fehlerbehandlung
- maximale Kabellänge fünf Meter (Mit → *Repeatern* lassen sich bis zu 25 Meter überbrücken.)

User Surface engl. für → *Bedieneroberfläche*

USP Abk. für Unique selling proposition, Unique selling point (engl. für *Alleinstellungsmerkmal*)

UST Abk. für Unterlagerte Steuerung

USV Abk. für Unterbrechungsfreie Stromversorgung

u.t. Abk. für Usual terms (engl. für *übliche (Transport- und Beförderungs-)Bedingungen*)

UVP Abk. für Umweltverträglichkeitsprüfung

UWB Abk. für → *Ultra Wide Band*

UZ Abk. für → *Ursprungszeugnis*

V

Val. Abk. für → *Valuta*

Value-added Services (abgek. VAS) sind wertschöpfende (Mehr-wert-)Dienstleistungen, die nicht zu den Haupttätigkeiten (wie → *Transport,* → *Umschlag,* → *Lagerung*) eines → *Logistikdienstleis-ters* gehören. VAS können originär logistischer Art, wie z. B. Trans-portverpackung, Verwiegung oder Zollbehandlung, oder auch ori-ginär nicht-logistischer Art, wie z. B. Call-Center-Betrieb, Finanz-oder Rechnungswesenleistungen, sein.

Value-benefit Analysis engl. für → *Nutzwertanalyse*

Value Chain engl. für → *Wertschöpfungskette*

Value Date engl. für → *Valuta*

Valuta 1. (engl. *Valuta*) ist eine allgemeine Bezeichnung für auslän-dische Währung(en). — 2. (engl. *Value date*) ist der Termin für Zahlung und Verzinsung.

VAN Abk. für Value-added network

VAS Abk. für → *Value-added Services*

VAT Abk. für Value-added tax (engl. für *Mehrwertsteuer*)

VAV Abk. für Vereinfachtes (Zoll-)Anmeldeverfahren

VAwS Abk. für Anlagenverordnung wassergefährdende Stoffe

VBGL Abk. für → *Vertragsbedingungen für den Güterkraftverkehrs-, Speditions- und Logistikunternehmer*

VCC Abk. für Virtual Cloud Computing, → *Cloud Computing*

VDA Abk. für Verband der Automobilindustrie e. V., Frankfurt/Main

VDA-GLT 121010 ist ein VDA-Standard: Empfehlung für Großla-dungsträger auf Kunststoffbasis mit den Grundmaßen der Indus-triepalette 1.200 x 1.000 mm und einer Seitenhöhe von 975 mm. Der → *Ladungsträger* ist faltbar, so dass ein sehr geringes Volumen beim Leertransport gegeben ist. Er wird vielfach als Alternative zur → *Gitterboxpalette* aus Stahl angesehen.

VDA-KLT-Behältersystem ist ein Kleinladungsträger des Verban-des der Deutschen Automobilindustrie (VDA) als systemkompa-tibler Kunststoffbehälter in den → *Modul-Maßen* 300 x 200 mm, 400 x 300 mm und 600 x 400 mm.
Der „klassische" → *Behälter* hat die Bezeichnung VDA-C-KLT, ist doppelwandig, hat einen verrippten Boden und weist eine Tragfä-

higkeit von 50 kg auf. Nachteilig ist der relative Raumverlust durch die dicken Wände und die erhöhte Brandgefahr der Doppelwandigkeit.

Durch Initiative von Volkswagen und Arca Systems wurde ein Redesign der Behälter vorgenommen, die unter der Bezeichnung RL-KLT bekannt sind (R für Redesign, L für Light). Wesentliche Merkmale des RL-KLT sind

- einwandige statt doppelwandige Konstruktion,
- glatter statt verrippter Boden.

Ergebnis: 38,6 % geringeres Behältergewicht, 38,8 % mehr Füllvolumen. Auch wenn die Tragfähigkeit nur 30 kg beträgt, kommt er den Anforderungen der Automobilindustrie entgegen.

Weitere Abwandlungen sind z. B.

- Light-KLT: glatter Boden mit Wasserablauflöchern,
- R-KLT: mit Verbundboden,
- Falt-KLT: mit Verbundboden.

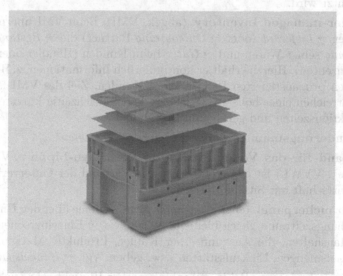

Beispiel eines Kleinladungsträgers [Quelle: GEORG UTZ GMBH]

VDI Abk. für Verein Deutscher Ingenieure e. V., Düsseldorf; siehe auch → *VDI Gesellschaft Fördertechnik Materialfluss Logistik*, → *VDI-Richtlinien*.

VDI-FML Abk. für → *VDI Gesellschaft Fördertechnik Materialfluss Logistik*

VDI Gesellschaft Fördertechnik Materialfluss Logistik (abgek. VDI-FML) mit Sitz in Düsseldorf ist Ausrichter des jährlich stattfindenden Deutschen Materialfluss-Kongresses in München.

VDI-Richtlinien sind zahlreiche, umfangreiche Richtlinien zu allen Aspekten der → *Logistik*, z. B. Prüfen (VDI 3300), Handhaben (VDI 2860), Kommissionieren (→ *VDI 3590*), Montieren (VDI 2860), Bearbeiten (VDI 3300) u. v. a. m.

VDMA Abk. für Verband deutscher Maschinen- und Anlagenbau e. V., Frankfurt/Main

VdS Abk. für Verband deutscher Sachversicherer

VE Abk. für → *Verpackungseinheit*

Vendor Hub ist ein → *Lager*, das von einem Zulieferer betrieben und als → *Umschlagpunkt* zur Distribution der Waren zum Kunden genutzt wird.

Vendor-managed Inventory (abgek. VMI): Beim VMI übernimmt der → *Lieferant* (oder → *Outsourcing*-Partner) die → *Bestandsführung* seiner Waren und → *Güter* beim Kunden (Händler oder Produzenten). Hierzu erhält er kontinuierlich Informationen, z. B. über den prognostizierten Bedarf seines Kunden. Ziel des VMI ist das Erreichen eines höheren Servicegrads bei gleichzeitig kürzeren Reaktionszeiten und geringeren Beständen.

Veränderungsmanagement → *Change Management*

Verband für das Verkehrsgewerbe Westfalen-Lippe e. V. (abgek. VVWL) ist der größte deutsche Verband der Güterverkehrswirtschaft mit Sitz in Münster.

Verbraucherpanel (engl. *Consumer panel*) ist eine über den Untersuchungszeitraum gleich bleibende Gruppe von Einzelpersonen oder Haushalten, die Auskunft über Käufer, Produkte, Marken, Einkaufsmengen, Einkaufsstätten usw. geben. Vgl. → *Handelspanel*.

Verbrauchsdatum Bei in mikrobiologischer Hinsicht sehr leicht verderblichen Lebensmitteln, die nach kurzer Zeit eine unmittelbare Gefahr für die menschliche Gesundheit darstellen könnten, ist anstelle des → *Mindesthaltbarkeitsdatums* das V. anzugeben. Solche Lebensmittel dürfen nach Ablauf des V. nicht mehr in den Verkehr gebracht werden. (Nähere Informationen hierzu findet man in der „Verordnung über die Kennzeichnung von Lebensmitteln".)

Verbrauchsorientiert (engl. *Demand-oriented*): Die Festlegung des zukünftigen Bestandes orientiert sich an bisherigen Verbrauchswerten, ist also vergangenheitsorientiert. Vgl. → *Bedarfsorientiert*.

Verbundpackstoffe (engl. *Composite packaging materials*) sind Stoffe, die aus mehreren unterschiedlichen Packstoffen bestehen, um bestimmten Anforderungen (höhere Stabilität, Sichtschutz usw.) gerecht zu werden.

Verbundstapelung (engl. *Bonded stacking*): → *Verpackungen* oder → *Packstücke* werden auf einer → *Palette* lagenweise mit unterschiedlicher Anordnung abgelegt, um über die Verschachtelung eine bessere Stabilität der Ladung zu erreichen.

Vereinnahmung (engl. *Receipt*) bezeichnet die physische und organisatorische Entgegennahme von Waren.

Verfalldatum (engl. *Expiry date*) ist der Zeitpunkt des Erreichens des → *Mindesthaltbarkeitsdatums*. Vgl. → *Verbrauchsdatum*.

Verfügbarer Bestand (engl. *Stocks at hand, available stocks*) ist der Bestand am Lager, über den nach Berücksichtigung von Reservierungen, Sperrungen usw. noch verfügt werden kann.

Verfügbarkeit (engl. *Availability*) bezeichnet den Quotienten aus verfügbarem Bestand und geordertem Auftragsbestand in Prozent. Die V. wird zumeist für einen Artikel oder ein Sortiment angegeben. Vgl. → *Technische Verfügbarkeit*.

Verfügbarkeit, technische → *Technische Verfügbarkeit*

Verfügter Bestand (engl. *Reserved stock*) ist ein Synonym für → *Reservierter Bestand*.

Verkaufseinheit (abgek. VKE; engl. *Sales unit*) ist die Zusammenfassung von → *Artikeleinheiten* zu einer verkaufsfähigen Einheit. Je nach Unternehmen wird es unterschiedlich gehandhabt, ob die VKE wirklich die kleinste Einheit darstellen (vertriebs- oder marketingbedingt) oder ob sie „aufgerissen" werden, um Kunden auch einzelne Artikeleinheiten zu verkaufen.

Verkaufsverpackung (engl. *Sales packaging*) ist die → *Verpackung*, die vom Endverbraucher zum Transport oder bis zum Verbrauch der Waren verwendet wird.

Verkehr, bimodaler → *Bimodaler Verkehr*

Verkehr, grenzüberschreitender → *Grenzüberschreitender Verkehr*

Verkehr, intermodaler → *Intermodaler Verkehr*

Verkehr, kombinierter → *Kombinierter Verkehr*

Verkehrsträger (engl. *Transport mode*) sind Einrichtungen und Organisationen zur Durchführung externen Güterverkehrs. Vgl. → *Frachtführer*, → *Spedition*.

Verkürzte zweistufige Kommissionierung (engl. *Reduced two-step order-picking*): Hierbei werden nur wenige (etwa zwei bis zehn) Aufträge zusammengefasst und direkt vom → *Kommissionierer* (in seltenen Fällen vom Verpacker) auf die Kundenaufträge verteilt. *Beispiel:* Ein Kommissionierfahrzeug nimmt zehn → *Behälter* auf, die den Kundenaufträgen zugeordnet sind und in die der Kommissionierer die → *Artikeleinheiten* auftragsgerecht ablegt. Vgl. → *Einstufige Kommissionierung*, → *Zweistufige Kommissionierung*.

Verlader (engl. *Shipper*) ist nach allgemeinem Sprachgebrauch der Auftraggeber für Transport- und Logistikleistungen.

Verladerampe (engl. *Loading rack*) ist eine Vorrichtung zum Überbrücken von Niveau-Unterschieden zwischen dem festen Teil einer Rampe (Gebäude) und dem Transportfahrzeug (Lkw).

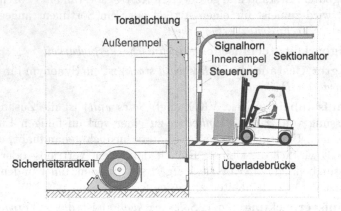

Verladeeinrichtung [Quelle: NANI VERLADETECHNIK]

Verladerampe mit Höhenausgleich (engl. *Height-adjustable loading rack*) → *Anpassrampe*

Verladetechnik (engl. *Loading technology*) bezeichnet technische Komponenten und Hilfsmittel zum Be- und Entladen von Transport- und Verkehrsmitteln.

Verlorene Palette (engl. *Disposable pallet*), auch Einwegpalette, ist eine → *Palette*, die nur für einen Transportweg eingesetzt, d. h. nicht wiederverwendet werden soll und daher mit möglichst geringem und geringwertigem Materialeinsatz gefertigt wird. V. P. sind in aller Regel für automatische Läger nicht geeignet, da sie den Maßvorgaben nicht entsprechen und für die Belastungen nicht ausgelegt sind.
Siehe dagegen → *Zweiwegpalette* und → *Vierwegpalette*.

Einwegpalette

Verpackung (engl. *Packaging*) ist die Gesamtheit der von der Wirtschaft eingesetzten Mittel und Verfahren zur Erfüllung der Verpackungsaufgabe (DIN 55405). Im engeren Sinn ist V. der Oberbegriff für die Gesamtheit der → *Packmittel* und → *Packhilfsmittel*. Unter einer Packung versteht man die Einheit von Packgut und V. Häufig wird sie auch als → *Packstück* bezeichnet, jedoch können Packstücke aus einer oder aus mehreren Packungen bestehen.
Eine umfassendere V.definition liefert die Verpackungsverordnung von 1998, welche den Fokus von den materiellen Bestandteilen einer V. abwendet, indem sie diese voraussetzt, und stattdessen die ganzheitliche Betrachtung der Lieferkette betont, in der eine V. ihre Verwendung findet. In diesem Sinn sind V. aus beliebigen Stoffen hergestellte Produkte zur Aufnahme, zum Schutz, zur Handhabung, zur → *Lieferung* und zur Darbietung von Waren, die vom Rohstoff bis zum Verarbeitungserzeugnis reichen können und vom

Hersteller an den Benutzer oder Verbraucher weitergegeben werden.

Verpackungseinheit (abgek. VE; engl. *Packing unit*) ist die Zusammenfassung mehrerer → *Verkaufseinheiten* (meist aus Handhabungsgründen). Aus logistischer Sicht sind spezielle VPE eher zu vermeiden, da zusätzlicher Verpackungsaufwand entsteht.

Versandart (engl. *Shipping method*) ist der dem Produkt und Lieferort entsprechende Weg des Transportguts vom → *Lager* zum Kunden bzgl. Transportträger (z. B. Straße, Schiene, Wasser oder Luft) oder Transportorganisation (Paketdienst, → *Spedition* usw.).

Versandauftrag (engl. *Shipping order*) wird durch eine Kundenbestellung angestoßen. Dabei können ergänzend zu Kunden- und Endkundenadressen, → *Liefertermin*, Dringlichkeit, Versandsignum und → *Versandart* zu einzelnen → *Positionen* noch Liefer- und Packhinweise angegeben werden.
Die Vielfalt der kundenbezogenen Wünsche hinsichtlich → *Verpackung*, Versandart, Etikettierung, → *Begleitpapieren* usw. nimmt in der jüngsten Vergangenheit stetig zu.

Versandeinheit (engl. *Shipping unit*) ist diejenige Einheit, die als Handhabungseinheit oder Gebindeeinheit an den Kunden geht und über eine NVE (→ *Nummer der Versandeinheit*) zu identifizieren ist. Die VDA Empfehlung 5002 (Dez. 1997) definiert:
„Als Versandeinheit wird die kleinste Einheit von → *Gütern* (Gütermenge) bezeichnet, die mit anderen nicht fest verbunden ist und in der → *Transportkette* vom → *Versender* / → *Verlader* bis zum Empfänger als geschlossener Umfang einzeln behandelt wird oder werden kann. Was eine Versandeinheit ist, bestimmt der Versender/Verlader in Abhängigkeit von den zugrunde liegenden Anforderungen des Transportes, des Umschlags, durch die Art der → *Verpackung* oder Sicherung der Einheiten.“

Versand-Konsolidierung (engl. *Consolidation of shipments*) → *Konsolidierung*

Versandtermin (engl. *Shipping date*) ist der Termin, zu welchem eine bestellte → *Lieferung* das Werk oder Logistikzentrum verlassen muss (Solltermin) bzw. verlässt (Isttermin).

Verschieberegal (engl. *Mobile rack*) ist ein (Doppel-)Regal auf schienengebundenen Verfahrwagen, um Bediengänge öffnen und schließen zu können. Durch den Wegfall der Bediengänge zwischen den Regalzeilen wird ein hoher → *Raumnutzungsgrad* erreicht. Die maximale Höhe eines V. von Oberkante Schiene bis oberste Auflage leitet sich aus dem Verhältnis Achsabstand zur Höhe ab, was kleiner oder gleich fünf sein muss, es sei denn, es sind besondere Maßnahmen zur → *Standsicherheit* getroffen worden. Im Normalfall ergeben sich Lagerhöhen von maximal rund zehn Metern.

Verschieberegal [Quelle: META-REGALBAU]

Verschiebewagen (auch Verteilwagen oder Quertransportwagen, abgek. QTW; engl. *Shifting cars*) sind flurgebundene (→ *Flurfrei*), schienengeführte Transportwagen, die über → *Lastaufnahmemittel* (→ *Rollenförderer* oder → *Tragkettenförderer*, Teleskopiereinrichtung) zur selbsttätigen Aufnahme und Abgabe von → *Ladeeinheiten* dienen. Sie verfahren zwischen fest definierten Übergabepunkten, verbinden so verschiedene → *Quellen* und → *Senken* und erfüllen damit auch eine Sortier- und Verteilfunktion.

Verschlüsselung, asymmetrische → Asymmetrische Verschlüsselung

Verschlüsselung, unsymmetrische → Unsymmetrische Verschlüsselung

Versender (engl. *Sender, shipper*) ist derjenige, der eine Sendung (→ *Lieferung*) zum Versand aufgibt und in der Lage ist, eine eindeutige Identifikation der → *Liefereinheit* mithilfe der → *Nummer der Versandeinheit* (NVE/SSCC) zu gewährleisten.

331

Verschiebewagen [Quelle: TGW]

Versicherungspolice (engl. *Certificate of insurance, insurance policy*) → *Police*

Verspätungshaftung ist die Haftung des → *Logistikdienstleisters* für eine Verzögerung der geschuldeten Leistung. Sie ist als → *Obhutshaftung* ausgestaltet im Frachtrecht, auch im internationalen Frachtrecht, vgl. z. B. §§ 425, 431 Abs. 3 HGB.

Verstapeln (engl. *Misstorage*) ist Fachjargon für das Einlagern einer → *Lagereinheit* auf einen falschen → *Lagerplatz*.

Verteilharfe (engl. *Distribution fan*) bezeichnet die Sortierung (oder Zuordnung) von codierten Sammelbehältern nach Kunden oder Zielorten. Die V. basiert auf konventioneller Rollenbahn- und Kettenfördertechnik, kombiniert mit → *Pushern*. Die → *Leistung* ist im Vergleich zur Sortertechnik erheblich geringer (etwa bis 1.000 Einheiten/h) und erfordert zusätzlich die Rückführung der Transportbehälter (→ *Sortier- und Veteilsysteme*).

Verteillager (engl. *Distribution warehouse*) → *Sammel- und Verteillager*

Verteilwagen (engl. *Distribution trolley*) → *Verschiebewagen*

Vertikalförderer (engl. *Vertical conveyor*) sind Anlagen für den – meist – automatischen Betrieb zur Höhenüberbrückung der

→ *Transporteinheiten* innerhalb eines Materialsystems, die nicht der Aufzugsverordnung unterliegen, z. B. → *S-Förderer.* Vgl. → *Aufzuganlage.*

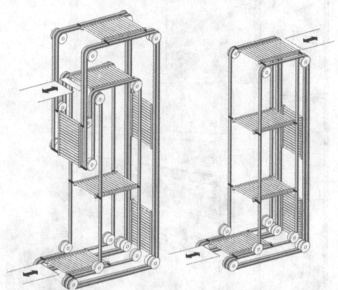

Vertikalförderer [Quelle: JÜNEMANN/SCHMIDT]

Vertikalumlauflager (engl. *Vertical carousel*), umgangssprachlich auch als Paternoster bezeichnet, ist ein dynamisches → *Lagersystem* nach dem Prinzip → *Ware-zum-Mann*, bei dem die → *Lagereinheiten* vertikal umlaufend bewegt werden.

Vertikalumlaufregallager (engl. *Vertical rotary rack*) → *Vertikalumlauflager*

Vertragsbedingungen für den Güterkraftverkehrs-, Speditions- und Logistikunternehmer (abgek. VBGL) sind vom → *BGL* entworfene Bedingungen, die den gesamten Bereich logistischer und originär nicht-logistischer Leistungen primär für den Güterkraftverkehrsunternehmer abdecken. Sie decken im Gegensatz zu den ADSp (→ *Allgemeine Deutsche Spediteursbedingungen*) auch originär nicht-logistische Leistungen ab. VBGL müssen vereinbart werden, gelten nicht kraft Handelsbrauch.

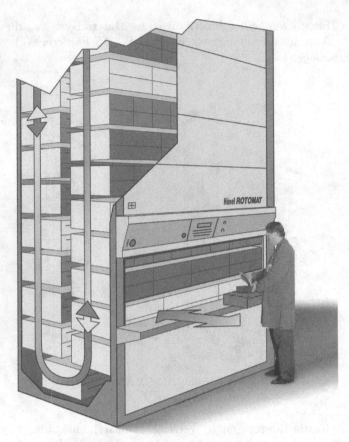

Vertikalumlauflager [Quelle: Hänel]

VHF (Abk. für Very High Frequency) bezeichnet den Frequenzbereich von 30 bis 300 MHz.

Vicinity Card (Vicinity ist engl. für *Nachbarschaft, Nähe*) ist eine nach ISO 15693 klassifizierte Chipkarte mit RFID-Tag (13,56 MHz-Tag, → *Tag*) mit einer Lesereichweite von typischerweise < 1 m.

Vier-Breiten-Barcode (engl. *Four-width barcode*) ist ein → *Barcode*, dessen Codierung auf vier unterschiedlichen Strichbreiten basiert. Ein typischer Vertreter ist der → *Code 128*. Vgl. → *Zwei-Breiten-Barcode*.

Viertelpalette (engl. *Quarter pallet*) ist eine → *Palette* mit den Grundabmessungen 400 x 600 mm.

Vierwegestapler (engl. *Four-way stacker*) ist ein → *Schubmaststapler*, dessen Räder um 90 Grad verstellbar sind, so dass in Fahrzeuglängs- und -querrichtung verfahren werden kann.

Vierwegpalette (engl. *Four-way pallet*) ist eine → *Palette*, die auf allen vier Seiten von Gabeln aufgenommen werden kann.

Virtual Cloud Computing ist eine andere Bezeichnung für → *Cloud Computing*.

Virtual Machine engl. für → *Virtuelle Maschine*

Virtual Private Network (abgek. VPN) bezeichnet die Verbindung eines oder mehrerer Teilnehmer (Computer) zu einem virtuellen Netzwerk über das → *Internet*. Häufig ist das VPN verbunden mit Verfahren zur sicheren Datenübertragung, z. B. SSL (→ *Secure Socket Layer*).

Virtuelle Maschine (abgek. VM; engl. *Virtual Machine*) stellt eine virtuelle Laufzeitumgebung zur Ausführung von Programmen bereit. VM ermöglichen die Ausführung gleichartiger Programme in unterschiedlichen Hardware- und Betriebssystemumgebungen. VM zur Ausführung von → *Java* oder Java-Skript sind z. B. in einigen → *Browsern* implementiert.

Virtuelles Lager (engl. *Virtual warehouse*) 1. bezeichnet die virtuelle Zusammenfassung mehrerer → *Lagerorte* innerhalb eines bestandsführenden Systems. — 2. Ein Kommissionierlager ist beispielsweise nicht auf den Gesamtumfang eines → *Sortimentes* ausgelegt, sondern nur auf eine Teilmenge. Je nach Bedarf muss ein Artikelwechsel vorgenommen werden (z. B. Saisonartikel). Das → *Lager* ist damit virtuell für das Gesamtsortiment dimensioniert.

VIS Abk. für Vertriebsinformationssystem (EDV-System)

VKE Abk. für → *Verkaufseinheit*

VKS Abk. für Vereinigung Deutscher Kraftwagenspediteure, Bonn

VM Abk. für → *Virtuelle Maschine*

VMI Abk. für → *Vendor-managed Inventory*

V-Modell ist ein prozessorientiertes Vorgehensmodell zur Projektabwicklung gemäß ISO 9001.

Voice over IP (abgek. VoIP) bezeichnet eine Sprachübertragung über IP-Netze (→ *TCP/IP*), insbesondere Telefonie über das → *Internet*.

VoIP Abk. für → *Voice over IP*

Vollentnahme (engl. *Complete retrieval*) ist die Vorgabe, bei einer → *Auslagerung* immer die gesamte → *Lagereinheit* zu entnehmen, auch wenn die Anforderungsmenge kleiner ist. Diese Regelung wird beispielsweise in Produktionsbetrieben angewandt, wenn die stückgenaue Beistellung nicht möglich oder sinnvoll ist, z. B. bei geringwertigen Normteilen. Das Verfahren schließt jedoch → *Rücklagerungen* von → *Restmengen* nicht aus.

Vollgut (engl. *Fulls*): Bei Mehrwegtransport- und -verpackungseinheiten (z. B. Flaschen und Getränkekästen) sowie bepfandeten Getränkeflaschen ist hinsichtlich Transport, Zustellung, Sortierung und Rückführung zwischen V. und → *Leergut* zu unterscheiden.

Vollinventur (engl. *Take inventory of all stock*): Alle → *Artikel* einer Artikelgesamtheit werden inventiert. Vgl. → *Stichprobeninventur*.

VOP Abk. für Value of Production

Vorbeugende Instandhaltung (engl. *Preventative Maintenance*) stellt die → *technische Verfügbarkeit* eines Systems sicher.

Vorgehensmodell → *V-Modell*

Vorhangstretchen ist eine andere Bezeichnung für → *Banderolieren*.

Vorholung (engl. *Hauling*) bezeichnet die → *Auslagerung* von Einheiten, die in Kürze verladen werden sollen, in die Nähe des Übergabepunkts (→ *Warenausgang*).

Vorlauf (engl. *Forerun*) → *Hauptlauf*

Vorratslager (engl. *Storage warehouse*) dienen dem Ausgleich von Bedarfsschwankungen. Sie stellen in einer Zeit zwischen zwei Zugängen über einen längeren Zeitraum regelmäßig → *Material* für die Produktion bereit bzw. nehmen Material für die Distribution zwischen zwei Abgängen auf. Typisches Merkmal von Vorratslägern ist, dass die → *Einlagerungen* und → *Auslagerungen* unregelmäßig sein können.
V. dienen vorrangig der Überbrückung einer längeren Zeitdauer. Vgl. → *Pufferlager*, → *Sammel- und Verteillager*.

Vorratslücke (engl. *Inventory shortage*) bezeichnet → *Artikel*, die zu einem Zeitpunkt gelistet, aber nicht oder nicht ausreichend im Bestand sind.

VPN Abk. für → *Virtual Private Network*

VVWL Abk. für → *Verband für das Verkehrsgewerbe Westfalen-Lippe e. V.*

VW Abk. für → *Verteilwagen*, → *Verschiebewagen*

VZ Abk. für Verteilzentrum, Versorgungszentrum

W

W3C (Abk. für World Wide Web Coalition) ist das führende Gremium zur Standardisierung des → *Internet.*

WA Abk. für → *Warenausgang*

Wabenlager (engl. *Honeycomb storage*) ist ein Langgutlager mit Tiefeneinlagerung von Langgut-Kassetten.

Wabenlager [Quelle: KASTO]

Wagenladungsverkehr (engl. *Waggonload traffic*) bezeichnet eine Sendungsgröße, die beim Bahntransport einen oder mehrere Waggons oder im Straßenverkehr eine Lkw-Ladung umfasst.

Walking Beam Conveyor engl. für → *Hubbalkenförderer*

WAN (Abk. für Wide area network) bezeichnet ein großflächiges, außerbetriebliches (Computer-)Netzwerk. Vgl. → *LAN.*

Wandertisch (engl. *Circular plate conveyor*) ist eine Sonderform des → *Gliederbandförderers.* W. weisen als Glieder starre Plattformen auf. Die Plattformen überdecken sich nicht und sind nicht direkt gekoppelt, sondern an dem kontinuierlich umlaufenden Zugmittel (Kette) angebracht.

Wandparameter (engl. *Shelf parameter*) → *Regalwandparameter*

WAP Abk. für Wireless Application Protocol

Warehouse engl. für → *Speicher*

Warehouse Control System (abgek. WCS) ist ein dem → *Warehouse Management* unterlagertes Rechnersystem zur Steuerung (automatisierter) Materialflusssysteme.

Warehouse Logistics ist ein Internet-Portal des → *Fraunhofer IML* zum Thema → *Warehouse Management*. Es enthält die weltweit größte Online-Datenbank und Marktuntersuchung zu diesem Thema. Siehe http://www.warehouse-logistics.com.

Warehouse Management bezeichnet die Steuerung, Kontrolle und Optimierung komplexer Lager- und Distributionssysteme. Neben den elementaren Funktionen einer → *Lagerverwaltung* wie Mengen- und Lagerplatzverwaltung, Fördermittelsteuerung und -disposition gehören nach dieser Betrachtungsweise auch umfangreiche Methoden und Mittel zur Kontrolle der Systemzustände und eine Auswahl an Betriebs- und Optimierungsstrategien zum Leistungsumfang. → *Warehouse Logistics*

Warehouse Management System (abgek. WMS) engl. für → *Lagerverwaltungssystem*

Warehouse on Wheel (abgek. WoW) beschreibt die Tatsache, dass sich bei der Warendistribution ein erheblicher Teil der Bestände auf dem Transport (on wheel) befindet. → *Fliegender Bestand*

Warehouse Receipt engl. für → *Lagerschein*

Warehousing engl. für → *Lagerwesen*

Warenannahme (engl. *Incoming goods department, goods receipt*) ist der erste Schritt bei der Vereinnahmung einer → *Lieferung*. Häufig ist die W. auch örtlich dem → *Wareneingang* vorgelagert (z. B. am Werkstor). In der W. werden der → *Lieferschein* und das korrespondierende → *Avis* auf Konformität geprüft, anschließend wird ein Wareneingangsbereich (Tor) zugewiesen. Das Dock and Yard Management (→ *Hofmanagement*) ist zumeist Bestandteil der W.

Warenannahmezeiten (engl. *Goods receipt times*) sind definierte Zeiten, zu denen Waren angenommen werden. In größeren Systemen (z. B. → *Distributionszentren*) werden umfangreiche Zeitpläne mit den lieferantenspezifischen W. (Zeitfenster) geführt. Die W. werden auch vertraglich vereinbart.

Warenausgang (abgek. WA; engl. *Goods issue, dispatch*) folgt der → *Auslagerung* bzw. dem → *Kommissionieren* und Verpacken. Die ausgelagerten → *Artikel* werden auftragsgerecht im WA bereitgestellt, um nach dem Holprinzip vom Auftraggeber oder einer → *Spedition* abgeholt bzw. nach dem → *Bringprinzip* direkt zum Empfänger transportiert zu werden.

Warenbegleitsorter (abgek. WBS) basiert auf einem → *Gurtförderer*, auf dem das Sortiergut aufliegt. Als mitbewegter Ausschleusmechanismus ist parallel hierzu ein → *Kettenförderer* mit kleinen → *Pushern* installiert, die an den Endstellen quer zur Förderrichtung über die Gurtoberfläche ausfahren können.

Warenbereitstellung (engl. *Provision*) ist die Kommissionierung und Vorbereitung bestellter Ware, so dass eine unverzügliche Abholung bzw. ein unverzüglicher Abtransport vorgenommen werden kann. Gelegentlich bezeichnet W. auch die Fläche, auf der die Ware bereitsteht.

Warendistribution (engl. *Goods distribution*) → *Distributionslogistik*

Wareneingang (abgek. WE; engl. *Goods receipt*) ist der Bereich in einem → *Lager* oder → *Distributionszentrum*, in dem eintreffende Ware physisch übernommen wird. Häufig erfolgt hier die Zuordnung von Waren, → *Ladehilfsmitteln* und → *Lagerbereichen*.

Wareneingangskontrolle (engl. *Incoming inspection*) ist die Prüfung der neu eingegangenen Ware, um → *Fehlmengen* und Beschädigungen sowie Abweichungen vom Bestellschein (→ *Bestellmenge*, → *Artikelnummer* usw.) erkennen und entsprechend reagieren zu können. Man spricht von kaufmännischer und technischer Prüfung, ggf. einschließlich Materialprüfung.

Wareneingangsprüflos (engl. *Incoming inspection lot*) ist eine Teilmenge bzw. Stichprobe eines → *Wareneingangs*, anhand derer die Güte einer → *Lieferung* geprüft wird. Sie dient später zu Teilen auch der Materialqualitätsbeurteilung bezogen auf den → *Lieferanten*.

Warengruppe (engl. *Goods category*) bezeichnet eine Kategorie von Produkten oder Dienstleistungen, die aus unternehmensinterner oder sonstiger Betrachtungsweise als zusammenhängend bzw. austauschbar festgelegt sind.

Warentransportversicherung gilt in Deutschland nach den Musterbedingungen des Gesamtverbands der Deutschen Versicherungswirtschaft (GDV), nämlich DTV-Güterversicherungsbedingungen. Die W. gibt dem Auftraggeber bzw. dem Versicherten vollen Wertersatz für seine Güter, unabhängig vom Vorliegen von Haftungstatbeständen. Der Warentransportversicherer nimmt Regress beim evtl. Haftungsverantwortlichen.

Warenumschlag (engl. *Movement of goods, stock turnover*) → *Umschlag*, → *Umschlagrate*

Warenversorgung, vom Hersteller gesteuert → *Vendor-managed Inventory*

Warenversorgung, vom Hersteller und Händler gemeinsam gesteuert (engl. *Goods supply, jointly controlled by manufacturer and seller*) ist eine Form des → *Continuous Replenishment Program* (CRP), in der der Hersteller die Bestellungen für den Handel vorschlägt, der Handel diese nach Bedarf verändern kann und somit beide Seiten den Bestand beeinflussen.

Warenverteilzentrum (engl. *Goods distribution center*) ist eine örtliche und funktionelle Zusammenfassung von dezentral operierenden Verteillägern (→ *Sammel- und Verteillager*). Da die Transportkosten-Steigerungen in Relation zu den Einspareffekten in vielen Fällen geringer ausfallen, rentieren sich Zentralisierungsmaßnahmen in relativ kurzer Zeit.

Warenwirtschaftssystem (abgek. WWS; engl. *Enterprise resource planning system*, abgek. ERP system) ist ein rechnergestütztes System zur artikel- und mengengenauen Erfassung und Verfolgung von Bedarfs- und Mengenströmen, wie sie z. B. im Handelsbereich zum Einsatz gelangen. Das übergeordnete Ziel ist die Steuerung von Bestellwesen, Warenvorhaltung und Verkauf. → *Enterprise Resource Planning System*

Warenzusammenstellung (engl. *Combination of goods*) bezeichnet die nach den Vorgaben des Bestellenden zusammengesetzten Warenbündel.

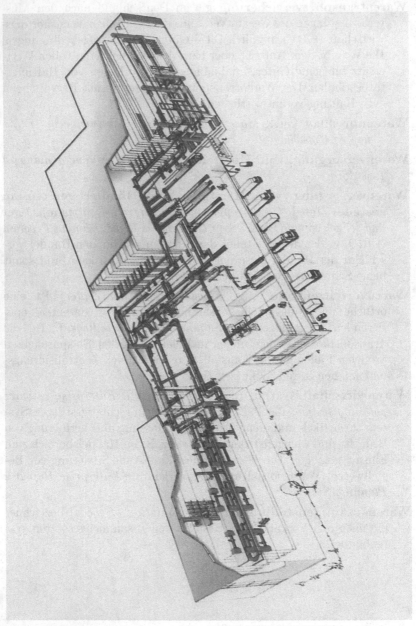

Warenverteilzentrum [Quelle: VANDERLANDE]

Ware-zum-Mann (abgek. WzM; engl. *Goods to man*) beschreibt ein Verfahren, bei dem die zu kommissionierende Ware in einer → *Bereitstelleinheit* aus einem → *Lager* an einen vorgegebenen Platz transportiert und dort vom → *Kommissionierer* entnommen wird. Danach wird die Bereitstelleinheit – sofern sie noch Ware enthält – wieder in das Lager zurücktransportiert.

Gründe zum Einsatz von WzM sind vorrangig die Folgenden:
- Der Laufaufwand ist auf ein Minimum reduziert, es wird damit eine vergleichsweise hohe Kommissionierleistung erreicht.
- Die körperliche Belastung ist ebenfalls auf ein Minimum reduziert (keine oder nur geringe Hub- und Streckbewegungen).
- Zusätzliche Arbeiten wie Zählen, Messen, Wiegen können gut ausgeführt und erforderliche Geräte ergonomisch günstig platziert werden.
- Für Bereiche erhöhter Sicherheit kann in einfacher Weise ein Schutz gegen Diebstahl erreicht werden.

Vgl. → *Mann-zur-Ware* (MzW).

Kommissionierung „Ware-zum-Mann" [Quelle: VIASTORE]

Ware-zur-Person (engl. *Goods to person*) ist die geschlechtsneutrale, jedoch selten gebrauchte Bezeichnung für → *Ware-zum-Mann.*

Wartung (engl. *Maintenance*) bezeichnet (regelmäßig zu ergreifende) Maßnahmen zur Bewahrung des Sollzustands eines technischen Systems (DIN 31051).

WAS 1. Abk. für → *Web Application Server* — 2. Abk. für WebSphere Application Server (→ *WebSphere*)

Waste Disposal Logistics engl. für → *Entsorgungslogistik*

WBS 1. Abk. für → *Warenbegleitsorter* — 2. Abk. für Work breakdown structure

WCS Abk. für → *Warehouse Control System*

WE Abk. für → *Wareneingang*

Weak Point Analysis engl. für → *Schwachstellenanalyse*

Wear and tear engl. für → *Abnutzung*

Web ist die Kurzform für das WWW oder das → *World Wide Web*, den meistgenutzen Dienst des → *Internet*.

Web Application Server 1. ist ein Server zum Betrieb webbasierter Applikationen. — 2. ist Middleware in einer → *Three-Tier-Software-Architektur* (Drei-Schichten-Modell).

Web Services sind internetbasierte Dienste zur Informationsübertragung, die über einen → *Uniform Resource Identifier* identifizierbar und zumeist auf Basis von XML (→ *Extensible Markup Language*) definiert sind.
Kerntechnologien für Web Services sind u. a. → *SOAP* (XML-RPC, objektorientierte Kommunikation), → *WSDL* (Methoden) und → *UDDI* (Verzeichnisdienste).

WebSphere ist eine Software und Plattform der Firma IBM. Zentrale Komponente ist der WebSphere Application Server (abgek. WAS).

Wechselaufbauten (engl. *Swap bodies*) werden für den → *bimodalen Verkehr* Straße/Schiene im europäischen Raum genutzt. Unabhängig vom Transportfahrzeug können sie an Ladestellen (z. B. Rampen) mittels ausfahrbarer Stützfüße abgestellt oder angedockt und be- oder entladen werden.

Wechselbehälter (engl. *Change-can, swap container*) sind normierte Transporteinheiten, die auf den dafür ausgelegten Lkw transportiert werden, z. B. Mulden (→ *Muldenabsetzkipper*) oder Klein-Container.

Wechselbrücke (engl. *Swap trailer*) ist ein Aufsatz für das Chassis eines dafür eingerichteten Lkw mit einer Gesamtlänge bis 7,45 m und einer Breite bis 2,50 m (zulässiges Gesamtgewicht 16 t). Die W. hat vier um 90 Grad ausklappbare Füße, auf denen sie nach Abstellen durch den Lkw ruht. Aufnahme und Abgabe der W. erfolgen

Wechselaufbau [Quelle: KÖGEL]

durch elektrohydraulische Auf- und Abbewegung des Chassis. Man spricht von Wechselkoffer bei containerartig geschlossenen W. und von Wechselpritschen, wenn die Einheit mit Planen abgedeckt ist. Vgl. → *Wechselaufbauten.*

Wechselkoffer (engl. *Swap body*) → *Wechselbrücke*

Wechselpritsche (engl. *Interchangeable open body*) → *Wechselbrücke*

Wegoptimierung (engl. *Route optimization*) oder Tripoptimierung ist als Ein- oder Auslagerungsstrategie bekannt. Sie berücksichtigt keine von → *Artikeln* oder → *Lagereinheiten* abhängigen Größen, sondern berechnet einen möglichst kurzen oder anderweitig optimalen Verfahrweg. Das Problem der Berechnung des kürzesten Weges wird auch als Travelling-Salesman-Problem bezeichnet. Siehe auch → *Branch and Bound,* → *Greedy-Verfahren,* → *Mäander-Heuristik,* → *Largest-Gap-Heuristik.* Vgl. → *Milk Run,* → *Tourenoptimierung.*

Wegzeit → *Kommissionier-Wegzeit*

Weight Check engl. für → *Gewichtskontrolle*

Weight Control engl. für → *Gewichtskontrolle*

Weiße Ware (engl. *White goods*) bezeichnet Geräte wie Kühlschränke, Waschmaschinen usw., die zumeist mit weißen Gehäusen versehen sind. Vgl. → *Braune Ware.*

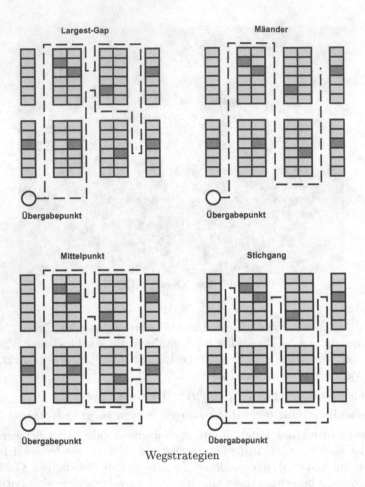

Wegstrategien

Weiterreichsystem bezeichnet die serielle Anordnung von → *Kommissionierzonen* (zonenseriell) oder Kommissionierbahnhöfen (→ *Bahnhofsprinzip*) und die resultierende Weiterreichung von Kommissionieraufträgen in einem System.

Welt-Centrum für Materialfluss und Transport (abgek. CeMat; engl. *World Center for Material Handling and Transport*) wurde 1982 als eigene Messe für Materialfluss und Transport im Verbund mit der HANNOVER MESSE etabliert. Seit 2005 findet die CeMat als eigenständige Messe mit dreijährigem Turnus statt. Ein wesentlicher Teil der Messe umfasst die → *Intralogistik*.

346

Wendelrutsche (engl. *Spiral chute*) ist eine Vorrichtung, über die Einheiten wie → *Packstücke,* → *Behälter* usw. mittels Schwerkraft, d. h. energielos, schraubenförmig von einer höheren auf eine niedrigere Ebene gelangen. Vielfach werden W. als Endstellen von Sortern (→ *Sortier- und Verteilsysteme*) eingesetzt.

Werkstattproduktion (engl. *Workshop production*) bezeichnet die Struktur der Produktion in organisatorisch getrennten Werkstätten (Montage, Dreherei, Lackiererei usw.).

Werkverkehr (engl. *Private freight traffic*) umfasst die Beförderung eigener → *Güter* und Waren eines Unternehmens mit eigenen Fahrzeugen im außerwerklichen Verkehr. Dabei ist zu unterscheiden zwischen Werknah- und Werkfernverkehr analog dem gewerblichen Güterverkehr.

Wertanalyse (engl. *Value analysis*) ist ein prozessorientiertes Verfahren zur Verbesserung des Kosten-/Nutzen-Verhältnisses bei gleichzeitigem Erhalt des Wertes bzw. der Wertigkeit des Produktes.

Wertkette (engl. *Value chain*) ist ein anderer Begriff für → *Wertschöpfungskette.*

Wertschöpfungskette (engl. *Value chain*; auch Wertkette) ist ein Managementkonzept von Michael E. Porter, das Unternehmen als Ansammlung von wertschöpfenden Tätigkeiten darstellt, die Ressourcen verbrauchen und über Prozesse miteinander verbunden sind.

WGTL Abk. für → *Wissenschaftliche Gesellschaft für Technische Logistik*

Whiplash Effect engl. für → *Peitscheneffekt*

White Goods engl. für → *Weiße Ware*

Wickeln (engl. *Wrapping*) ist → *Ladungssicherung* mittels Wickelfolie (je nach Festigkeit mit entsprechender Vorspannung). Vgl. → *Stretchen,* → *Folienschrumpfen,* → *Banderolieren.*

Winch engl. für → *Winde,* → *Winsch*

Winde (engl. *Jack, winch*) ist eine manuell oder motorisch betriebene Vorrichtung zum Heben, Senken oder Ziehen von Lasten. Häufig in der Logistik anzutreffen ist die Seilwinde, bei der ein Draht- oder Kunststoffseil auf eine zylindrische Trommel aufgewickelt wird. Vgl. → *Windwerk.*

Windows → *Microsoft Windows*

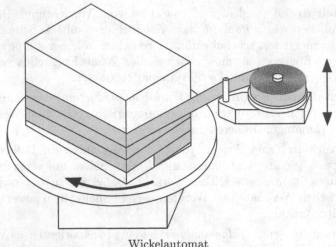

Wickelautomat

Windwerk (auch *Seilwindwerk*; engl. *Lifting jack*) bezeichnet bei Baggern oder → *Kranen* die Einrichtung zum Heben und Senken der Last. Ein W. besteht aus Antrieb, Getriebe, Bremse und → *Seilwinde*. Es werden je nach Bauform offene und geschlossene Windwerke unterschieden.

Winsch (engl. *Winch*) ist eine in der Schifffahrt gebräuchliche Bezeichnung für → *Winde*.

WIP Abk. für Work in Process (engl. für *Ware in Arbeit*)

Wireless Local Area Network (abgek. WLAN) bezeichnet ein lokales Funknetzwerk. Meistverbreiteter Standard ist IEEE 802.11x. Die Übertragungsrate beträgt bis zu 54 MBd (ab 2006 bis 540 MBd). Die typische Reichweite im industriellen Umfeld liegt bei 50 bis 100 Meter, mit speziellen Systemen weit darüber.

Wireless Personal Area Network bezeichnet ein drahtloses → *Personal Area Network*, z. B. auf Basis von WLAN (→ *Wireless Local Area Network*), → *Bluetooth* etc.

Wirkungsgrad (engl. *Efficiency*) ist der Quotient aus erbrachter → *Leistung* und verbrauchter Leistung (entspricht dem Quotienten aus erbrachter Arbeit und verbrauchter Arbeit). Der W. wird i. Allg. in Prozent angegeben.

Wirtschaftlichkeit (engl. *Economic efficiency, economicalness*) ist Leistung im Verhältnis zum Einsatz (wert- bzw. kostenmäßig). E=P/W > 1. Vgl. → *Leistung* und → *Produktivität*.

Wissenschaftliche Gesellschaft für Technische Logistik (abgek. WGTL) ist eine deutsche Gesellschaft, die am 20. Februar 2004 mit dem Ziel gegründet wurde, die Technische Logistik als wissenschaftliche Disziplin zu fördern. Wesentliche Arbeitsgebiete und durch prominente Forscher in der WGTL vertreten sind die Planung, → *Simulation*, Steuerung und Konstruktion von Elementen und Systemen der Förder-, Lager- und Sortiertechnik. Die WGTL betreibt u. a. das wissenschaftliche E-Journal → *Logistics Journal*. Siehe http://www.wgtl.de und http://www.logistics-journal.com.

WLAN Abk. für → *Wireless Local Area Network*

WMS Abk. für Warehouse Management System

Workflow bezeichnet die Zusammenarbeit und Organisation einzelner Komponenten innerhalb eines Arbeitsprozesses. Dabei kann es sich auch um das Zusammenspiel von Mitarbeitern, Werken oder technischen Geräten handeln.
Workflow-Managementsysteme sind (häufig mit grafischer Eingabe versehene) Programme zur Visualisierung und Organisation des W.

Work in Process (abgek. WIP) engl. für *Ware in Arbeit*

World Trade Organization (abgek. WTO; engl. für *Welthandelsorganisation*) ist eine 1995 in der Nachfolge des GATT gegründete internationale Organisation mit Sitz in Genf. Sie hat die Aufgabe, Regeln für internationale Handels- und Wirtschaftsbeziehungen zu entwickeln und zu formulieren. Siehe auch → *GATT*.

World Wide Web (abgek. WWW) ist ein Teil des → *Internet*, der Multimedia- und Hyperlinktechnik miteinander kombiniert. In der Literatur wird es immer häufiger (fälschlich) als Synonym für das Internet benutzt. Adressen im World Wide Web beginnen in der Regel mit „www.".

WORM-Transponder (WORM ist die Abk. für Write once, read multiple) bezeichnet einen RFID-Tag (→ *Tag*), der lediglich einmal beschrieben und dann beliebig oft ausgelesen werden kann. Eine Änderung oder Ergänzung der im Tag gespeicherten Daten ist nachträglich nicht möglich.

WoW Abk. für → *Warehouse on Wheel*

WPAN Abk. für → *Wireless Personal Area Network*

W/R Abk. für Warehouse receipt (engl. für *allgemeine Lagerhausbescheinigung* oder *Aufnahmeschein*); vgl. → *Lagerschein*.

Wrapping engl. für → *Wickeln*

WSDL (Abk. für Web Services Description Language) ist eine W3C-Empfehlung (→ *W3C*) zur Beschreibung von → *Web Services*.

WTO Abk. für → *World Trade Organization*

WVZ Abk. für → *Warenverteilzentrum*

WWS Abk. für → *Warenwirtschaftssystem*

WWW Abk. für → *World Wide Web*

WzM Abk. für → *Ware-zum-Mann*

XML Abk. für → *Extensible Markup Language*

XYZ-Artikel → *Artikel* eines → *Sortimentes* werden in die Absatzschwankungsklassen
- X-Artikel: Absatz relativ konstant,
- Y-Artikel: Absatz unterliegt stärkeren Schwankungen,
- Z-Artikel: Absatz sehr unregelmäßig, sporadisch
eingeteilt.

Yard Management engl. für → *Hofmanagement*

Z

Zähleinheit (engl. *Tally unit*) ist eine festgelegte Größe der → *Artikeleinheiten* beim → *Kommissionieren*.

Zeilenlagerung (engl. *Line storage*) bezeichnet die zeilenweise Anordnung von → *Lagerplätzen*. Die durch diese Anordnung gebildeten → *Lagergassen* dienen zur Bedienung des Zeilenlagers. → *Hochregallager* und Regallager sind typische Formen der Z., aber auch in Säulen auf dem Boden gestapelte, zeilenweise angeordnete Lagereinheiten. Vgl. → *Blocklager*.

Zeitmultiplexverfahren (engl. *Time Division Multiple Access* (abgek. TDMA), *Time Division Multiplex* oder *Multiplexing* (abgek. TDM)) ist ein Verfahren zur Datenübertragung. Dabei werden die Daten mehrerer Sender in bestimmten Zeitabständen über einen Kanal übertragen. Die Zuteilung der Zeitfenster erfolgt im einfachsten Fall durch eine zentrale Instanz (Master).

Zellulare Transportsysteme (engl. *Cellular transport systems*; auch „Zellulare Fördertechnik") basieren auf autonomen fördertechnischen „Entitäten". Dies sind z. B. autonome Transportfahrzeuge (→ *Fahrerlose Transportfahrzeuge*) und/oder autonome Fördertechnikmodule. Die Kommunikation der Entitäten untereinander erfolgt, wie auch die Steuerung selbst, typischerweise durch (Software-)Agenten. Z. T. sind „topologieflexibel": Die Anordnung der fördertechnischen Entitäten im Raum (das fördertechnische Layout) kann jederzeit geändert werden. Werden den (bewegten) logistischen Objekten „Missionen" und Strategien bzw. entsprechende Koeffizienten implantiert, so verfolgen deren Agenten in der Kommunikation mit der Umgebung und untereinander das vorgegebene Ziel selbstständig (z. B. Ein- und Auslagerung, Transport, Sortierung etc.). Auch die gewünschte Emergenz im Sinne einer ressourcenschonenden Zielerfüllung des Z. T. ergibt sich durch Interaktion zwischen den fördertechnischen Entitäten und einer entsprechenden (serviceorientierten) Umgebung selbstständig.
Z. T. sind somit intralogistische Systeme höchster Flexibilität.

Zentrallager (engl. *Central warehouse*) → *Warenverteilzentrum*

Zero-crossing engl. für → *Nulldurchgang*

Zero Defect Order-picking engl. für → *Nullfehler-Kommissionierung*

Zero Net Inventory engl. für → *Nulldurchgangsinventur*

Z-Förderer (engl. *Continuous vertical conveyor*) ist ein → *Vertikalförderer* für stetigen → *Materialfluss*, bei dem Zulauf und Abgang in einer Transportrichtung angeordnet sind. Alternativ hierzu ist der → *C-Förderer* zu betrachten, bei dem Zulauf und Abgang übereinander angeordnet sind, womit eine Umkehrung der Transportrichtung verbunden ist.

ZH-Richtlinien sind Richtlinien des Hauptverbands der gewerblichen Berufsgenossenschaften, hierbei insbesondere ZH 1/428 „Richtlinien für Lagereinrichtungen und -geräte" für Planung, Betrieb und Prüfung.

Zielgebietsbündelung (engl. *Bundling of target areas*) bezeichnet die Zusammenfassung von Sendungen (→ *Lieferung*) für ein definiertes Gebiet, um den Transport zu einem oder mehreren Empfängern wirtschaftlich durchzuführen.

ZigBee ist ein 2004 spezifiziertes Verfahren zur energieeffizienten Funkdatenübertragung im Nahbereich (bis 100 Meter). Z. basiert auf IEEE 802.15.4. (868 MHz und 2,45 GHz) mit einer Datenrate von bis zu 250 kBit/s. Durch geringe Latenzzeiten eignet sich Z. für den echtzeitnahen Steuerungsbereich. Z. wird vielfach als Standard zur spontanen Vernetzung batteriebetriebener Sensoren und Endgeräte gesehen.

Zip-Sorter ist eine andere Bezeichnung für → *Schuhsorter*.

Zirkulare Polarisation (engl. *Circular Polarisation*) wird z. B. bei UHF-RFID (→ *UHF*, → *Radio Frequency Identification*) eingesetzt, um eine Verbindung zwischen → *Scanner* und → *Tag* bei unbestimmter Orientierung des → *Transponders* zum → *Lesegerät* zu ermöglichen. → *Polarisation*

ZM90 Abk. für → *Zollmodell 90*

Zolllager (engl. *Bonded warehouse, bonded store*): An bestimmten zugelassenen Orten oder Lagereinrichtungen im Zollgebiet der Europäischen Gemeinschaft können unverzollte Waren regelmäßig und zeitlich unbegrenzt gelagert werden.

Zollmodell 90 (abgek. ZM90) ist ein in der schweizerischen Zollverwaltung eingesetztes elektronisches Deklarationsverfahren für die Ein- und Ausfuhrabfertigung.

Zugdrachensystem (engl. *Towing kite system*) bezeichnet die Ausrüstung eines Frachtschiffs mit einem automatisch bedienbaren

Zugdrachen, um durch die Nutzung der Windkraft Antriebsenergie zu sparen.

Zugriff 1. (engl. *Pick*) ist der Vorgang der → *Entnahme* durch einen → *Kommissionierer* aus dem Artikel-Bereitstellungsplatz — 2. (engl. *Pick*) ist eine Leistungsgröße beim → *Kommissionieren*. — 3. (engl. *Access*) bezeichnet im IT-Bereich das Lesen einer Information.

Zugriffsgrad (engl. *Access rate, picking rate*) 1. ist die mittlere Zahl von → *Umlagerungen*, um an die gewünschte → *Lagereinheit* zu kommen, z. B. bei artikelgemischter Blocklagerung von → *Paletten*. — 2. ist die Zahl der über die → *Aufträge* angesprochenen → *Artikel* (pro Tag) im Verhältnis zur Gesamtzahl der Artikel (→ *Sortiment*).

Zugriffshäufigkeit (engl. *Access frequency, picking frequency*) ist die Zahl der → *Entnahmepositionen* für einen → *Artikel* pro Zeiteinheit (Stunde, Tag). Die Z. ist ein Klassifizierungsmerkmal der ABC-Struktur. → *ABC-Einteilung*

Zulagerung (engl. *Additional storage*): Einzulagernde → *Artikel* erhalten keinen eigenen → *Lagerplatz*, sondern werden nicht ganz gefüllten → *Lagereinheiten* nach besonderen Strategien (artikelrein, auftragsrein, chargenrein usw.) zugelagert.

Zulieferpyramide (engl. *Supply pyramide*) ist die hierarchische Ordnung der → *Lieferanten* eines OEM (→ *Original Equipment Manufacturer*). Als „1st Tier Supplier" wird ein Lieferant bezeichnet, der den OEM direkt beliefert; der 1st Tier Supplier wird durch einen oder mehrere „2nd Tier Supplier" beliefert, diese(r) wiederum durch jeweils einen oder mehrere „3rd Tier Supplier" .

Zurrmittel (engl. *Lashing means*) sind Mittel, um Lasten untereinander oder mit → *Ladehilfsmitteln* fest zu verbinden, z. B. Zurrgurte zur → *Ladungssicherung* bei Lkw.

Zusammenführung (engl. *Consolidation*) → *Konsolidierung*

Zusammenführungszeit bezeichnet bei der → *Kommissionierung* den Zeitraum, der zur Zusammenführung von Ware und Person vergeht. Beim Prinzip → *Mann-zur-Ware* ist die Z. gleich der Bewegungszeit der Person. Beim Prinzip → *Ware-zum-Mann* ist die Z. gleich der maximalen → *Zwischenankunftszeit* der Förder- und Lagertechnik beim Transport der Bereitstelleinheit zur Person.

Zusatzhub (engl. *Initial lift*) ist bei Schmalgangstaplern (Man-up-Geräten) ein zusätzlicher Hub, um unabhängig vom Kabinenhub eine → *Palette* heben zu können. Die typische Hubhöhe beträgt etwa 1,50 Meter.

Zuverlässigkeit (engl. *Reliability*) ist die Wahrscheinlichkeit, unter bestimmten Beanspruchungen und über eine bestimmte Zeit die Funktionsfähigkeit eines technischen Systems zu erhalten. Da es sich bei logistischen und insbes. bei materialflusstechnischen Anlagen und Komponenten zumeist um reparierbare Systeme handelt, ist die Verfügbarkeit technischer Systeme (→ *Technische Verfügbarkeit*) die wesentlich aussagekräftigere Größe.

Zwei-Breiten-Barcode (engl. *Two-width barcode*) ist ein → *Barcode*, dessen Codierung auf zwei unterschiedlichen Strichbreiten basiert. Typische Vertreter sind der → *Code 2 aus 5* und der → *Code 39*. Vgl. → *Vier-Breiten-Barcode*.

Zweidimensionale Kommissionierung (engl. *Two-dimensional order-picking*) ist die Kommissionierung aus hohen → *Regalen* mittels Hub-Kommissionierfahrzeug (Kommissionierstapler oder Kommissionier-RBG).

Zweihandbedienung (engl. *Two-hand operation*) ist eine Sicherheitseinrichtung bei mannbesetzten → *Regalbediengeräten*, die eine Bewegung nur bei gleichzeitiger Betätigung zweier Schalter zulässt. Siehe auch → *Totmannschaltung*.

Zweiseitenstapler (engl. *Two-directional truck*) ist ein → *Hochregalstapler* mit rechts- und linksseitig ausfahrbarer Teleskopgabel zur beidseitigen Bedienung schmaler → *Regalgassen* mit einer typischen Stapelhöhe von bis zu zwölf Metern und Lasten bis 1,25 Tonnen. Vgl. → *Dreiseitenstapler*.

Zweistufige Kommissionierung (auch → *Batch-Kommissionierung*; engl. *Two-stage order-picking*): Eine Gruppe von Kundenaufträgen (→ *Batch*) wird dahingehend zusammengefasst, dass in der ersten Stufe die → *Artikel* der geforderten Gesamtmenge (→ *Artikelkommissionierung*, → *artikelweise Kommissionierung*) entnommen und in der zweiten die Artikel auf die → *Aufträge* verteilt werden (auftragsweise Sortierung). Die Sortierung (und damit die zweite Kommissionierstufe) wird zumeist über einen automatischen Sorter realisiert. Siehe auch → *Verkürzte zweistufige Kommissionierung*, → *Sortier- und Verteilsysteme*.

Zweiweg-Gebinde (engl. *Two-way package*) ist eine Gebindeform im Getränkebereich, eine Kombination aus Mehrwegkästen und Einwegflaschen.

Zweiwegpalette (engl. *Two-way pallet*): Gabeln können nur in zwei gegenüberliegende Seiten einer → *Palette* eingefahren werden. Vgl. → *Vierwegpalette*.

Zwischenankunftszeit (engl. *Intermediate arrival time*) bezeichnet die Zeit zwischen zwei aufeinanderfolgenden Ereignissen, z. B. die Zeit zwischen dem Eintreffen zweier aufeinanderfolgender Aufträge an einer Bedienstation.

Zyklische Redundanzprüfung (engl. *Cyclic redundancy check*) ist ein in der Informationstechnik verbreitetes Verfahren zur Erkennung von Fehlern oder Echos bei der Datenübertragung.

Auswahl technischer Richtlinien und Normen

BG-Regel 234 Lagereinrichtungen und -geräte müssen nach den Bestimmungen dieser Richtlinie entsprechend beschaffen sein sowie betrieben und geprüft werden. Abweichungen von den allgemein anerkannten Regeln der Technik sind zulässig, wenn die gleiche Sicherheit auf andere Weise gewährleistet ist.

DIN 15190 Teil 101 gilt für Binnencontainer in geschlossener und offener Bauart, die im nationalen und internationalen Verkehr Schiene/Straße eingesetzt werden. Sie gilt nicht im internationalen Überseeverkehr.

DIN 15190 Teil 102 enthält (die DIN 15190 Teil 101 ergänzende) Festlegungen über Binnencontainer in geschlossener Bauart, welche im nationalen und internationalen Verkehr Schiene/Straße eingesetzt werden. Sie gilt nicht für den internationalen Überseeverkehr.

DIN 18202 legt Grenzabmaße, Winkeltoleranzen und Ebenheitstoleranzen für die baustoffunabhängige Ausführung von Gebäuden fest.

DIN 18230 Teil 1 dient der Ermittlung der rechnerisch erforderlichen Feuerwiderstandsdauer von Bauteilen eines Brandbekämpfungsabschnitts.

DIN 18230 Teil 2 beschreibt das Versuchs- und Auswertungsverfahren für brennbare Stoffe zur Ermittlung des Abbrandfaktors nach DIN 18230 Teil 1.

DIN EN ISO 445 enthält eine Systematik für Paletten mit Einfahröffnungen sowie eine Erläuterung und Definition der in dieser Systematik verwendeten Begriffe.

FEM 9.222 gibt Empfehlungen für die Ermittlung der Verfügbarkeit sowie für die Inbetriebnahme, Übergabe und Abnahme von Anlagen mit Regalbediengeräten, fördertechnischen Einrichtungen und anderen Gewerken sowie deren Steuerung.

FEM 9.831 Die Zielsetzung dieser Richtlinie beinhaltet die Optimierung eines automatischen Hochregallagers in Silobauweise unter Berücksichtigung zulässiger Verformungen und Toleranzen in der Weise, dass einer wirtschaftlichen Auslegung hinsichtlich Dimensionierung, Fertigung und Montage sowie Funktionssicherheit Rechnung getragen wird.

FEM 9.851 bietet eine einheitliche Methode zur Berechnung von Spielzeiten und Umschlagleistungen von Regalbediengeräten zur

Optimierung von Hochregallagern. Der Anwendungsbereich erstreckt sich von der Planung und Angebotsausarbeitung bis zur Ausführung und Übergabe der Anlage an den Betreiber.

VDI 2199 enthält Empfehlungen für die baulichen Planungen beim Einsatz von Flurförderzeugen nach folgender Gliederung: Gebäude, Verkehrswege in Gebäuden, Verkehrswege im Freien, Aufzüge und Konzipierung von Ladestationen für Elektrofahrzeuge. Den Abschluss bilden Tabellen für die zu empfehlenden Stützenabstände.

VDI 2342 enthält eine Übersicht über unterschiedliche Ausführungsarten von Stückgut-Stetigförderern. Sie erlaubt einen technischen Vergleich anhand verschiedener Beurteilungskriterien. Dazu zählen beispielsweise die Beweglichkeit, die Geschwindigkeit, die Kosten oder der Raumbedarf der jeweiligen Anlage.

VDI 2360 Die für den Gütertransport möglichen Transportsysteme werden als Kombination der Komponenten Verkehrsträger, Transporteinheit und Verladeart betrachtet. Kriterien für die Auswahl eines Transportsystems werden genannt. Das Stückgut wird bezogen auf Eigenschaft, Ladeeinheit und Transportabwicklung erläutert. Es werden Angaben über diverse Arten von Fahrwegen gemacht und Unterscheidungen zwischen verschiedenen Varianten von Rampen getroffen.

VDI 2385 enthält Hinweise für die materialflussgerechte Planung von Industriebauten unter Berücksichtigung der Grundstücksauswahl und der Anordnung der Gebäude. Es werden Planungs-Eingangsgrößen genannt, die den Material- und Informationsfluss direkt oder indirekt bestimmen. Zudem gibt sie Hinweise in Form von Checklisten für materialflussgerechte Planungen.

VDI 2391 enthält eine Zusammenstellung von Zeitrichtwerten für Stapler, Wagen und Schlepper. Aufgeführt werden Beispiele für die Zusammenstellung von Grundbewegungen zu Arbeitsspielen. Zudem enthält diese Richtlinie Zeitrichtwerte für sonstige Transport- und Ladevorgänge wie An- und Abkuppeln von Anhängern oder deren Beladung.

VDI 2411 listet Begriffsdefinitionen aus dem Themenbereich des Materialflusses auf, welche nach Abschnitten gegliedert und in alphabetischer Sortierung eine schnelle Suche ermöglichen.

VDI 2490 gibt eine Übersicht über unterschiedliche Verpackungs-, Transport- und Lagerungsarten und nennt deren Vor- und Nachteile. Des Weiteren werden Möglichkeiten einer Zuordnung von Lagerung und Fertigung genannt. Zusätzlich enthält diese Richtlinie Entscheidungstabellen, welche die Auswahl einer Verpackungs-, Transport- und Lagerungsart anhand verschiedener Kriterien ermöglichen.

VDI 2498 beschreibt das Vorgehen bei einer Materialflussplanung. Untergliedert wird dieser Prozess in die Vorbereitung, das Zusammenstellen und Prüfen der notwendigen Informationen sowie die eigentliche Durchführung der Materialflussplanung. Diese wiederum wird in die Schritte Grobplanung, Idealplanung, Realplanung und Detailplanung gegliedert und erläutert. Im Anhang der Richtlinie ist ein Planungsbeispiel eines materialflussgerechten Groblayouts aufgeführt.

VDI 2512 beschreibt verschiedene Möglichkeiten, die Durchlaufzeit eines Produktes durch Just-in-Time-Prinzipien zu minimieren. Diese beziehen sich unter anderem auf Strategie, Organisation und Auswirkungen der betroffenen Prozesse.

VDI 2519 Blatt 1 beschreibt die Vorgehensweise bei der Erstellung von Lastenheften und Pflichtenheften. Es werden Inhalte, Aufgaben und Beschreibungsmittel aufgeführt.

VDI 2523 beschreibt das Projektmanagement für logistische Systeme der Materialfluss- und Lagertechnik, welches die Projektphasen Analyse und Aufgabenformulierung, Entwicklung, Realisierung, Inbetriebnahme und Betrieb beinhaltet.

VDI 2686 beschreibt die Anforderungen der Lagertechnik an die Baukonstruktion. Sie bezieht sich nur auf Stückgutlager. Beschriebene Aspekte sind die Art der Baukonstruktion, verschiedene Gebäudeteile sowie der Gebäudeausbau. Auch Sicherheitsbestimmungen werden aufgeführt.

VDI 2689 beschreibt Grundbegriffe und bewährte Methoden der Materialflussuntersuchung sowie der Auswertung und Darstellung ihrer Ergebnisse.

VDI 3330 gibt in Verbindung mit der VDI-Richtlinie 3300 Anleitungen zur Ermittlung der Kosten des innerbetrieblichen Materialflusses. Schwerpunkt der Darstellung sind die Materialflusskosten von Erzeugnissen und deren Komponenten.

VDI 3577 gibt einen Überblick über Flurförderfahrzeuge und deren Einsatzbedingungen, die überwiegend zur Regalbedienung im Schmalgang und zur Kommissionierung eingesetzt werden. Flurförderfahrzeuge ohne oder mit niedrigem Hub werden in dieser Richtlinie nicht beschrieben.

VDI 3581 beschreibt die Verfügbarkeit von Transport- und Lageranlagen sowie deren Teilsysteme und Elemente. Beschrieben werden unter anderem die Bildung eines Ersatzschaltbilds, Verfügbarkeitsformeln und Verfügbarkeitstests.

VDI 3590 Blatt 1–3 betreffen das Kommissionieren von Stückgütern. In Blatt 1 werden die theoretischen Grundlagen des Kommissionierens behandelt. Blatt 2 gibt Hilfen zur Systemfindung, Blatt 3 zeigt Praxisbeispiele.

VDI 3592 beinhaltet die Zusammenstellung und die Erläuterung von Kriterien und Methoden, die zur Entscheidungsfindung bei der Auswahl von Stückgutlagersystemen herangezogen werden können.

VDI 3628 richtet sich an Planer, Hersteller und Betreiber. Sie gibt Hinweise bezüglich der Aufteilung von Materialflusssystemen und der Gestaltung der Schnittstellen zwischen den Steuerungsebenen hinsichtlich des Informationsgehalts sowie möglicher technischer Ausführungen.

VDI 3656 stellt ein methodisches Hilfsmittel für das systematische Vorgehen bei der Erarbeitung von Planungsgrundlagen für automatisierte Lagereinrichtungen und zugehörige Materialfluss- und Organisationssysteme in Form von Checklisten dar.

VDI 4480 beschreibt ein Verfahren zur Ermittlung des Durchsatzes von automatischen Lagern. Blatt 1 gilt für gassengebundene Regalsysteme, Blatt 2 bezieht sich auf nicht gassengebundene Regalsysteme, Blatt 3 betrifft Umlaufregale und Blatt 4 fokussiert Regalsysteme, bei denen mehrere Ladeeinheiten hintereinander gelagert werden. Hierbei wird das Lagergut von automatischen Systemen ein- und ausgelagert.